滇池治理实践的
成效与启示

何 佳 主编

杨 艳 吴 雪 张 英 徐晓梅 副主编

中国环境出版集团·北京

图书在版编目（CIP）数据

滇池治理实践的成效与启示/何佳主编. —北京：中国环境出版集团，2019.6

ISBN 978-7-5111-4018-0

Ⅰ. ①滇…　Ⅱ. ①何…　Ⅲ. ①滇池—流域—水污染防治—研究　Ⅳ. ①X524

中国版本图书馆 CIP 数据核字（2019）第 122552 号

出 版 人	武德凯
责任编辑	曹　玮
责任校对	任　丽
封面设计	宋　瑞

出版发行　中国环境出版集团
　　　　　（100062　北京市东城区广渠门内大街 16 号）
　　　　　网　　址：http://www.cesp.com.cn
　　　　　电子邮箱：bjgl@cesp.com.cn
　　　　　联系电话：010-67112765（编辑管理部）
　　　　　　　　　　010-67113412（第二分社）
　　　　　发行热线：010-67125803，010-67113405（传真）

印　　刷	北京建宏印刷有限公司
经　　销	各地新华书店
版　　次	2019 年 6 月第 1 版
印　　次	2019 年 6 月第 1 次印刷
开　　本	787×960　1/16
印　　张	17.5
字　　数	280 千字
定　　价	68.00 元

前　言

　　滇池又称昆明湖，是云南最大的淡水湖，也是中国第六大淡水湖。20 世纪六七十年代，滇池水质为 II～III 类，可以直接饮用。80 年代后水质开始下降，1988 年之后滇池水质在 V 类和劣 V 类之间波动，富营养化日趋严重，从 20 世纪 90 年代初，滇池成为我国污染最严重的湖泊之一。

　　滇池治理是我国生态环境保护和水污染治理的标志性工程。党中央、国务院高度重视滇池治理工作，云南省和昆明市始终把滇池治理作为头等大事和头号工程。滇池治理始于"八五"期间，"九五"以来国家连续四个"五年规划"都将滇池纳入"三河三湖"重点流域治理规划，滇池治理已从单一的水污染防治向污染治理和生态修复并重转变，"九五"和"十五"期间，开始实施以点源污染控制为主的控制工程，重点实施了截污与生态修复工程，实现了污染控制与生态修复相结合、工程措施和监督管理相结合。"十一五"和"十二五"期间开展了流域系统治理工作，是滇池污染治理的重要突破阶段。"十一五"期间，在认真总结多年滇池治理经验的基础上，把滇池治理作为一项系统工程来推进，形成了以环湖截污与交通、外流域引水及节水、入湖河道综合整治、农业农村面源污染治理、生态修复与建设、内源污染治理"六大工程"为主线的流域治理思路。"十二五"期间，提出"清污分流""分质供水"，在削减存量的同时遏制增量，治理区域从主城区向全流域转变，治理方式坚持统筹保护与发展的关系，由专项污染治理向统筹城乡发展、积极调整经济结构的综合治理转变，治理内容采取污染治理与生态修复相结合，削减负荷与增大环境容量相结合，治理的投入机制从政府投入向政府投入与市场运作相结合转变。"十三五"以来，滇池治理以区域统筹、巩固完善、创新机制、提升增效为基本思路，在全流域统筹解决水环境、水资源、水生态问题，对社会经济发展、流域生态安全格局进行优化布局，实现"山水林田湖草"综合调控，巩固"九五"以来滇池治理的成效，进一步完善以环湖截污系统、环湖生态系统、水循环系统为重点的"六大工程"体系；依靠管理创新和技术创新，建立健全项目的投入、建设、运营和监管机制；提升流域污水收集处理、河道整治、湿地净化、水资源优化的调度效能。

滇池治理是一个复杂的系统工程，昆明市在推进以滇池及滇池流域减量发展为重点的同时，不断探寻科学发展、可持续发展、高质量发展的实践路径，研究提出"科学治滇、系统治滇、集约治滇、依法治滇"的思路，按照"技术上综合、管理上严格、治理上广泛"的保护治理原则，推动滇池治理实现"六个转变"，即工作内涵由单纯治河治水向整体优化生产生活方式转变、工作理念由管理向治理升华、工作范围由河道单线作战向区域联合作战拓展、工作方式由事后末端处理向事前源头控制延伸、工作监督由单一监督向多重监督改进、保护治理由以政府为主向社会共治转化，以此不断提高滇池保护治理的科学化、系统化和集约化水平。按照这一思路，2018年以来，昆明市深入开展滇池保护治理"三年攻坚"行动，实施水质目标与污染负荷削减目标双控制，全面抓好城市面源和雨季合流污染控制、主要入湖河道及支流沟渠治理、截污治污系统完善、健康水循环优化、湿地生态功能提升等各项举措，加大滇池保护治理力度。

经过近30年的不懈努力，滇池治理逐步显现成效，目前滇池水质企稳向好，流域生态环境明显改观。2016年、2017年滇池全湖水质为V类，2018年滇池全湖水质上升至Ⅳ类，为30年来最好水质，滇池治理工作获得了国家有关部门的认可，滇池治理正在走出一条重污染湖泊水污染防治的新路子。本书系统总结了滇池治理的理念、经验和措施，可为深化我国湖泊水污染防治提供有益借鉴和启示。

本书得到了昆明市滇池保护治理重大科研专项"滇池流域水质目标管理和总量控制优化方案研究"和"滇池流域降雨与河道及沿湖截污管道调控研究"的资助。由于时间仓促，本书难免存在不足之处，恳请读者批评指正。

编　者

2019年3月

目　录

第 **1** 章

滇池流域基本情况

滇池流域地处长江、红河、珠江三大水系分水岭地带，是中国第六大淡水湖，属断陷构造湖泊，流域面积 2 920 km²，历史上是昆明市赖以生存和发展的重要水源地。自古以来，滇池流域是云南省人口高度密集，工业化、城市化程度最高，经济最发达和社会发展最具活力的地区之一。

本章系统总结了滇池流域自然与社会的发展情况，为滇池水环境保护治理工作提供重要参考。

1.1 流域概况

1.1.1 地理位置及地形地貌

滇池流域位于云贵高原中部，东经 102°29′～103°01′，北纬 24°29′～25°28′。整个地形为山地、丘陵、淤积平原和滇池水域四个层次，可概括为"七山一水二平原"。该区域大地构造位置属杨子准地台滇东台褶带西侧的昆明台褶束，处于著名的南北向小江断裂带与普渡河断裂带之间的夹持地带。地质构造类型以断裂为主，褶皱次之；以经向构造为主，纬向构造发育，并派生有后期北东向及北西向构造发生。滇池流域在长期的内、外营力综合作用下，基本形成了以滇池为中心，南、北、东三面宽，西面窄的不对称阶梯状地貌格局。第一级主要以三角洲平原、湖积平原、冲积平原、洪积平原及湖滨围垦地组成的内环平原，海拔在 2 000 m 以内，相对高度一般小于 40 m，最低点为滇池湖面，海拔 1 885.5 m；第二级为台地、岗地、湖成阶地及丘陵为主组成的中环台地丘陵，海拔一般在 1 900~2 100 m，相对高度大于 100 m，最高点为梁王山峰，海拔 2 890 m。

1.1.2　滇池基本情况

滇池正常高水位为 1 887.5 m，平均水深 5.3 m，湖面面积 309.5 km²，湖岸线长 163 km，湖容 15.6 亿 m³，注入滇池的主要河流有 35 条，多年平均入湖径流量为 9.7 亿 m³，湖面蒸发量 4.4 亿 m³。滇池分为外海和草海，其中，外海正常高水位为 1 887.50 m，平均水深 5.3 m，湖面面积 298.7 km²，湖岸线长 140 km，湖容 15.35 亿 m³，多年平均入湖径流量为 9.03 亿 m³，湖面蒸发量 4.26 亿 m³；草海正常高水位为 1 886.80 m，平均水深 2.3 m，湖面面积 10.8 km²，湖岸线长 23 km，湖容 0.25 亿 m³。

1.1.3　气候气象

滇池流域气候属北亚热带，是典型的高原季风气候区。夏秋季主要受来自印度洋孟加拉湾的西南暖湿气流及北部湾的东南暖湿气流控制，在每年 5—10 月构成全年的雨季，湿热、多雨；冬春季则受来自北方干燥大陆季风控制，但受东北面乌蒙山脉屏障作用影响，区域天气晴朗，降雨量减少，日照充足，湿度小、风速大。总体而言，本区域具有年降雨量集中程度高，光热资源条件好，降雨量中等偏丰，干、湿季分明的特点。根据昆明市气象站统计资料，昆明市区多年平均气温 14.7℃，极端最高 31.2℃（1969 年 5 月 18 日），极端最低-7.8℃（1983 年 12 月 29 日），最热的 7 月平均气温 19.8℃，最冷的 1 月平均气温 7.7℃，平均日照 2 448.7 h，无霜期 227 h，平均风速 2.2 m/s，常年风向西南风偏多，最大风速 19 m/s。据流域内各水文站资料统计分析，滇池流域多年平均降雨量 917.93 mm，降雨年内分配不均，干季（11 月至次年 4 月）占全年雨量的 15%左右，其中最小月雨量多出现在 1 月、2 月，仅占年降雨量的 1%~2%；湿季（5—10 月）占 85%左右，其中 7 月、8 月又集中了全年降雨量的 40%左右，连续最大 4 个月（6—9 月）降雨量占全年降雨量的 60%左右。受局部地形影响，流域降雨量地区分布也并不均匀，在同一高度上，以北面三家村、华亭寺、西北沙河一带（年雨量在 920～1 145 mm）最大，东北面松华坝、金殿一带（年雨量在 900～980 mm）次之，滇池东岸宝象河、大板桥、呈贡及南面海口一带（年雨量在 820～890 mm）最小；同一坡面则自下而上递增，如东北、北面盘龙江以及梁王河上游高山地区年雨量为 1 200～1 400 mm，较下游滇池周边大 200～300 mm。

1.1.4　流域水系

滇池流域属长江流域金沙江水系，地处三江水系分水岭云贵高原中部，因而上游河流皆源近流短。常年汇入滇池的河流有 35 条，其中：面积大于 100 km^2 的有盘龙江、宝象河（新宝象河）、洛龙河、捞鱼河、白鱼河、柴河、含茨巷河、东大河、冷水河、牧羊河等 9 条；面积介于 50～100 km^2 的有新运粮河、东白沙河（海河）、马料河、南冲河、大河（淤泥河）等 5 条；面积介于 10～50 km^2 的有老运粮河、采莲河、大清河、枧槽河、广普大沟、金汁河、中河（护城河）、古城河等 8 条；面积小于 10 km^2 的河流有乌龙河、大观河、西坝河、船房河、金家河（含正大河）、王家堆渠、六甲宝象河、小清河、五甲宝象河、虾坝河（织布营河）、姚安河、老宝象河等 12 条。

（1）新运粮河

发源于五华区车头山，自北向南经龙池山庄、桃园村、甸头村，于沙靠村入西北沙河水库，出库后经普吉、陈家营、海源庄、龙院村（鸡舌尖）、新发村、高新开发区、梁家河，穿成昆铁路、石安公路，在积下村附近汇入滇池草海。桃园村至龙院村段称西北沙河，龙院村至人民西路桥段称中干渠，以下至草海段称新运粮河。面积 83.4 km^2，河长 19.7 km，平均坡度 2.12‰。

（2）老运粮河

为明代开凿的人工河流，分东西两支，东支（七亩沟）源自大西门外茴香堆（现昆师路昆一中附近），上联老龙河（今凤翥街东侧），与菜海子（翠湖）水系相连，东南与顺城河暗沟相通，北接地藏寺来水（今西站大沟），是由滇池运粮到大西仓的通道；西支小路沟发源于云南冶炼厂后山箐，自北向南沿昆沙路西侧向南，过二环西路、学府路南段，沿二环西路南流，于兴苑路口与七亩沟汇合，向南流经第三污水处理厂、积善村附近入滇池草海。面积 18.7 km^2，长 11.3 km，坡度 5.62‰，其中小路沟主河道长 8.53 km，面积 10.2 km²。

（3）乌龙河

原由蒲草田流出，目前上段已截断。现源自昆明主城云大医院附近，以暗渠形式自北向南经棕树营，至白马小区有一段明渠，穿成昆铁路、石安公路，从明家地经明波村入草海。河长 3.68 km，坡度 0.63‰，河宽 2.0～10.0 m，河深 1.1～3.2 m，面积 2.61 km²。

（4）大观河

源于城区鸡鸣桥附近（上游称玉带河），系盘龙江的分洪河道，自双龙桥附近分流盘龙江洪水，向西经马蹄桥、上桥、柿花桥等至弥勒寺，通过大观分洪闸，既可分流入西坝河，也可分流入篆塘河（下段称大观河）。目前起点至马蹄桥、土桥至金碧路段为明渠，其余均为暗河。大观河自弥勒寺向西北沿篆塘路至西长村（全为覆盖河道）后折转向西南沿大观路，过白马庙、大观公园，于草海堆放场附近入草海。面积 1.01 km²，弥勒寺分洪闸至入草海口段长 3.7 km，宽 16～18 m。

（5）西坝河

发源于城区鸡鸣桥附近（上游称玉带河），原为盘龙江至南市区的分洪河道，在双龙桥从盘龙江分出，向西经马蹄桥、上桥、柿花桥，在弥勒寺分洪闸分为西坝河和篆塘河（其中马蹄桥至柿花桥段为明渠，其余均为暗渠）。其中西坝河自弥勒寺向南经西坝、马家堆、福海、韩家小村，至新河村入滇池草海。目前该河已自成水系，全长 9.05 km，汇水面积 4.87 km²。河宽 2.0～6.0 m，河深 1.0～2.6 m。

（6）船房河

源自昆明城区圆通街东口一带，自北向南穿凯旋利汽车市场，经福海乡船房村于新河村附近汇入滇池草海。该河上段分别由兰花沟和弥勒寺大沟组成。其中兰花沟源于林业厅门口，沿青年路南下，至南屏街转西，折大井巷，穿宝善街，过同仁街穿金碧路，再沿书林街南下入敬德巷后，向西流至东寺街，穿玉带河马蹄桥涵洞、西昌路至刘家营，经环城西路、西园路，在凯旋利汽车市场大门北侧弥勒寺大沟与之相汇，河道全长 5.73 km，面积 2.83 km²；西园南路以上为暗涵河，以下为明渠。

（7）采莲河

源于黄瓜营附近，自北向南经永昌小区，穿成昆铁路后过四园庄、王家地、卢家营、李家地等，在绿世界纳永昌河，过周家地，在大坝村再纳杨家河后进河尾村，经河尾村闸后又分为两支：一支转西后再次分为左右支，其中右支穿滇池路经泵站抽水汇入船房河，左支在海埂加油站旁穿滇池路，经河尾村端仕楼侧进滇池度假村，穿云南民族村和海埂公园后由中泵站抽排入滇池；另一支沿滇池路南流，经渔户村，在滇池路北侧纳入大青河，在渔户村纳入太家河，顺滇池路左岸过海埂公园由东泵站抽排入滇池，河长 12.5 km，坡度 0.280‰，面积 19.4 km^2。

（8）金家河

金家河为金太河分水渠，在四道坝村从金太河分出，经孙家湾村、陆家场、李家湾村，穿广福路，过金家村、河尾村后，在金太塘汇入滇池。河长 6.91 km，坡度 0.21‰，河宽 2～13 m，堤高 1～2.5 m，面积 9 km^2。河宽 2～13 m，堤高 1～2.5 m，双村以上河堤为浆砌石，双村到河尾小村段为土质河岸，河尾小村以下为浆砌石。小断面行洪能力为 1.38 m^3/s，大断面行洪能力为 3.36 m^3/s。

（9）盘龙江

发源于嵩明县阿子营乡朵格村上喳啦箐白沙坡，自北向南蜿蜒入松华坝大（二）型水库（控制面积 593 km^2），出库后河流自北向南纵贯昆明主城区，并于主城南部洪家村处汇入滇池。面积 735 km^2，河长 94 km，坡度 7.6‰。

松华坝水库以下的盘龙江河道较顺直，水势平稳。先后流经上坝、雨树村、浪口、北仓村，穿霖雨桥，过金营进入昆明市区，穿通济、敷润、南太、宝善、得胜、双龙桥等至螺蛳湾、南窑站后出城区，又经南坝、谭家营、陈家营、张家庙、叶家村、梁家村、金家村至洪家村入滇池。区间段长 26.5 km，河床平均坡度 1.23‰，其中松华坝水库至廖家庙河段长 11 km，坡度 1.8‰，河道已部分被人工渠化，建有 2 座节制闸；廖家庙到滇池入口，河势平缓，河段长 15.5 km，坡度 0.36‰。

（10）王家堆渠

王家堆渠起点为昆明发电厂，河道终点为草海入湖口，河长 2.3 km，平均河宽 8 m，汇水面积 11.9 km^2。

（11）金汁河

为盘龙江引水灌溉河道，是昆明"六河"之一，始建于宋代，经元、明、清至今历代整修治理，全长 35 km。松华坝水库建成后，由水库左岸引水，顺盘龙江东面山麓南流，经龙头街、波罗村、金马寺，下穿昆河铁路，过董家湾、拓东路、吴井桥，向南经日新、双凤、小街村、宏德村等，经 2005 年整治在向化村桥排入枧槽河，整治后的金汁河全长 27 km，汇水面积 15.9 km²。现状河宽为 2.0～6.0 m，河深 1.5～3.0 m，小断面行洪能力为 3.34 m³/s，大断面行洪能力为 8.97 m³/s。

（12）枧槽河

清水河与海明河汇合后称枧槽河，向南流经双桥村、日新村、向化村，在六甲附近流入海河汇入滇池，原河道全长 9.8 km。现河道为宝海公园北侧至张家庙河段，是大清河的主要支流，河道全长 5.73 km，汇水面积 7.51 km²。现状河宽为 14.0～25.0 m，河深 1.9～3.0 m。

（13）大清河

明通河与枧槽河汇合后称大清河，是大清河系进入滇池的河段。该河地处盘龙江与海河（东白沙河）之间，流经叶家村、梁家村，在福保文化城西侧入滇池，长 6.28 km，为天然河道。流域窄长，面积为 2 km²。

（14）东白沙河（海河）

发源于官渡区大板桥以北一撮云，河流自东北向西南至岔河，集鬼门关的山箐水，于三农场处向南黄土坡村入东白沙河水库，出库后经龙池村、十里铺、羊方凹，在牛街庄转西至土桥村，沿昆明国际机场东缘至王家村，纳白得邑、阿角村、三家村等片区来水后称海河，穿广福路，于七甲村纳机场西侧小河后南行，在福保村入滇池。河道长为 18.9 km，面积 29.8 km²，河宽 2.0～14.0 m，河深 1.0～3.0 m，后段海河（东白沙河）长 8 km，河宽 12～15 m。

（15）六甲宝象河

六甲宝象河原属宝象河的分洪、灌溉河道，现被彩云路截洪沟截断，自成体系。现从永丰村起，经雨龙村，穿广福路，过七甲村，沿官南大道右侧至福保村，由闸门控制既可直接入滇池，也可分流至海河，目前多是分流至海河。河道基本顺直，河段长 10.8 km，河宽 1～5 m，汇水面积 2.63 km²。

（16）小清河

原属宝象河的分洪、灌溉河道，现被彩云路截洪沟截断，自成体系。源于小板桥镇云溪村附近，主要汇集六甲乡部分村庄和福保村一带的居民生活及雨水，其间流经张家沟、新二桥等村庄，后在小河嘴村附近中科院滇池蓝藻控制试验基地旁流入滇池。河长 8.17 km，流域面积 3.18 km^2。现状河宽为 0.5～8.0 m，河深 1.0～3.0 m。

（17）五甲宝象河

原属宝象河的分洪、灌溉河道，现被彩云路截洪沟截断，自成体系。从世纪城片集雨污水，穿广福路，沿金刚村、楼房村南流，在小河嘴下村进小清河汇入滇池，沿途纳经济技术开发区、陈旗营、雨龙村等片区的雨、污水。全长 9.43 km，河宽 2～9 m，汇水面积 3.28 km^2。

（18）虾坝河（织布营河）

原属宝象河的分洪、灌溉河道，现被彩云路截洪沟截断，自成体系。从世纪城（原为织布营村）起，穿广福路桥，经过四甲东侧南流至熊家村，在姚家坝水寺处分为两支，即姚安河和虾坝河。虾坝河（又称织布营河）全长 10.6 km，河宽 4～18 m，汇水面 9.1 km^2。

（19）姚安河

姚安河经王家村，在经龙马村与李家村之间的纳老宝象河支流后穿姚安村，在独家村入滇池，河长 3.55 km，河宽 7～14 m，堤高 1.5～3 m，汇水面积 3.6 km^2。

（20）老宝象河

源自羊甫分洪闸，过大街村，穿昆洛公路、彩云路，过第六污水处理厂、龙马村、严家村后在宝丰村入滇池。河长 10.1 km，平均比降为 0.520‰，河宽 4～10 m，沿途河堤高于村庄农田（目前已规划为城区用地），汇水面积 3.94 km^2。

（21）宝象河（新宝象河）

宝象河是昆明古六河之一。发源于官渡区大板桥办事处石灰窑村孙家坟山（高程 2 500 m），河流自东向西蜿蜒，经小寨村至三岔河入宝象河水库，出库后继续向西先后流经坝口村、阿地村，过大板桥、阿拉坝子盆地，穿昆明经济技术开发区，于小板桥镇羊甫村处沿整治的新宝象河穿昆玉高速路、彩云路、广福路和环湖东路，于海东村汇入滇池。全长 47.1 km，平均比降为 15‰，流域面积

$292\ km^2$，其中宝象河水库控制面积为 $67\ km^2$。

（22）广普大沟

发源于小板桥镇以东洒梅山、洋湾山、老官山、龙宝山等群山西侧，河流大致自东向西蜿蜒，先后穿越南昆铁路、昆洛路、昆玉高速路、广福路和环湖公路，于死口子处汇入滇池。昆洛路以上流域为山坡、旱地和部分城镇居民住地，无明显河道，昆洛路以下目前正在进行大规模城市建设，且河道常年有生活废水汇入。昆洛路以下至滇池入口段 6.46 km，河道平均比降为 1.42‰，面积 $21.1\ km^2$。

（23）马料河

发源于经济开发区阿拉乡新村犀牛塘龙潭，大致自北向南过新村，至白水塘村南部约 500 m 处进入呈贡区境，于水海子村南部入果林水库，出库后向西南穿浅丘河谷，于大冲村处进入平缓盆地，经倪家营、张家营、望朔村，于麻戴村西约 200 m 出呈贡区境入官渡区，过矣六甲小新村，并在其分为矣六马料河（左）和关锁马料河（右）两支，平行流经约 4 km 后，矣六马料河于矣六甲村处注入滇池，关锁马料河于回龙村处注入滇池。面积 $69.4\ km^2$，河长 22.5 km，坡度 3.3‰。

（24）洛龙河

石夹子落水洞以上称瑶冲河，以下称洛龙河。其上段发源于向阳山西南侧山箐，向西南流经七甸、广南、三家村，至石夹子落水洞经人工修筑隧道流至石龙坝水库或分流至下游洛龙河；中下段在大新册附近先后接纳黑、白龙潭泉水及石龙坝水库来水后穿呈贡县城，在江尾村入滇池。全长 29.3 km，坡度 6.67‰，面积 $132\ km^2$。

（25）捞鱼河

发源于呈贡区吴家营乡赵家山村烟包山一带西侧山箐，向北流经和尚大地西侧，在营盘山北侧汇陡坡梁子、公山顶、马寨子片来水后，向西北流至小松子园村旁，收马郎村、龙潭山片雨水，折转西南入松茂水库，其后向西南经段家营、缪家营、郎家营，于郑家营村南侧接马鞍山、万溪冲片支流来水，纳关山水库下泄洪水后续向西南流经中庄、下庄、雨花村，在月角大村处纳邻近梁王河化城分流水后（汇口以下又称胜利河）往西过大渔村，在中和村入滇池。全长 30.9 km，坡度 4.93‰，面积 $123\ km^2$。

（26）南冲河

发源于呈贡区与澄江县分界的黑汉山西侧，入白云水库，出库后经浅丘坝子，过山母村、白云村后穿老昆玉公路，于左所村处接纳哨山河向西再穿昆玉高速路，进入晋宁区境，于小河家附近入滇池。主河道长 14.4 km，河道平均坡降 28.2‰，全流域面积 56.9 km²。

（27）大河（淤泥河）

主河道为映山塘水库所在河流，发源于梁王山余脉老虎山西侧，自东向西蜿蜒入映山塘水库，出库后于石子河附近纳晋宁大河右分洪河折转向北经晋城，过安江后于小河尾村入滇池。面积 69.9 km²。

（28）柴河

发源于晋宁区六街乡甸头村东北面山箐，过沙坝水库，自东北向西南流经甸头村，至兴旺村折转向西北流，经者腻、大营、六街，在龙王潭村东北侧入柴河水库；出库后向北流经李官营、段七、竹园、细家营村，在观音山由分洪闸分左、右两支，其中左支（称茨巷河）向西北流经昆明化肥厂，在小渔村入滇池，右支自西南向东北流经小朴村，在小寨入晋宁大河。河长 33.38 km，坡度 3.90‰，面积 190 km²。

（29）茨巷河

茨巷河是柴河下游河道，全长 4.38 km，起点为小朴分洪闸，终点为上蒜乡牛恋小渔村，河断面平均宽度 11.1 m。

（30）白鱼河

白鱼河是柴河一支流和大河交汇于小寨分洪闸后形成的主要排洪河。流经晋城、新街、上蒜三个乡镇的新庄、河湾、天城门、钟贵、左卫、小新村、下海埂，从下海埂流入滇池，全长 6.05 km，河段面平均宽度 7.26 m，起点为小寨分洪闸，终点为上蒜乡下海埂村。

（31）东大河

发源于晋宁区宝峰（新街）乡魏家箐村西南侧山箐，自西南向东北分别进入团结、合作小（2）型水库，出库后折转向北流经大麦地、庄上村，于小河口村处入双龙水库，出库后向东北流经双龙村，纳支流大春河水库下泄洪水后，过普家村、河埂、普达村、储英村，在河咀村入滇池。主河道长 10.14 km，汇水面积 189 km²。

（32）中河（护城河）

原为东大河左侧分洪河道，现为晋宁区景观河道。河流源于东大河分洪闸，自东南向西北流至老昆玉路后折转向东北流，在昆阳镇内汇合外城河后，经昆阳镇边继续向东北流，在女子监狱旁入滇池。主河道长 4 km，汇水面积 0.3 km²。

（33）古城河

发源于晋宁区古城镇八大弯村老高山东南侧山箐，自西北向东南流至三家村折转向东北流，经昆阳磷矿、西汉营，在昆阳磷肥厂旁穿昆阳至海口老公路后，进入古城镇，继续向东北流经上村，汇集沿途村庄雨污水后，在下村入滇池。主河道长 8 km，汇水面积 41 km²。

（34）冷水河

冷水河为盘龙江支流，也是松华坝水库的主要径流区，发源于梁王山南麓滇源镇秋田冲后山，向南流 5 km 后，在新建村进入白邑坝子，转西南后于白邑村北汇冷水洞、青龙潭水折而向南流经白邑、苏海、南营、前所、团结等 8 个村委会，贯穿整个白邑坝子，到苏家坟于小河村东南与牧羊河汇合入松华坝水库。冷水河长约 22 km，径流面积 111.4 km²。

（35）牧羊河

牧羊河为盘龙江上段，是松华坝水库的主要水源涵养区和主要径流区，河道平均宽度为 11 m，流域面积 346.82 km²。

1.2　社会经济概况

滇池流域是云南省经济和社会发展水平最高的区域，以约占云南省 0.75% 的土地面积承载了全省约 23% 的 GDP 和 8% 的人口，是云南省人口高度密集、工业化和城市化程度最高、经济最发达、投资增长和社会发展最具活力的地区。

1.2.1　人口发展概况

滇池流域涉及昆明市五华区、西山区、盘龙区、官渡区、呈贡区、晋宁区，流域面积 2 920 km²。2017 年人口总数达到 404.81 万人，其中，城镇常住人口 370.84 万人，农业人口 33.97 万人。2017 年滇池流域人口分布情况见表 1-1。

表 1-1　2017 年滇池流域人口分布情况

县区	城镇人口/万人	占总人口数/%	农村人口/万人	占总人口数/%	总人口/万人
五华区	85.58	97.75	1.97	2.25	87.55
盘龙区	81.90	97.75	1.89	2.25	83.79
官渡区	87.84	97.75	2.02	2.25	89.86
西山区	77.12	97.75	1.78	2.25	78.90
晋宁区	23.82	69.90	10.26	30.10	34.08
呈贡区	14.58	47.60	16.05	52.40	30.63
合计	370.84	91.61	33.97	8.39	404.81

2000 年以来，滇池流域人口规模不断扩张，从 2000 年的 220.48 万人增长到 2017 年的 404.81 万人，增长了 84%；17 年来人口规模增长了近 1 倍。滇池流域人口发展情况见表 1-2。

表 1-2　滇池流域人口发展情况　　单位：万人

年份	区域						
	五华区	盘龙区	西山区	官渡区	呈贡区	晋宁区	滇池流域
2000	44.62	43.92	33.08	57.31	15.15	26.40	220.48
2001	47.51	45.01	33.87	58.89	15.45	26.82	227.55
2002	49.66	45.57	34.36	60.24	15.64	27.08	232.55
2003	51.59	46.16	35.08	61.02	15.81	27.31	236.97
2005	68.36	38.89	42.08	50.00	15.96	27.42	242.71
2006	87.77	64.49	68.49	74.48	22.05	28.25	345.53
2007	88.09	65.16	69.13	74.68	22.85	28.32	348.23
2008	87.49	65.91	70.75	75.61	22.50	28.04	350.30
2009	87.00	66.50	71.50	76.50	23.00	28.20	352.70
2010	85.64	81.08	75.46	85.43	31.12	28.41	387.14
2011	86.20	81.60	76.24	86.00	31.70	28.50	390.24
2012	85.90	81.80	76.90	86.60	32.20	29.10	392.50
2013	86.30	82.20	77.20	87.00	30.60	29.40	392.70
2014	86.60	82.60	77.50	87.40	30.00	29.70	393.80
2015	87.0	83.0	77.9	88.2	30.20	30.0	396.30
2016	87.0	83.0	77.9	88.2	30.20	30.0	396.30
2017	87.55	83.79	78.90	89.86	30.63	34.08	404.81

1.2.2 社会经济发展概况

2017 年，滇池流域 GDP 达到 3 886 亿元，三次产业结构为 1.2∶36.8∶62，第三产业和第二产业为主导产业。第一产业主要集中在晋宁区，第二产业主要集中在五华区、呈贡区、官渡区和晋宁区，第三产业主要集中在盘龙、官渡区、西山区，其次是五华区、晋宁区和呈贡区。2017 年滇池流域社会经济情况见表 1-3。

表 1-3 2017 年滇池流域社会经济情况

县区	第一产业		第二产业		第三产业		总产值/亿元
	产值/亿元	占比/%	产值/亿元	占比/%	产值/亿元	占比/%	
五华区	2.19	0.20	555.83	49.44	566.12	50.36	1 124.14
盘龙区	5.32	0.80	181.50	27.24	479.46	71.96	666.28
官渡区	8.97	0.77	392.59	33.89	756.93	65.34	1 158.49
西山区	3.82	0.66	140.64	24.14	438.09	75.20	582.55
晋宁区	22.54	17.08	44.59	33.80	64.80	49.12	131.93
呈贡区	5.34	2.40	113.25	50.87	104.02	46.73	222.61
合计	48.18	1.24	1 428.40	36.76	2 409.42	62.00	3 886.00

2000 年以来，滇池流域三次产业结构变化明显，第一产业所占比重逐年下降，由 2000 年的 12.2% 下降到 2017 年的 1.24%；第二产业所占比重稳中有降；第三产业所占比重稳中有升，2017 年第三产业占比达到了 62%。滇池流域历年三次产业结构情况见表 1-4。

表 1-4 滇池流域历年三次产业结构情况

年份	第一产业		第二产业		第三产业		生产总值/万元
	产值/万元	占比/%	产值/万元	占比/%	产值/万元	占比/%	
2000	200 823	12.20	590 189	35.85	855 212	51.95	1 646 224
2001	206 791	11.85	587 857	33.69	950 086	54.45	1 744 734
2002	212 418	11.32	617 258	32.88	1 047 535	55.80	1 877 211
2003	222 947	10.70	688 183	33.03	1 172 569	56.27	2 083 699
2004	231 269	9.59	816 744	33.88	1 362 441	56.52	2 410 454

年份	第一产业		第二产业		第三产业		生产总值/万元
	产值/万元	占比/%	产值/万元	占比/%	产值/万元	占比/%	
2005	272 176	3.26	3 685 871	44.18	4 383 868	52.55	8 341 915
2006	289 767	3.05	4 172 873	43.90	5 042 787	53.05	9 505 427
2007	311 925	2.84	4 793 215	43.63	5 881 389	53.53	10 986 529
2008	332 018	2.59	5 593 420	43.72	6 869 426	53.69	12 794 864
2009	343 230	2.40	6 117 537	42.75	7 847 562	54.85	14 308 329
2010	347 796	2.13	6 938 258	42.42	9 070 994	55.45	16 357 048
2011	362 364	1.91	8 065 704	42.46	10 566 371	55.63	18 994 439
2012	375 155	1.62	9 758 526	42.02	13 088 933	56.36	23 222 614
2013	411 530	1.52	11 069 723	40.84	15 625 424	57.64	27 106 677
2014	427 747	1.49	12 002 551	41.87	16 238 802	56.64	28 669 100
2015	435 022	1.40	12 529 879	40.31	18 116 177	58.29	31 081 078
2016	454 500	1.35	13 104 600	38.87	20 151 700	59.78	33 710 800
2017	481 770	1.24	14 284 014	36.76	24 094 247	62.00	38 860 031

1.3 本章小结

滇池流域位于云贵高原中部，属金沙江水系，典型的高原季风气候区。流域地貌格局为以滇池为中心，呈南、北、东三面宽，西面窄的不对称阶梯状。滇池平均水深 5.3 m，湖面面积 309.5 km^2，湖岸线长 163 km，湖容 15.6 亿 m^3，注入滇池的主要河流有 35 条，多年平均入湖径流量为 9.7 亿 m^3，湖面蒸发量 4.4 亿 m^3。滇池流域以占昆明市 13.8%、云南省 0.78%的国土面积，集聚了全市 57%、全省 8%的人口，创造了全市 80.9%、全省近 30%的地区生产总值。

第 2 章

滇池流域水环境演变过程

滇池位于昆明城区的下游，为滇池流域海拔最低点，是流域污染物唯一的受纳体。从 20 世纪 80 年代末开始，滇池流域迅速推进城镇化和工业化，高速发展的城市、经济及人口导致入湖污染负荷迅速增加，生境破坏，流域内的人类活动突破了滇池的承载能力，滇池富营养化严重。经过近 30 年的不懈努力，滇池蓝藻水华程度明显减轻，滇池水质企稳向好，2016 年以来滇池全湖水质保持 V 类或以上。

本章整理了近 30 年滇池湖体及主要入湖河道水质监测数据，对滇池流域水环境演变过程进行了分析，为湖泊水污染防治提供重要参考。

2.1 湖体水环境演变过程

在过去的 30 年间，滇池草海主要水质指标呈波动下降趋势，其中：COD_{Mn} 在 1995 年以来基本维持在 IV 类水以下；COD_{Cr} 2010 年后基本维持在 V 类水以下；BOD_5 在 1988—2010 年均为劣 V 类，2015 年后下降，维持在 V 类水以下；NH_3-N 在 1988—2005 年呈上升趋势，2010 年后开始下降，2015 年达到 V 类，2017 年维持在 III 类以下；TP、TN 变化趋势与 NH_3-N 一致，在 1988—2005 年呈上升趋势，2010 年后开始下降，2015 年、2017 年 TP 维持在 V 类以下；过去 30 年间 TN 均为劣 V 类（图 2-1）。

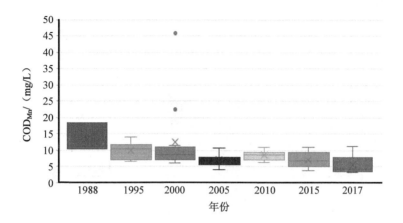

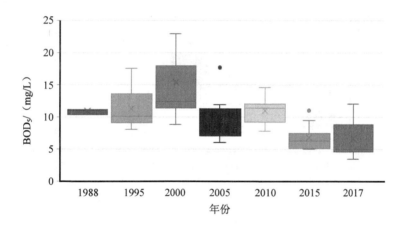

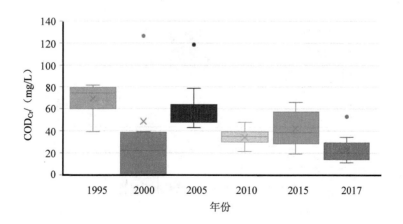

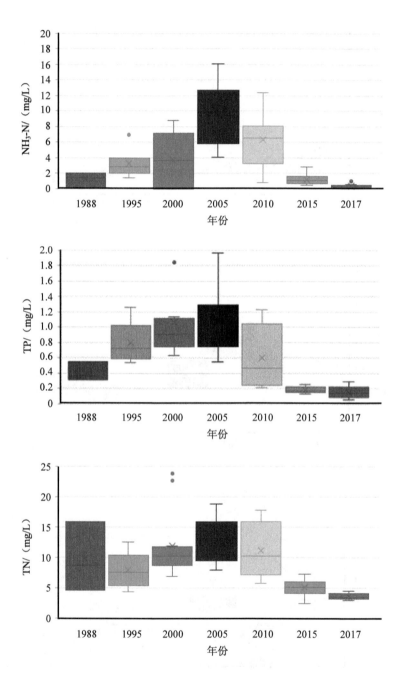

图 2-1　近 30 年滇池草海水质变化

　　滇池外海水质呈波动变化，其中：COD_{Mn} 基本维持在Ⅳ类水以下；COD_{Cr} 在 1995—2010 年上升，2015 年后下降，但仍为劣Ⅴ类；BOD_5 基本维持在Ⅳ类水以下；NH_3-N 基本维持在Ⅱ类水以下，在 1988—2005 年呈上升趋势，2015 年下降，2017 年稍有上升；TP 在 1988—2010 年基本维持在Ⅴ类，2015 年、2017 年优于Ⅴ类；TN 在 1988—2010 年呈上升趋势，除 2010 年外，基本维持在Ⅴ类以下（图 2-2）。

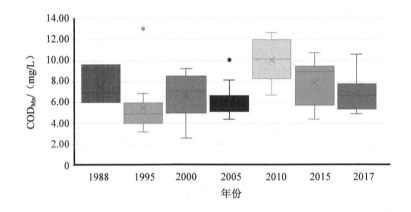

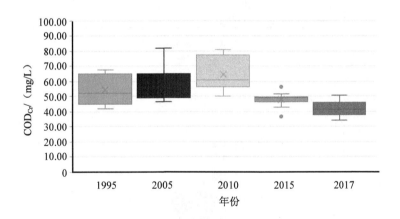

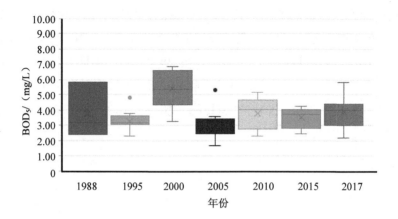

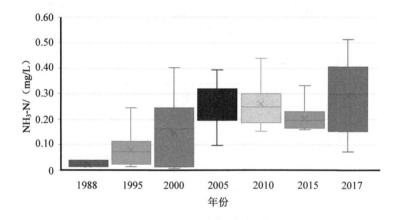

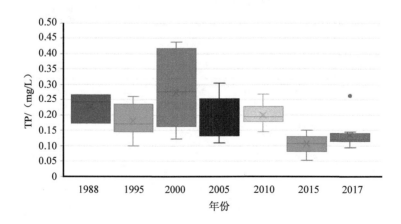

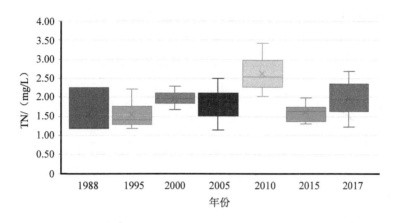

图 2-2　近 30 年滇池外海水质变化

2.2　主要入湖河流水环境演变过程

滇池流域一共有 35 条河流汇入滇池，从水质类别看，2017 年 35 条入湖河道中，水质达到或优于Ⅲ类的有 6 条：冷水河、牧羊河、盘龙江、西坝河、大观河、洛龙河；水质为Ⅳ类的有 15 条：船房河、马料河、东大河、大河、白鱼河、大清河、老宝象河、新宝象河、老运粮河、南冲河、捞鱼河、乌龙河、虾坝河、柴河、金家河；水质为Ⅴ类的有 4 条：金汁河、枧槽河、新河（新运粮河）、中河；水质为劣Ⅴ类的有 7 条：采莲河、茨巷河、古城河、海河、小清河、姚安河、王家堆渠；已断流的有 3 条：广普大沟、五甲宝象河、六甲宝象河。

根据 1987 年以来主要入湖河流水质监测数据，入湖河流水质呈波动下降趋势。1987—2007 年入湖河流主要水质指标波动变化，2008 年后明显下降。其中：COD_{Cr} 在 1991—1999 年波动下降，2000—2007 年波动上升，2007 年达到历史最高，2008 年后逐年下降，2010 后稳定维持在Ⅳ类水以下；NH_3-N 在 1987—2007 年波动上升，2007 年达到历史最高，2008 年后波动下降，2017 年达到历史最低；TP 在 1987—2007 年波动变化，2008 年后下降，2011—2017 年维持在Ⅴ类水以下。

从入湖河流综合污染指数变化过程看，1987—1991 年呈上升趋势，1992—

1999 年下降，2000—2002 年河流综合污染指数上升明显，2000 年达到历史最高，2006 年后逐年下降，河流水质逐步好转。

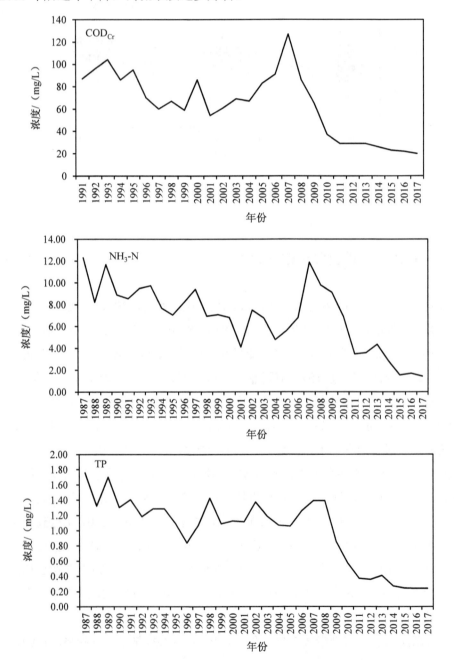

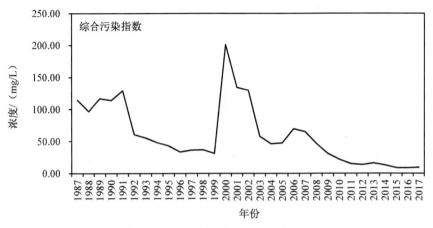

图 2-3　近 30 年滇池入湖河流水质变化

2.3　本章小结

近 30 年来,滇池水质变化呈明显阶段性变化,1987—2000 年为迅速下降阶段,2001—2009 年为缓慢改善阶段,2010—2017 年草海呈现迅速改善阶段、外海呈现波动变化阶段。滇池草海化学需氧量、五日生化需氧量、氨氮、总氮、总磷浓度 2015 年后均优于Ⅴ类水;总氮污染严重,30 年来一直为劣Ⅴ类。滇池外海五日生化需氧量、氨氮、总磷、总氮基本维持在Ⅴ类或优于Ⅴ类,化学需氧量污染严重,基本为劣Ⅴ类。滇池的蓝藻水华暴发频率从 2 月开始逐月上升,到 8 月达到最高后又逐月降低,直到翌年 2 月,呈周年性趋势。

滇池主要入湖河道在 1987—2002 年综合污染指数呈上升趋势,2006 年后逐年下降,河流水质逐步好转。

第 3 章

滇池流域污染负荷特征及历史变化趋势

湖泊作为污染的最终受纳体，污染源由外源污染和内源污染两部分组成，外源污染又分为城镇生活点源、工业点源、第三产业生活源、农村农业面源、城市面源等；内源污染主要为沉积物氮、磷释放。

本章整理了滇池流域多年污染源情况，从主要污染负荷的来源、种类、排放特征、排放量，分析不同污染源对入湖污染负荷的贡献及变化趋势，为滇池保护治理提供技术支撑。

3.1 点源污染负荷特征及历史变化趋势

3.1.1 点源污染负荷产生量

滇池流域点源污染负荷主要包括城镇生活污染源和企业污染源。根据多年对滇池流域点源污染的调查监测，1988—2017 年滇池流域点源污染产生总量呈持续上升趋势，增长了约 5.06 倍。其中：化学需氧量增长了 5.24 倍，氨氮增长了 5.5 倍，总氮增长了 4.06 倍，总磷增长了 5.43 倍（图 3-1）。

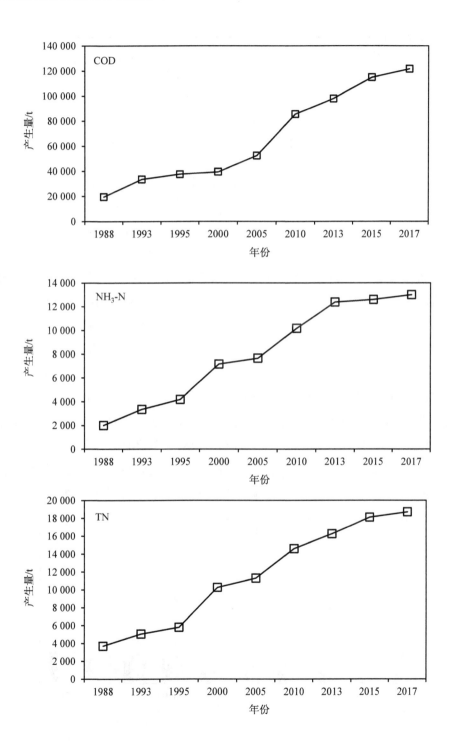

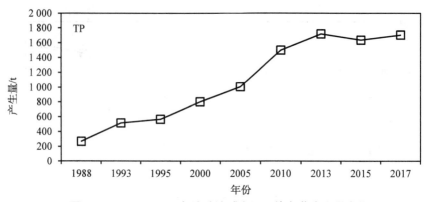

图 3-1 1988—2017 年滇池流域点源污染负荷产生量变化

　　滇池流域点源污染负荷来自城镇生活源和企业源（工业与第三产业），点源污染负荷 90%以上来源于城镇生活源，随着人口的增加和社会经济的发展，生活污染负荷急剧增加，相较 1988 年，2017 年城镇生活源污染负荷产生量增加了约 6.2 倍。企业污染负荷是滇池流域点源污染负荷的另一个重要组成，1988—2006年，随着滇池流域工业污染治理力度的加大，企业污染负荷产生量总体呈下降趋势。根据滇池流域第三产业污染源普查结果，2008 年后，滇池流域第三产业企业源污染负荷产生量呈现上升趋势。随着滇池污染治理理念的转变和治理力度的加大，特别是 1999 年滇池治理"零点行动"启动了对滇池 253 户重点考核工业企业、128 户非重点考核企业实施达标排放行动，极大地削减了流域工业污染负荷，使滇池流域 2000 年工业污染负荷产生量较 1995 年明显下降（图 3-2）。

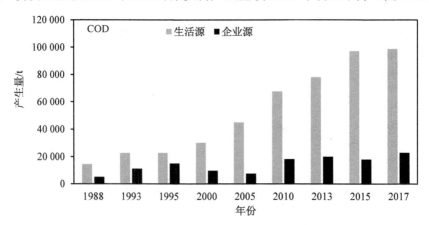

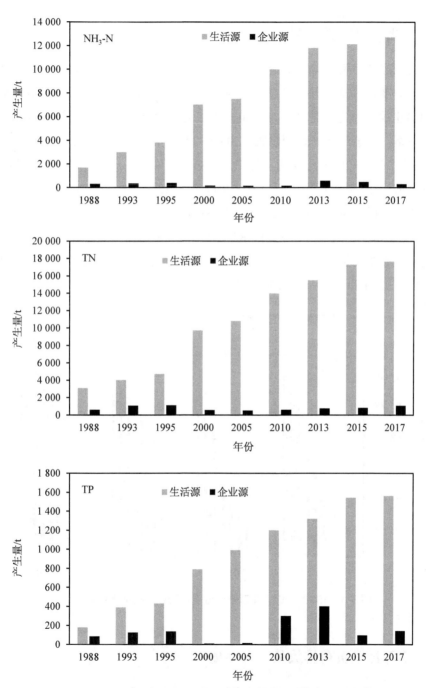

图 3-2　1988—2017 年滇池流域生活源、企业源污染负荷产生量变化

3.1.2 点源污染负荷削减量

在流域点源污染负荷产生量逐年增大的情况下,滇池流域加大了污水处理设施的建设力度。1991 年滇池流域建成第一座污水处理厂,1996—1997 年滇池流域又相继建成 3 座污水处理厂,2000—2005 年昆明主城区第五、第六污水处理厂以及呈贡、晋宁污水处理厂建成,2006—2010 年昆明主城第七、第八污水处理厂建成;2011—2017 年昆明主城第九、第十、第十一、第十二污水处理厂建成,环湖截污 10 座水质净化厂建成。2017 年,滇池流域已建成并投产 24 座污水处理厂(包括 2 座县城污水处理厂、10 座环湖截污污水处理厂),总处理规模达到 205 万 m³/d。随着污水处理厂的建成运行,滇池流域点源污染负荷削减量大幅提升,点源化学需氧量、总氮、总磷和氨氮的削减量分别达到了 119 492 t、13 029 t、1 320 t 和 8 391 t(图 3-3)。

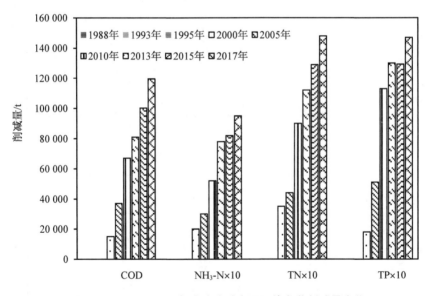

图 3-3 1988—2017 年滇池流域点源污染负荷削减量变化

3.1.3 **点源污染负荷排放量、入湖量**

滇池流域点源污染负荷产生量扣减流域内污水处理厂对点源污染的处理量,

即为点源污染负荷排放量。点源污染物入湖方式以河道汇流为主,由于滇池流域入湖河道源近流短,点源污染负荷排放量不考虑沿程自然衰减,其入湖量等于排放量。

随着滇池流域点源污染负荷削减量逐年提升,点源污染负荷入湖量逐年下降,2017 年点源污染负荷化学需氧量、总氮、总磷、氨氮入湖量分别为 15 743 t、4 607 t、313 t、3 566 t,入湖量占产生量的比例分别为 13%、19%、18%和 24%(图 3-4)。

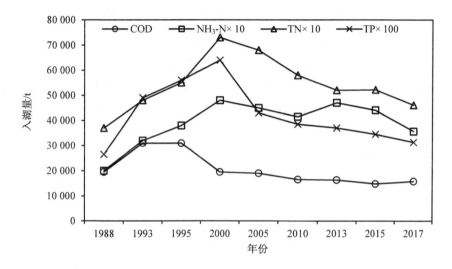

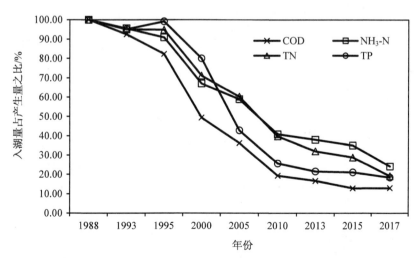

图 3-4　1988—2017 年滇池流域点源污染负荷入湖量及入湖量占产生量之比变化

3.2　面源污染负荷特征及历史变化趋势

3.2.1　农业农村面源污染负荷

　　滇池流域农业农村面源污染负荷主要包括农村生活污染(农村生活污水和生活垃圾)、农业生产污染(农田化肥流失、农业固废、畜禽养殖)。根据多年来对滇池流域农村农业面源污染的调查监测,农业面源污染呈现出先升高后降低的趋势。20 世纪 90 年代,随着滇池流域人口和社会经济的发展,农产品需求量日益增加,滇池流域农业从粗放型的传统有机农业逐渐转变为以农药、化肥为中心的现代化农业。农业生产中农药、化肥的大量施用并自然形成氮磷流入滇池。进入21 世纪后,随着滇池流域城镇化进程的加快,农村人口及耕地面积逐渐降低。2017 年,滇池流域农村人口为 33.96 万人,实有耕地面积为 225 620 亩,较 1988年流域内农业人口降低约 80%、耕地面积减少约 39%(图 3-5、图 3-6)。

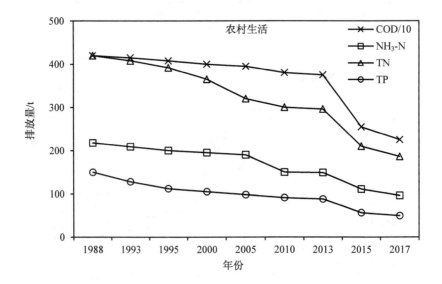

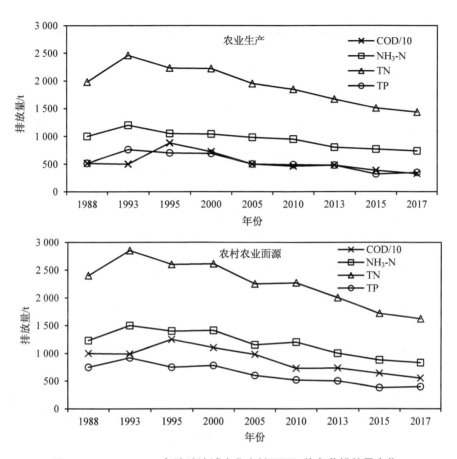

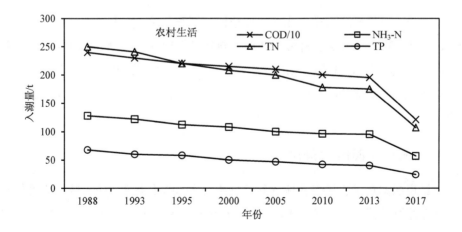

图 3-5　1988—2017 年滇池流域农业农村面源污染负荷排放量变化

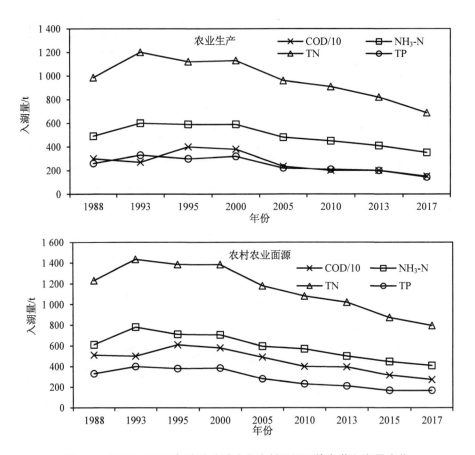

图 3-6　1988—2017 年滇池流域农业农村面源污染负荷入湖量变化

此外,随着滇池流域农业布局和结构的调整优化,尤其是全面禁养、测土配方、秸秆资源化利用及农村污水处理设施建设等措施的实施,使滇池流域农业面源污染入湖量呈现出了明显的下降趋势,2017 年农业面源化学需氧量、总氮、总磷和氨氮的入湖量分别为 2 710 t、794 t、167 t 和 409 t,较 1988 年减少了约 41%。

3.2.2　城市面源污染负荷

城市面源污染主要是由降雨径流的淋浴和冲刷作用产生的,城市降雨径流主要以合流制形式,通过排水管网排放,径流污染初期作用十分明显。特别是在暴雨初期，由于降雨径流将地表的、沉积在下水管网的污染物在短时间内突发性冲刷汇入受纳水体，而引起水体污染。根据多年来对滇池流域城市面源污染的调查监测，城市面源排放量河入湖量呈现逐年升高趋势。1988 年后，滇池流域城市建成区不断扩张，近 30 年内城市建成区面积增加了约 2 倍，加上随着流域地表不透水率的增加，在降水的冲刷下导致大量污染物随降水径流进入水体，同时滇池流域城市面源污染防治方面比较薄弱，导致城市面源污染负荷的入湖量逐年提高。2017 年，滇池流域城市面源污染化学需氧量、总氮、总磷和氨氮的入湖量分别为 20 815 t、1 039 t、89 t 和 298 t，较 1988 年增加了约 2.5 倍（图 3-7、图 3-8）。

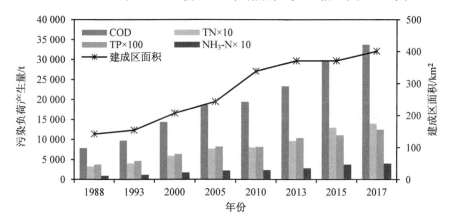

图 3-7　1988—2017 年滇池流域城市面源污染负荷产生量变化

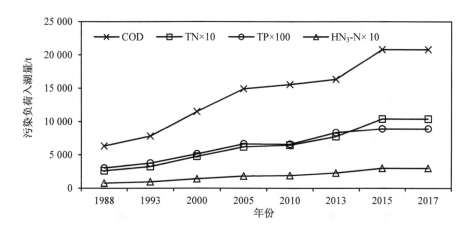

图 3-8　1988—2017 年滇池流域城市面源污染负荷入湖量变化

3.3 沉积物内源氮磷释放风险及内源污染负荷估算

3.3.1 沉积物内源氮磷释放风险

湖泊沉积物在氮循环中发挥着重要的作用，作为营养盐的蓄积库，既充当"汇"的角色，也充当"源"的角色。当环境条件改变，沉积物可由"汇"转变为"源"，向水体释放氮，导致水体氮污染。滇池由于受地域影响，属于静水性湖泊，自净能力差，水交换速率低，导致大量污染物在湖底沉积，沉积物总氮含量较高（陈永川，汤利等，2007）。而氮素在沉积物中是以不同形态存在的，其中可交换态氮（EN）是最"活跃"组分（De Lange G，1992），易于与上覆水发生交换从而进入水体，直接被初级生产者吸收造成藻类的大量暴发；可矿化态氮（MN）是沉积物中有机氮在适宜条件下被微生物矿化而形成的能被植物利用的那部分氮（王圣瑞，焦立新等，2008），表现为适当条件下释放进入水体；稳定态氮（FN）则是被固定在沉积物矿物晶格中的氮形态，是沉积物氮库中相对稳定的形态（马红波，宋金明等，2003），一般条件下不参与氮的循环，即不易进入水体而表现为埋藏蓄积。因此，氮在沉积物中的赋存形态及其含量可作为评价湖泊沉积物内源氮释放风险的一种形式。根据相关研究，滇池不同湖区沉积物总氮均以 FN 为主，草海、外海北部、外海中部、外海南部 FN 分别达到总氮的73.55%、69.88%、65.83%、59.73%。EN 在草海、外海北部、外海中部和外海南部湖区分别占总氮的 6.23%、11.55%、10.16%、12.57%。沉积物中可转化态氮占其总氮的 1/3 左右，而占总氮近 2/3 的氮为非转化态氮，稳定态氮（FN）是其非转化态氮的主要成分，故沉积物总氮含量越高，其稳定性越强。滇池不同湖区沉积物可转化态氮的表现为：外海南部＞外海中部＞外海北部＞草海，滇池沉积物氮污染表现为由北向南转移的趋势（汪淼，王圣瑞等，2016）。

滇池表层沉积物中 TP 含量是其他湖泊的 3～12 倍，处于较高水平；不同形态磷含量表现为：OP＞Ca-P＞Al-P＞Res-P＞Fe-P＞NH$_4$Cl-P。滇池沉积物磷的释放过程主要发生在前 8 h 内；不同区域沉积物磷均表现为：草海＞外海北部＞外海南部＞湖心区；滇池表层沉积物中磷的释放主要由 NH$_4$Cl-P、Fe-P、

Al-P 和 OP 进行，其中，NH_4Cl-P 和 Fe-P 所占比重较大；磷的释放与上覆水中 DTP、DIP 和 DOP 浓度呈显著正相关（$P < 0.05$），预示着上覆水中磷的迁移转化更多地受到水—沉积物界面浓度梯度的控制，进一步说明不能以总磷含量来评价湖泊磷释放的状况，需与磷形态及分布特征相结合进行分析（何佳，陈春瑜，2015）。

3.3.2　湖泊内源污染负荷估算

滇池内源污染主要来源于沉积物向上覆水体释放的氮磷等营养盐的量。根据滇池湖盆特征、水生植物分布特征、湖泊水体动力学特征、湖泊底泥污染层深度等条件，在"五点法"（湖心 1 个点、四周 4 个点）采样基础上，每 10 km² 设置 1 个采样点，采样布点数为 35 个点位（图 3-9）。

图 3-9　滇池采样点位分布图

采用柱状采样器采集沉积物 30～50 cm,现场按 2～4 cm 分层;上覆水采集:采用分层采水器,采集底层上覆水,放入采样瓶中于恒温箱（4℃）内,带回实验室;样品保存与运输:采集的底泥样品放入封口袋中于冰盒内带回实验室,在离心机 5 000 r/min 下离心 15 min,获得间隙水。沉积物分析指标主要包含总磷、总氮和总有机碳等污染物质含量的分析,测定指标:含水率、pH、氧化还原电位、总氮、总磷、总有机碳等;调查频次为每年 1 次。间隙水和上覆水分析指标主要包含 DTN、DTP、氨氮、硝态氮、SRP、DON 和 DOP 等;调查频次:全湖加密监测点位（35 个）每年 1 次,常规监测点位（8 个）,每年 12 次。

底泥向上覆水水体氮磷扩散通量根据 Fick 第一定律计算,入湖负荷计算采用公式为:

$$W = F_d \times S \times t$$

式中:W —— 入湖负荷,t/a;

F_d —— 通量,mg/（m²·d）;

S —— 面积,km²;

t —— 时间,a。

TN 为 NH_3-N、NO_3-N 和 DON 通量之和,TP 为 SRP 和 DOP 释放通量之和。

根据滇池全湖沉积物氮、磷扩散通量空间变化及年变化数据（表 3-1）,2013—2014 年滇池全湖沉积物溶解性总氮释放负荷为 2 812 t/a,其中,溶解性无机氮释放负荷为 2 252 t/a,占总氮释放负荷的 80.1%,溶解性有机氮释放负荷为 560 t/a,占总氮释放负荷的 19.9%。有效性 DON 释放负荷为 290 t/a,占总氮释放负荷的 10.1%。溶解性总磷释放负荷为 31 t/a,其中,溶解性无机磷释放负荷为 18 t/a,占总氮释放负荷的 58.6%,溶解性有机磷释放负荷为 13 t/a,占总氮释放负荷的 41.4%。有效性 DOP 释放负荷为 3 t/a,占总磷释放负荷的 10.8%（表 3-2）。

表 3-1　氮、磷扩散通量　　　　　　　　　　　单位: mg/（m²·d）

月份	DON	DIN	DTN	DOP	DIP	DTP
1	9.46	20.67	30.12	0.20	0.03	0.17
2	9.20	32.89	42.09	0.07	0.03	0.10

月份	DON	DIN	DTN	DOP	DIP	DTP
3	13.54	23.24	36.78	0.10	0.04	0.14
4	14.16	29.01	43.17	0.19	0.34	0.53
5	21.05	32.69	53.73	0.15	0.31	0.47
6	8.31	18.47	26.78	0.13	0.58	0.71
7	6.75	16.05	22.80	0.30	0.54	0.84
8	3.27	18.70	21.98	0.23	0.61	0.85
9	0.43	23.28	27.71	0.21	0.57	0.78
10	9.85	14.69	20.97	0.18	0.34	0.52
11	3.96	13.47	18.24	0.14	0.17	0.31
12	9.39	14.22	23.61	0.12	0.05	0.17

表 3-2　沉积物氮、磷释放负荷　　　　　　　　　单位：t/a

月份	有效性 DON	DON	DIN	DTN	有效性 DOP	DOP	DIP	DTP
1	29	49	181	230	0	1	0	1
2	20	34	288	322	0	0	0	1
3	45	78	203	281	0	1	0	1
4	44	76	254	330	0	1	2	3
5	51	125	286	411	0	1	2	3
6	18	43	162	205	0	1	3	4
7	14	34	140	174	0	2	3	5
8	2	4	164	168	0	2	3	5
9	4	8	204	212	0	1	3	4
10	18	32	129	160	0	1	2	3
11	13	22	118	139	0	1	1	2
12	32	56	124	180	0	1	0	1
合计	290	560	2 252	2 812	3	13	18	31

　　总体来讲,沉积物总氮释放负荷主要集中在 2—5 月,占年释放负荷的 48%,沉积物总磷释放负荷主要集中在 6—9 月,占年释放负荷的 56%(图 3-10)。

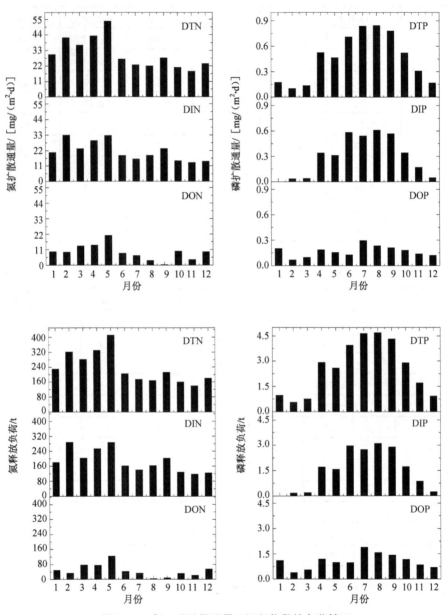

图 3-10　氮、磷扩散通量及沉积物释放负荷情况

3.4　污染负荷构成及空间分布特征

3.4.1　污染负荷构成特征

1988 年、2000 年、2005 年、2017 年滇池流域入湖污染负荷构成发生明显变化。1988 年流域入湖污染负荷主要来自点源污染（生活源和企业源）和农业农村面源；2000 年滇池流域城市面源对入湖污染负荷贡献增大，农业农村面源的污染负荷贡献有所减少，未收集点源入湖污染贡献有所减少但仍是流域主要污染源，污水处理厂尾水也贡献了一定的入湖污染负荷；2005 年未收集点源污染负荷入湖贡献比较 2000 年进一步减少，城市面源对总入湖量的贡献进一步加大，农业面源的贡献进一步减小，污水处理厂尾水对总入湖量的贡献随着污水处理规模的增大而显著增大；2017 年未收集点源不再是流域污染物的主要来源，城市面源对总入湖量的贡献进一步加大，污水处理厂尾水对总入湖量的贡献进一步加大（图 3-11）。

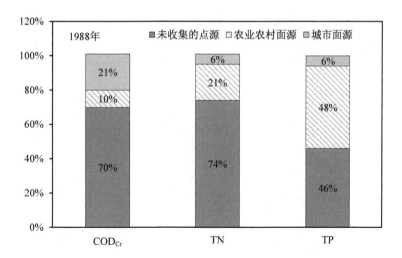

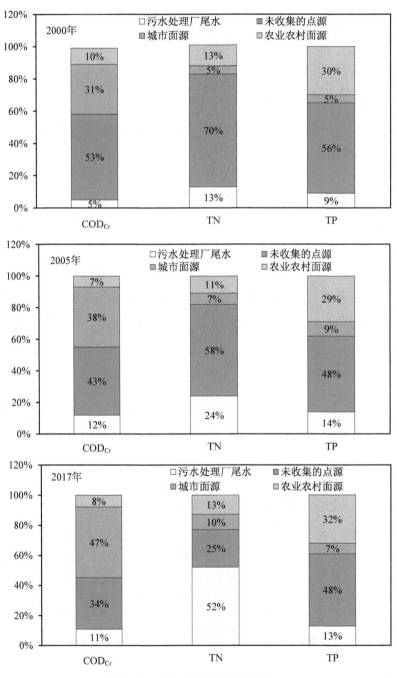

图 3-11 污染负荷构成特征变化

1988 年滇池流域无污水处理设施，流域内污水全部进入滇池。化学需氧量和总氮入湖量主要来自未收集的点源，分别占整个滇池流域入湖污染负荷总量的 70% 和 74%，来自未收集点源的总磷占其总入湖量的 46%。农业农村面源对总入湖量有一定的贡献，来自农业农村面源的总磷约占其总入湖量的 48%，化学需氧量和总氮入湖量则分别占 10% 和 21%。1988 年滇池流域城市化水平还较低，城市面源对污染负荷总量的贡献还较小，来自城市面源的化学需氧量、总氮、总磷入湖量分别占三种污染物总入湖量的 21%、6% 和 6%。

2000 年滇池流域内建成第一、第三、第四污水处理厂，但未收集的点源仍然是流域内最大的污染负荷来源。来自未收集点源的化学需氧量、总氮、总磷分别占三种污染物总入湖量的 53%、70% 和 56%。来自城市面源的化学需氧量、总氮、总磷分别占三种污染物总入湖量的 31%、5% 和 5%，城市面源对化学需氧量的贡献较 1988 年有了较大增长。来自农村面源的污染负荷有所减少，化学需氧量、总氮、总磷入湖量分别占其污染负荷总入湖量的 10%、13% 和 30%。污水处理厂尾水也贡献了一定的入湖污染负荷，来自尾水的化学需氧量、总氮、总磷入湖量分别占三种污染物总入湖量的 5%、13% 和 9%。

2005 年滇池流域昆明主城区建成六座污水处理厂（第一至第六污水处理厂），污水处理能力达 55.5 万 m³/d，但未收集的点源仍然是流域内最大的污染负荷来源。来自未收集点源的化学需氧量、总氮、总磷入湖量分别占三种污染物总入湖量的 43%、58% 和 48%，较 2000 年减少了约 10%。城市面源对总入湖量的贡献进一步加大，来自城市面源的化学需氧量、总氮、总磷入湖量分别占三种污染物总入湖量的 38%、7% 和 9%。农业面源的贡献进一步减小，来自农业面源的化学需氧量、总氮、总磷入湖量分别占三种污染物总入湖量的 7%、11% 和 29%。污水处理厂尾水对总入湖量的贡献随着污水处理规模的增大而显著增大，到 2005 年，来自尾水的化学需氧量、总氮、总磷入湖量分别占三种污染物总入湖量的 12%、24% 和 14%。

2017 年滇池流域污水处理能力达 205 万 m³/d，滇池流域污水收集处理率显著提高。随着污水收集处理率的提高，未收集的点源不再是流域污染物的主要来源。城市面源对总入湖量的贡献进一步加大，2017 年入湖化学需氧量主要来自城市面源，占其总入湖量的 47%，来自城市面源的总氮和总磷则分别占其总入湖量的 10%和 7%，比 2005 年有所增长。来自农业农村面源的化学需氧量、总氮、总磷入湖量分别占三种污染物总入湖量的 8%、13%和 32%。污水处理厂尾水对总入湖量的贡献进一步加大，来自尾水的化学需氧量、总氮、总磷入湖量分别占三种污染物总入湖量的 11%、52%和 13%。来自未收集点源的化学需氧量、总氮占比分别为 34%、25%，污染贡献较 2005 年显著降低。

3.4.2　污染负荷空间分布特征

根据滇池流域的行政区划和汇水特征，将整个流域划分为 5 个污染控制区，分别是草海汇水区、外海北岸汇水区、外海东岸汇水区、外海南岸汇水区和外海西岸汇水区。1988 年至今，随着城市化进程的加快，滇池流域各汇水区入湖污染物组成呈现不同的特点。

草海陆域和外海北岸为昆明主城区，区域内建成区面积广、人口密度大，对滇池外源污染的贡献率最高，2017 年昆明主城区化学需氧量、总氮、总磷入湖量分别占到滇池流域入湖污染物总量的 63%、58%和 67%。1988—2017 年，昆明主城区农业面源和未收集的点源呈下降趋势，污水处理厂尾水和城市面源呈上升趋势，入湖污染物组成由"未收集的点源为主"转变成"城市面源为主"。

外海东岸是昆明市呈贡新城所在地，该控制单元内有昆明市的新开发区，是政府机构及大学城的所在地。2017 年外海东岸化学需氧量、总氮、总磷入湖量分别占到滇池流域入湖污染物总量的 21%、20%和 18%。1988—2017 年，外海东岸未收集的点源、城市面源均呈上升趋势，污染物组成由"农村面源为主"逐渐转变为"未收集的点源和城市面源为主"。

外海南岸主要位于晋宁区辖区，是流域内的磷矿和磷化工企业分布区。2017年外海南岸化学需氧量、总氮、总磷入湖量分别占到滇池流域入湖污染物总量的 15%、21%和 16%。1988—2017 年，外海南岸未收集的点源呈上升趋势，该汇水区入湖污染物组成以"未收集的点源"和"农业农村面源"为主。

外海西岸位于西山区，人口稀少，地势陡峭，且无工业污染源，污染负荷入湖量相对最小。西岸至今无污水处理厂，点源收集率为零。2017 年外海西岸化学需氧量、总氮、总磷入湖量分别占到滇池流域入湖污染物总量的 1%、2%和 1%。1988—2017 年，随着人口密度的增大，入湖污染物逐渐增加，污染负荷组成以"未收集的点源为主"（图 3-12）。

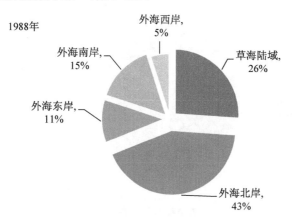

1988年

外海西岸，5%
外海南岸，15%
外海东岸，11%
草海陆域，26%
外海北岸，43%

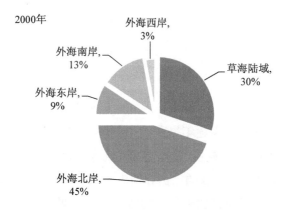

2000年

外海西岸，3%
外海南岸，13%
外海东岸，9%
草海陆域，30%
外海北岸，45%

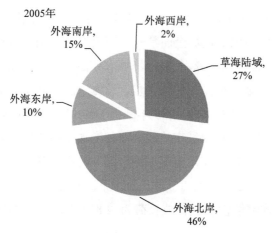

2005年

外海南岸，15%
外海西岸，2%
外海东岸，10%
草海陆域，27%
外海北岸，46%

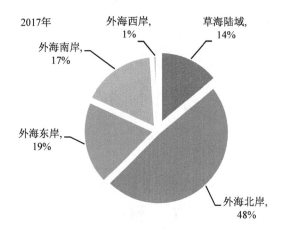

图 3-12 污染负荷空间分布特征变化

3.5 本章小结

通过对滇池流域 1988 年、2000 年、2005 年和 2017 年污染负荷计算，随着滇池流域点源污染负荷削减量逐年提升，滇池流域点源污染负荷入湖量逐年下降，2017 年点源污染负荷化学需氧量、总氮、总磷、氨氮入湖量分别为 15 743 t、4 607 t、313 t、3 566 t，入湖量占产生量的比例分别为 13%、19%、18% 和 24%。农业面源污染呈现出先升高、后降低的趋势，2017 年滇池流域农村人口为 33.96 万人，实有耕地面积为 225 620 亩，较 1988 年流域内农业人口降低约 80%、耕地面积减少约 39%；同时随着滇池流域全面禁养、测土配方、秸秆资源化利用及农村污水处理设施建设等措施的实施，使滇池流域农业面源污染入湖量呈现出了明显的下降趋势，2017 年农业面源化学需氧量、总氮、总磷和氨氮的入湖量分别为 2 710 t、794 t、167 t 和 409 t，较 1988 年减少了约 41%。1988 年后滇池流域城市建成区不断扩张，近 30 年内城市建成区面积增加了约 2 倍，城市面源污染负荷的入湖量逐年提高；2017 年滇池流域城市面源污染化学需氧量、总氮、总磷和氨氮的入湖量分别为 20 815 t、1 039 t、89 t 和 298 t，较 1988 年增加了约 2.5倍。滇池全湖沉积物溶解性总氮释放负荷为 2 812 t/a，溶解性总磷释放负荷为31 t/a。

　　滇池流域污染源构成在 1988—2017 年明显变化,从 1988 年的点源污染和农业农村面源为主,逐步转变为未收集点源不再是流域污染物的主要来源,城市面源对总入湖量的贡献进一步加大,污水处理厂尾水对总入湖量的贡献进一步加大。在草海汇水区、外海北岸汇水区、外海东岸汇水区、外海南岸汇水区和外海西岸汇水区 5 个污染控制区中,草海陆域和外海北岸为昆明主城区,2017 年化学需氧量、总氮、总磷入湖量分别占滇池流域入湖污染物总量的 63%、58%和 67%,入湖污染物组成由"未收集的点源为主"转变成"城市面源为主"。外海东岸 2017 年化学需氧量、总氮、总磷入湖量分别占滇池流域入湖污染物总量的 21%、20%和 18%,污染物组成由"农村面源为主"逐渐转变为"未收集的点源和城市面源为主"。外海南岸 2017 年外海南岸化学需氧量、总氮、总磷入湖量分别占滇池流域入湖污染物总量的 15%、21%和 16%,入湖污染物组成以"未收集的点源"和"农业农村面源"为主。外海西岸 2017 年外海西岸化学需氧量、总氮、总磷入湖量分别占滇池流域入湖污染物总量的 1%、2%和 1%;污染负荷组成以"未收集的点源为主"。

第 4 章

"九五"期间滇池水污染防治规划及目标实现情况

《滇池水污染防治"九五"计划及 2010 年规划》（以下简称《滇池"九五"规划》）以 1995 年为规划基准年，规划时期分为近期（1996—2000 年）、远期（2001—2010 年），遵循"以滇池水质达标、生态环境恢复良性循环为目标；促进经济、社会和环境协调持续发展；突出饮用水水源这一重点，统一规划，综合整治，从严保护；管理与治理并重、加大环保执法力度；近期以管理措施及点源治理工程措施（含工业源及城市污水）为主，远期以面源控制、流域生态恢复工程为主"的基本原则。以实现滇池水质逐步改善和滇池生态环境实现良性循环为目标。考虑水污染控制、水资源开发利用和生态恢复与流域水土流失控制等三方面的问题制定《滇池"九五"规划》。

4.1 滇池"九五"水污染防治规划概况

4.1.1 规划目标及控制指标

4.1.1.1 规划目标

● 近期目标

（1）近期第一阶段目标：1999 年 5 月 1 日前，滇池外海水质达到地面水环境质量Ⅳ类标准，草海水体旅游景观有明显改善。

（2）近期第二阶段目标：2000 年年底前，滇池外海水质达到或接近地面水环境质量Ⅲ类标准，草海水质达到地面水Ⅴ类标准。

● 远期目标（第三阶段）

到 2010 年，滇池外海水质达到地面水环境质量Ⅲ类标准，草海水质达到地面水环境质量Ⅳ类标准，恢复滇池生态环境的良性循环。

4.1.1.2　控制指标

● 水环境质量指标

滇池水质指标：高锰酸盐指数（COD_{Mn}）、总磷（TP）、总氮（TN）

● 污染物总量控制指标

废水污染物控制指标：化学需氧量（COD_{Cr}）、总磷（TP）、总氮（TN）

4.1.1.3　总量目标

● **1999 年 5 月 1 日前，外海总量控制目标**

COD_{Mn} 允许负荷量：6 390 t

TN 允许负荷量：7 568 t

TP 允许负荷量：773 t

● **2000 年总控制目标**

（1）草海

COD_{Mn} 允许负荷量：2 352 t

TN 允许负荷量：1 368 t

TP 允许负荷量：108 t

（2）外海

COD_{Mn} 允许负荷量：5 007 t

TN 允许负荷量：3 644 t

TP 允许负荷量：474 t

（3）滇池

COD_{Mn} 允许负荷量：7 359 t

TN 允许负荷量：5 012 t

TP 允许负荷量：582 t

● 2010 年总量控制目标

（1）草海

COD_{Mn} 允许负荷量：1 747 t

TN 允许负荷量：1 368 t

TP 允许负荷量：108 t

（2）外海

COD_{Mn} 允许负荷量：5 007 t

TN 允许负荷量：3 644 t

TP 允许负荷量：248 t

（3）滇池

COD_{Mn} 允许负荷量：6 754 t

TN 允许负荷量：5 012 t

TP 允许负荷量：356 t

4.1.2　规划项目概况

"九五"期间计划实施 84 个项目，规划总投资 31.03 亿元。2001—2010 年计划实施 18 个项目，规划投资 54.65 亿元。

（1）1999 年滇池水质改善行动计划

计划于 1996 年—1999 年 4 月 30 日，完成 49 项工业污染源达标治理类项目（总经费 2.91 亿元）；完成 9 项城市污水治理类项目（总经费 11.82 亿元）；完成 6 项面源治理类项目 [（含示范工程）经费 1.09 亿元]；完成 3 项内源治理类项目（经费 3.19 亿元）；完成 4 项环境管理类及其他项目（经费 5.04 亿元）。预计实施 71 个项目，规划总投资 24.05 亿元。

（2）2000 年滇池水质改善行动计划

计划于 1999 年 5 月—2000 年，完成 1 项工业污染控制类项目（投资 0.2 亿元）；完成 5 项城市污水处理类项目（4.09 亿元）；完成 5 项面源及其他污染治理类项目（1.15 亿元）；完成 1 项内源治理类项目（0.04 亿元）；完成 1 项其他治理项目（1.5 亿元）。计划实施 13 个项目，规划总投资 6.98 亿元。

（3）2010 年滇池水质改善行动计划

计划于 2001—2010 年，完成 2 项城市污水处理类项目（经费 4.88 亿元）；完成 9 项面源治理类项目（经费 16.75 亿元）；完成 4 项内源治理类项目（经费 2.82 亿元）；完成其他治理项目 3 项（经费 30.2 亿元）。规划实施 18 个项目，总投资 54.65 亿元。

4.2 滇池 "九五" 水污染防治规划目标实现情况

截至 2000 年年底，《滇池"九五"规划》提出的 84 个项目，已完成 60 项（含 49 项工业污染治理项目），还完成《滇池"九五"规划》外的项目 5 项，开始实施的 17 项，尚未动工的 7 项。共完成投资 25.3 亿元，其中已竣工项目投资 21.2 亿元，在建项目完成投资 4.1 亿元。

"九五"期间，通过实施《滇池"九五"规划》，滇池流域工业污染源基本实现达标排放；建成 4 座城市污水处理厂，城市污水设计处理能力达到 36.5 万 t/d；完成滇池北岸截污工程，设计截污能力 30 万 t/d；完成盘龙江中段、大观河等河道截污疏浚工程；完成草海底泥疏浚一期工程；采取滇池蓝藻清除应急措施；部分区域实施了工程造林、退耕还林、封山育林，滇池面山森林覆盖率达到 32.9%。

为贯彻实施《滇池保护条例》，建立了滇池综合治理目标责任制。取缔养鱼网箱 5 000 多个、滇池机动捕鱼船 1 170 多只、滇池面山采石点 50 多个。1998 年 10 月 1 日起在滇池流域禁止销售和限制使用含磷洗涤用品，并征收城市排水设施有偿使用费，以确保排污设施正常运行，促进节约用水。

4.3 本章小结

通过"九五"的综合治理，与"八五"相比，草海、外海高锰酸盐指数分别下降 22%、28%；草海透明度由 0.34 m 提高到 0.47 m。滇池流域工业污染源排放的主要污染物基本实现达标排放，主城区旱季污水处理率超过 60%，草海水体黑臭状况得到明显改善，使滇池污染的趋势初步得到遏制。

第 **5** 章
"十五"期间滇池水污染防治规划及目标实现情况

　　《滇池流域水污染防治"十五"计划》（以下简称《滇池"十五"规划》）以2000年为规划基准年，2005年为规划目标年，遵循"坚持城市发展必须与资源环境相协调；坚持实事求是，环境效益优先；坚持治理与管理并重，突出重点；坚持行政首长与技术负责人共同负责制"的基本原则，在认真总结"九五"治理工作经验教训的基础上，提出一个科学、系统、切实可行的治理目标和五年工作计划，突出重点，综合决策，以加快滇池治理步伐、加大治理力度，努力使滇池治理工作取得较为明显的成效，为"十一五"期间进一步做好滇池流域水污染防治工作打下坚实基础。

5.1　滇池"十五"水污染防治规划概况

5.1.1　规划目标

5.1.1.1　总体目标

　　2005年草海消除黑臭，外海基本控制水质下降趋势。

5.1.1.2　水质目标

　　在平水年景条件下，草海消除黑臭，高锰酸盐指数、总氮、总磷浓度低于2000年水平；外海高锰酸盐指数、总氮、总磷浓度低于2000年水平。

5.1.1.3 总量目标

2005 年主要水污染物入湖总量在 2000 年现状基础上削减 20%以上,即在平水年景下入湖化学需氧量要控制在 35 170 t 以下,入湖总氮要控制在 8 750 t 以下,入湖总磷要控制在 1 060 t 以下。所有新建、扩建的城市污水处理厂采用具有除磷脱氮工艺的二级或二级强化处理工艺。

5.1.2 规划项目概况

针对"九五"期间治理存在的主要问题与今后面临的主要困难,提出滇池水污染综合防治方针:"污染控制、生态修复、资源调配、监督管理、科技示范",分期分块安排计划项目。规划项目共 26 项,投资总额 77.99 亿元。其中:

第一类:污染控制项目 10 项,投资 42.33 亿元。

第二类:生态修复项目 6 项,投资 19.63 亿元。

第三类:资源调配项目 2 项,投资 11.70 亿元。

第四类:监督管理项目 4 项,投资 1.33 亿元。

第五类:技术示范项目 4 项,投资 3.0 亿元。

5.1.2.1 污染控制

采取总量控制手段,控制城市生活污染、企业污染、面源污染、内源污染。按照 2005 年预测的污水量及污染物量,分析入湖途径以及可控条件,制订"十五"期间污染物总量控制计划。

(1)城市污染控制:控制流域内城市发展规模,重点发展流域外安宁、嵩明和宜良次级城市及一批明星小城镇,通过加强基础设施建设和政策导向,使流域内人口及相关产业向外流域转移,达到控制新增城市污染,减轻滇池流域环境负荷的目的。新建住宅小区必须坚持排污干管等基础设施先行,必须建立完善到户的雨污分流排水系统。

"十五"期间重点抓好城市雨污分流排水管网改造与建设、加快小区分流接管进度,基本形成主城区雨污分流的管网体系,提高污水处理厂的处理效率;分批实施九条入湖河道整治工程,使城市污水直接截入污水处理厂,不再进入河道,改善河道景观,充分发挥污水处理设施作用。

昆明市第一污水处理厂改扩建、昆明市北郊污水处理厂及配套管网建设、昆明市东郊污水处理厂及配套管网建设和昆明市城市排水管网改造工程（Ⅰ期）（以下简称"世行项目"），新增 22 万 t/d 的污水处理能力。完成第二污水处理厂扩建 8 万 t/d 后，流域内污水设计处理能力可达到 66.5 万 t/d。污水处理厂挖潜改造，提高处理深度，增加处理能力。

（2）面源污染控制：拟在沿湖 15 个乡镇全面启动面源污染控制工程。结合农村产业结构调整，大力发展现代农业、生态农业，整治农村生态环境。落实云南省政府关于每个县建设 2 个以上农村环境卫生示范村的要求；通过对农村有机废物综合利用，解决农业固体废物污染问题；推广科学施肥技术，解决种植业过量施肥问题。切实采取措施确保沿湖周边 2 km 范围内禁止或限制使用化学农药和化肥，流域其他范围限制使用。

（3）企业污染控制：按照国家产业结构调整的方针，结合控制中心城市规模的要求，加快昆明市生产力布局和滇池流域内产业结构调整步伐，使之与生态环境承载力相适应，充分应用高新技术和先进实用技术改造提升传统产业。流域内禁止发展重化工业，对一些污染环境、破坏生态、重复建设、亏损严重的企业，按照国家的环境保护法规实施"关、停、并、转、迁"。基本实现昆明市产业合理布局，使流域内的工业在较好的社会环境、自然与资源条件下实现可持续发展。

对企业污染实施全过程控制，推行清洁生产，实现滇池流域企业全面达标排放；对主要排放企业发放"排污许可证"，建立动态监控系统，实施总量控制；严禁在湖滨生态控制区新建任何排放污水的企业。湖滨生态控制范围及要求应尽早制定并实施。

建设高浓度有机废水及危险废物处置中心，以解决昆明地区高浓度难降解有机废水及危险固体废物带来的特殊环境问题。

（4）内源污染控制：继续实施草海、外海部分区域底泥疏浚，采取外海湖面蓝藻清除及水葫芦综合利用等多种措施，清除湖内污染物。

5.1.2.2　生态修复

在湖滨带将 3.3 km² 的鱼塘、水塘、水淹地等还湖，有计划地建设湖滨带生态系统，开展湿地建设示范。

在草海和外海部分水域实施水生生态修复项目。

实施滇池西岸生态恢复与建设工程，沿湖公路以东的湖滨土地逐步用于恢复湿地生态系统,改善滇池西岸生态环境。

水土流失控制工程主要包括滇池面山绿化,大河、柴河等流域水土流失整治,松花坝等重点水源区生态保护与建设工程等。

5.1.2.3 资源调配

资源性缺水是滇池流域长期存在的问题,加强水资源联合调度,供水、排水、节水、治水、中水回用、调水统筹运作,开源节流,大力推广城市污水处理厂出水回用,使污水资源化。

计划在"十五"期间,实施节水及污水资源化工程,编制年度用水计划,推行先进的节水技术和措施,加大节水宣传力度,进一步提高市民节水意识。认真贯彻执行《昆明市城市节约用水管理条例》,制定用水定额、严格用水计划考核、推广节水器具、提高水价、抄表到户、超量加价等办法控制水资源消耗,减少水资源的浪费。提倡水资源重复利用,在有条件的地方和单位实施中水回用工程,加大中水回用管网建设力度,"十五"期末力争中水回用率达到20%以上。

力争实施板桥河—清水海引水济昆工程。加快金沙江引水补给滇池生态用水的前期工作进度。

5.1.2.4 监督管理

依法强化环境保护部门的统一监督管理权,将具有一定规模的排污企业纳入环保统一监督管理,严格建设项目审批制度,强化环保一票否决权,计划设环境监督管理和公众参与两方面的项目。

进一步完善滇池保护法律法规与地方标准,建立和健全滇池监督管理体系、总量监控系统、滇池水质与重点企业污染源在线监测系统。

建立入湖河道管理目标责任制,加强河道管护,有效控制河道污染。

建立环境保护宣教中心、信息中心,提高全民环保意识,提供公众参与和掌握信息的途径,为社会监督提供条件。

5.1.2.5 科技示范

"十五"期间,在实施好"滇池蓝藻水华控制技术研究"及"滇池流域面源污染控制技术研究"等国家重大科技项目的基础上,加大了科技攻关和技术示范的力度。

增强计划的科学性及系统性,以工程技术示范为先导,在编制好滇池沿岸湖滨带生态调查与建设、农村面源污染控制工程规划的同时,组织实施好滇池部分湖滨带生态恢复与建设、农村面源污染控制建设工程。加快产业布局与产业结构调整计划工作。

开展滇池流域环境承载力、城市规模控制等政策法规研究。

因地制宜,开展河道减污、雨水污水资源化利用、污水深度处理、分散污水处理、生物治理等的技术示范。

5.2 滇池"十五"水污染防治规划目标实现情况

5.2.1 规划项目完成情况

按照"污染控制、生态修复、资源调配、监督管理、科技示范"的 20 字方针,"十五"计划项目分为污染控制类项目、生态修复类项目、资源调配类项目、监督管理类项目、科技示范类项目。《滇池"十五"规划》新建 26 个项目,含 45 个子项目,经国家批准剔除 4 项不再实施,截至 2005 年年底完成了 31 项,在建 7 项,尚未动工 2 项(高浓度有机废水处理中心和危险废物处理处置中心合并为危险废物处理处置中心)。

剔除终止实施项目后,"十五"计划项目有 22 个大项,40 个子项,其中污染控制类项目含城市污染控制、面源污染控制、工业污染控制、内源污染控制 4 个方面的内容,共有 8 个大项,15 个子项目,到目前为止完成了 10 项,在建 3 项,未动工 2 项;生态修复类项目含 6 个子项目,完成 3 项,在建 3 项;资源调配项目有 2 个子项目,完成 2 项;监督管理类项目含 7 个子项目,完成 6 项,在建 1 项;科技示范类项目含 10 个子项目,10 项全部完成。

拟剔除的 4 个项目为:① 污水处理厂脱磷除氮示范工程;② 昆明市第二污水处理厂改扩建工程;③ 草海生态区建设;④ 板桥河—清水海引水济昆工程。未动工的两项工程拟调整至"十一五"实施。

截至 2005 年年底,《滇池流域水污染防治"十五"计划》项目完成率为 77.50%,项目开工率为 95%。

截至 2004 年年底,"十五"计划中的 12 项"九五"续建项目已全部完成。

5.2.2　规划目标及指标完成情况

5.2.2.1　总量目标完成情况

《滇池"十五"规划》总量控制目标是：在平水年景条件下，2005 年污染物入湖总量与 2000 年相比减少 20%以上。"十五"期间污染物总量控制目标完成情况见表 5-1。

表 5-1　总量控制目标完成情况　　　　　　　　　　单位：t

控制指标	2000 年污染物入湖量	规划污染物削减量	规划污染物入湖量	2004 年污染物削减量	2004 年污染物入湖量	实际入湖量与规划入湖量的差额	计划目标完成情况
COD$_{Cr}$	43 960	30 950	35 168	34 537	45 666	+10 498	未完成
TN	10 940	6 430	8 752	4 919	10 447	+1 695	未完成
TP	1 320	530	1 056	523	966	−90	已完成

"十五"期间，滇池流域水污染物总量控制主要依靠城市污染控制类项目，其他项目在整个污染物总量控制中起协同作用。截至 2004 年，流域内 8 个污水处理厂设计处理能力达 58.5 万 m³/d，再加上北岸截污泵站近 30 万 m³/d 污水截往西园隧洞，使流域内的污水处理能力达到 2004 年污水产生总量的 1.2 倍，但由于城市排水系统不健全，管网收集率低，使污水处理设施的实际作用大大降低。在只考虑城市污水处理工程效果的前提下，2004 年污染物削减量为化学需氧量 34 537 t、总氮 4 919 t、总磷 523 t，2004 年流域污染物产生量扣减削减量后，滇池流域 2004 年污染物入湖量为化学需氧量 45 666 t、总氮 10 447 t、总磷 966 t，与"十五"计划入湖总量控制目标对照，化学需氧量、总氮的入湖污染物总量控制目标未完成，总磷的入湖污染物总量控制目标任务完成。

5.2.2.2　水质目标完成情况

《滇池"十五"规划》水质目标：在平水年景条件下，草海消除黑臭，高锰酸盐指数、总氮、总磷浓度低于 2000 年水平；外海高锰酸盐指数、总氮、总磷浓度低于 2000 年水平。

滇池水质目标完成情况如表 5-2 所示。

表 5-2 滇池水质目标完成情况 单位：mg/L

水体名称	监测指标	2000 年	2004 年	与 2000 年污染物浓度差额	目标完成情况
草海	高锰酸盐指数	12.50	7.65	−4.85	完成
	总氮	11.89	13.12	+1.23	未完成
	总磷	1.063	1.295	+0.23	未完成
外海	高锰酸盐指数	6.66	5.72	−0.94	完成
	总氮	1.96	1.98	+0.02	基本持平
	总磷	0.273	0.155	−0.12	完成

2004 年，滇池草海黑臭基本消除，高锰酸盐指数较 2000 年降低 38.8%，总氮、总磷分别较 2000 年提高 10.3%和 21.8%，水质未达到"十五"计划水质目标。滇池外海高锰酸盐指数浓度较 2000 年降低 14.1%，总氮浓度与 2000 年基本一致，总磷浓度较 2000 年降低 43.2%。基本达到"十五"计划水质目标。

2004 年为水文保证率 5%的丰水年，入滇池水量较大，因此尽管 2004 年入滇池污染物负荷量大于 2000 年，作为滇池主要水体的外海水质污染物浓度低于 2000 年。

5.2.2.3 计划考核指标完成情况

（1）城市污水处理率达到 80%以上，城市污水处理回用率达到 20%以上。

流域内城市污水处理厂处理规模达 58.5 万 m^3/d，2004 年实际处理量为 47 万 m^3/d，以污水处理厂处理规模计，城市污水处理率达到 79.1%。以污水处理厂实际处理量计，城市污水处理率为 63.5%，没有达到考核指标。目前昆明市已建成中水站 39 个，主要分布在居民小区、制药、烟草、机械制造、城市公交停车场、大专院校、度假村等行业和领域，中水回用量约为 6 000 m^3/d。城市污水经污水处理厂处理后，出水回用到翠湖、大观河、采莲河、盘龙江用于城市景观的补充用水量近 20 万 m^3/d。全市总中水回用量为 20.6 万 m^3/d，城市污水处理回用率为 35%，完成考核指标。

（2）城区垃圾清运率达到 95% 以上，无害化处理率达 80% 以上。

昆明市城市生活垃圾清运及处理工程项目完成了昆明市东郊、西郊垃圾处理厂建设，城区垃圾清运率达到 100%，无害化处理率达 83%，该项指标已完成。

（3）沿湖村镇垃圾收集清运处置率达 60%。

在官渡区、西山区、呈贡县、晋宁县滇池沿湖乡镇共建设 700 个垃圾收集间，配备 57 辆垃圾清运车。其中官渡区开展工作较早，投入较大，沿湖村镇垃圾收集清运处置率达到 60%，但其他区域工作属于起步状态，考核指标未达到。

（4）流域内水土流失整治面积 300 km²。

2001—2004 年，共整治水土流失面积 325.5 km²，其中坡改梯 20 143 亩，水保林 99 115 亩，经果林 28 831 亩，封禁治理 249 035，种草 3 493 亩，保土耕作 87 636 亩等，考核指标完成。

（5）湖滨带生态恢复与建设 3.3 km² 以上，建立草海水生生态示范区 3 km²。

到目前为止，滇池湖滨 2 100 亩的湖滨生态恢复与建设工程正在建设中；草海湖滨种植了生态林 2 300 亩，即使项目能在 2005 年年底完成，距离 3.3 km² 湖滨带生态恢复与建设和草海水生生态示范区 3 km² 建设的指标还是相距甚远，考核指标未完成。

（6）滇池沿湖周边 2 km 范围内禁止或限制使用化学农药和化肥，流域其他范围限制使用。

在"十五"期间，滇池沿湖周边 2 km 范围内禁止使用化肥农药，此项指标实施效果不明显。考核指标未完成。

5.3 本章小结

"十五"期间共安排新建项目 26 个大项，计划投资 77.99 亿元；"九五"续建项目 12 项，实际投资 10.41 亿元。到 2005 年年底，新建项目 26 项完成 14 项，占 53.8%；在建项目 6 项，占 23.1%；未开工项目 6 项，占 23.1%。"九五"续建项目 12 项已全部完成。"十五"期间滇池治理共完成投资 22.32 亿元。其中新建项目完成投资 12.94 亿元，占计划投资的 16.6%；"九五"续建项目完成投资 9.38 亿元，占实际投资的 90.2%。通过《滇池"十五"规划》的实施，新增污染负荷削减量为化学需氧量 7 868 t、总氮 1 050 t、总磷 149 t，滇池流域水污染物排放量有下降趋势。2005 年，全流域排放的化学需氧量、总氮、总磷分别为 41 986 t、9 810 t、927 t。工业源和城镇生活源共排放污水 2.61 亿 m^3，化学需氧量、总氮和总磷排放量分别为 20 000 t、6 750 t 和 445 t，与 2000 年相比，化学需氧量、总氮、总磷的排放量分别削减了 4.5%、10.3%和 29.8%。湖体水质及入湖河道水质有所改善，水污染防治工作取得阶段性成果。

第 **6** 章

"十一五"期间滇池水污染防治规划及目标实现情况

《滇池流域水污染防治规划（2006—2010 年）》（以下简称《滇池"十一五"规划》）以 2005 年为规划基准年，2010 年为规划目标年，遵循"科学规划，综合治理；远近结合，标本兼治；政府主导，明确责任"的基本原则，贯彻"污染控制、生态修复、资源调配、监督管理"的防治方针，实现以水环境保护优化流域经济发展，优先保证饮用水水源地水质安全。在对"十五"期间滇池流域水污染防治形式进行科学分析的基础上，制定滇池流域"十一五"期间的规划目标，提出水污染防治对策及控制措施，是"十一五"期间滇池流域开展水污染防治工作的指导性文件。

6.1 滇池"十一五"水污染防治规划概况

6.1.1 规划目标

6.1.1.1 总体目标

2010 年的阶段目标是：滇池流域主要地表饮用水水源水质明显改善，重点工业污染源实现稳定达标排放，城镇污水收集和处理水平显著提高，水污染物排放总量得到有效控制，流域生态系统有所改善，流域水环境监管及水污染预警和应急处置能力得到增强。

远期治理目标是：用 20 年左右的时间，通过全面、系统、科学的治理，从根本上解决滇池水污染问题，恢复滇池流域山青水秀的自然风貌，努力形成流域生态良性循环、人与自然和谐相处的宜居环境。

6.1.1.2 水质目标

到 2010 年滇池流域水环境质量整体保持稳定。滇池外海水质稳定达到 V 类地表水标准，力争接近Ⅳ类地表水标准；滇池草海水质明显改善，力争接近 V 类地表水标准。松华坝水库、宝象河水库、柴河水库、自卫村水库、大河水库、双龙水库及洛武河水库 7 个地表饮用水水源水质基本达到地表水Ⅲ类水标准。主要入湖河道水质有所改善。

6.1.1.3 总量目标

到 2010 年，滇池流域化学需氧量、总氮、总磷的排放总量控制在 37 787 t、8 827 t、834 t 以内，其中工业源和城镇生活源经治理后排放的化学需氧量、总氮、总磷分别控制在 18 000 t、6 075 t、400 t 以内。

6.1.2 规划项目概况

按照有限目标、突出重点、提高效率的原则，确定规划项目 65 个，总投资约 92.27 亿元。

（1）城镇污水处理设施建设项目 19 项，投资约 39.67 亿元。其中滇池北岸的污水处理设施及污水管网配套建设工程 12 项列为优先项目，投资 27.67 亿元。其他区域的污水处理、管网配套、再生水利用和污泥处理工程 7 项作为备选项目，投资 12.00 亿元。项目建成并全部正常运行，新增城市污水处理能力 65.5 万 t/d，改造现有处理能力 28 万 t/d，可新增 COD 削减能力约 3 万 t/a，氨氮削减能力约 3 000 t/a。

（2）流域综合整治项目共 46 项，投资约 52.60 亿元。其中饮用水水源地污染控制项目 8 项，投资 2.98 亿元；生态修复项目 6 项，投资 14.31 亿元；垃圾与粪便污染治理项目 7 项，投资 9.80 亿元；入湖河道水环境综合整治项目 13 项，投资 23.99 亿元；监督管理、研究示范项目 12 个，投资 1.53 亿元。

6.2 滇池"十一五"水污染防治规划目标实现情况

6.2.1 规划项目完成情况

6.2.1.1 项目完成率

《滇池"十一五"规划》分为城镇污水处理设施和流域综合整治两类项目，主要包括滇池北岸水环境综合治理工程、饮用水水源地污染控制、生态修复、垃圾及粪便污染治理项目、入滇河道水环境综合整治工程、监督管理及研究示范共 65 个项目，涉及责任单位 20 余家。《滇池流域水污染防治规划（2006—2010 年）补充报告》（以下简称《补充报告》）包括环湖干渠（管）截污工程和牛栏江—滇池补水工程 2 个项目。

截至 2010 年 12 月 31 日，《滇池"十一五"规划》65 个项目中共完成 57 项，占 87.6%；在建 8 项，占 12.4%；《补充报告》2 个项目均已开工。

6.2.1.2 投资完成率

《滇池"十一五"规划》及《补充报告》共 67 个项目，规划投资为 183.3 亿元。其中，《滇池"十一五"规划》65 个项目规划投资 92.27 亿元，《补充报告》2 个项目规划投资 91.03 亿元。

截至 2010 年 12 月 31 日，昆明市组织开展的《滇池"十一五"规划》实际完成投资 96.11 亿元，投资完成率 104.2%。《补充报告》环湖截污工程实际完成投资 40.31 亿元，投资完成率 74.1%，牛栏江—滇池补水工程由省水利厅组织实施，据统计已完成投资 35.35 亿元，投资完成率 96.5%。《滇池"十一五"规划》及《补充报告》共完成投资 171.77 亿元，投资完成率 93.7%。

6.2.2 水质改善情况

6.2.2.1 滇池水体

2010 年滇池水质总体保持稳定，水质类别不变，水体景观明显改善。2010年是昆明市连续遭遇百年一遇特枯年景的第二年，在降雨量减少 41.5%的情况下，外海总体水质保持稳定，草海水质得到明显改善。

2010 年，滇池草海处于重度富营养状态，水质为劣 V 类，五日生化需氧量、氨氮、总磷、总氮超过 V 类标准，超标倍数分别为 0.1 倍、2.2 倍、2.0 倍、4.6 倍。2010 年 9—12 月连续 4 个月草海的富营养状态由重度富营养转变为中度富营养。"十一五"期间，草海水体水质及景观虽有明显改善，但《滇池"十一五"规划》考核的三项水质指标中，仅高锰酸盐指数达标，总氮、总磷仍未达标。

与"十五"末期的 2005 年相比，水体透明度的平均值由 0.64 m 上升到 0.94 m，上升幅度 46.9%，叶绿素 a 下降 26.8%，主要超标污染物总氮、总磷和氨氮的平均值分别下降了 14.7%、43.7%、33.5%（图 6-1）。

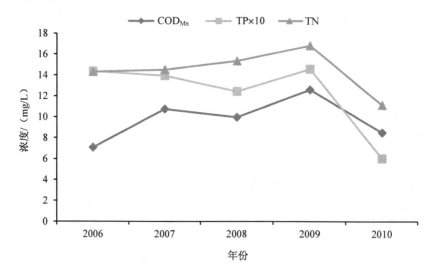

图 6-1　"十一五"期间草海水质指标变化

2010 年，外海处于中度富营养状态，水质为劣 V 类，主要污染物总氮超标 0.3 倍，化学需氧量超标 0.6 倍，其余指标均达到 V 类或优于 V 类水标准。《滇池"十一五"规划》考核的三项水质指标中，仅高锰酸盐指数达标，总氮、总磷仍未达标。

与"十五"末期 2005 年相比，水质类别由 V 类水下降为劣 V 类水。水体透明度的平均值较由"十五"末期的 0.53 m 下降到 0.34 m，下降了 35.8%。主要污染物高锰酸盐指数、总氮、总磷、氨氮和叶绿素 a 的平均值均有所上升，分别上升了 61.3%、44.0%、6.95%、2.77%和 112%（图 6-2）。

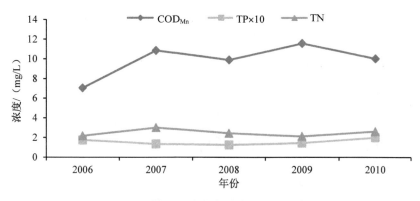

图 6-2　"十一五"期间外海水质指标变化

6.2.2.2　河流

2010 年，纳入《滇池"十一五"规划》考核的 13 条主要入湖河流中，有 10 条河流污染程度明显减轻，水体污染指数降低 6%～83%。11 条河流达到考核标准，新运粮河、护城河 2 条未达标。

自开展河道综合整治以来，13 条河道水质明显改善，与"十五"末期的 2005 年相比，10 条河流水污染程度明显减轻，原来污染较重的海河、乌龙河、马料河、运粮河、船房河、西坝河的化学需氧量降低 32.5%～86.9%，水质平均达标率逐年提高，到 2010 年河流水质达标率由 2008 年的 56% 提高到 88%，河流水质及景观大大改善。

高锰酸盐指数、氨氮、总磷、总氮等水质指标的平均值均下降幅度在 2%～88%。其中盘龙江、船房河、大观河、乌龙河、马料河、海河、老运粮河 7 条河流的水质有显著改善，占总数的 54%；洛龙河、西坝河、新运粮河、护城河水质轻微改善或持平（图 6-3）。

6.2.2.3　饮用水水源地

《滇池"十一五"规划》滇池流域 7 个饮用水水源地中，大河水库和洛武河水库 2010 年因大坝除险加固未蓄水，无监测数据，采用 2009 年监测数据；柴河水库 2009 年、2010 年因大坝除险加固未蓄水，无监测数据，采用 2008 年监测数据。评价结果，松华坝达到地表水 II 类，其他为地表水 III 类，均达到《滇池"十一五"规划》要求。

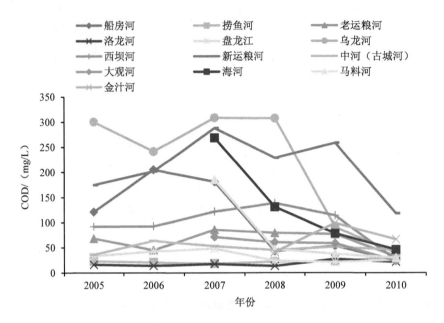

图 6-3　"十一五"期间规划考核的 13 条河流 COD$_{Cr}$ 变化

2010 年饮用水水源地水质较 2005 年有明显改善，见表 6-1。

表 6-1　2010 年滇池流域饮用水水源地水质达标情况

序号	水域	水质目标	2005 年水质情况	2010 年水质情况	达标情况
1	松华坝水库	达到III类	IV类	II类	达标
2	宝象河水库	达到III类	IV类	III类	达标
3	大河水库	达到III类	III类	III类*	达标
4	柴河水库	达到III类	IV类	III类*	达标
5	自卫村水库	达到III类	IV类	III类	达标
6	双龙水库	达到III类	III类	III类	达标
7	洛武河水库	达到III类	III类	III类*	达标

注：*2010 年未供水，无监测数据，采用 2009 年或 2008 年监测数据。

6.2.2.4　水质考核评分

　　《滇池"十一五"规划》共列出 15 个国家考核断面，根据环境保护部发布的《重点流域水污染防治专项规划实施情况考核指标解释（试行）》进行水质达标情况考核。考核断面水质综合达标率是指，国家认定的重点流域考核断面达到重点流域水污染防治专项规划目标的断面个数占考核断面总数的百分比。滇池湖体评估考核指标为高锰酸盐指数、总磷、总氮。入滇池河道评估考核指标为高锰酸盐指数、总磷、氨氮。考核时段为 2010 年全年，断面水质状况评价采用每月监测1 次共 12 次的人工检测值。规划五年期内，单个断面水质达标率按年度（2006年、2007 年、2008 年、2009 年、2010 年）依次分别不低于 40%、50%、60%、70% 和 80%，即视为该断面达标。本次评估取 2010 年即单个断面水质达标率不低于 80%。

（1）单个断面水质达标率计算公式为：

$$G_{断面} = N_{达标}/N_{监测} \times 100\% \tag{6-1}$$

式中：$G_{断面}$——各考核断面水质达标率，%；

　　　　$N_{达标}$——考核时段断面水质达标次数，次；

　　　　$N_{监测}$——考核时段断面总监测次数（12 次），次。

（2）断面水质综合达标率计算公式为：

$$G_{综合} = D_{达标}/D \times 100\% \tag{6-2}$$

式中：$G_{综合}$——考核断面水质综合达标率，%；

　　　　$D_{达标}$——达标断面数，个；

　　　　D——考核断面总数，个。

（3）水质指标得分计算公式为：

$$S_q = G_{综合}(COD_{Mn}/COD)/3 \times 10 + G_{综合}(TN)/3 \times 10 + G_{综合}(TP)/3 \times 10 \tag{6-3}$$

《滇池"十一五"规划》水质考核采用"断面均衡法"考核计分，即将水质考核分值 70 分平均分配到 15 个考核断面的 19 项考核指标中，单项指标占3.68 分。其中滇池湖体考核高锰酸盐指数、总磷、总氮三项指标，河流考核化学需氧量。

根据以上打分原则，2010 年按照单个考核断面水质达标率不低于 80% 的考核要求，15 个考核断面中，有 13 个断面高锰酸盐指数（化学需氧量）考核达标，得 47.89 分，滇池湖体 2 个考核断面的总磷、总氮达标率为 0，不得分，最终考核得分 47.89 分，详见表 6-2。

表 6-2　2010 年滇池流域 15 个国家考核断面评分情况

序号	水域	断面名称	规划水质目标	达标率/%	达标情况	水质得分
1	滇池	草海	水质明显改善,力争接近Ⅴ类地表水标准	COD_Mn 100	达标	3.68
				总磷 0	不达标	0
				总氮 0	不达标	0
2	滇池	外海	稳定达到Ⅴ类地表水标准,力争接近Ⅳ类地表水标准	COD_Mn 100	达标	3.68
				总磷 58.3	不达标	0
				总氮 8.3	不达标	0
3	盘龙江	严家村桥	明显改善,COD 浓度低于 30 mg/L	91.7	达标	3.68
4	新运粮河	积中村	明显改善,COD 浓度低于 100 mg/L	41.7	不达标	0
5	老运粮河	积下村	明显改善,COD 浓度低于 50 mg/L	100	达标	3.68
6	海河	范家村新二桥	明显改善,COD 浓度低于 100 mg/L	100	达标	3.68
7	洛龙河	江尾村	明显改善,COD 浓度低于 30 mg/L	91.7	达标	3.68
8	马料河	小古城桥	明显改善,COD 浓度低于 40 mg/L	83.3	达标	3.68
9	护城河	昆阳码头	明显改善,COD 浓度低于 50 mg/L	58.3	不达标	0
10	乌龙河	明波村	明显改善,COD 浓度低于 100 mg/L	100	达标	3.68
11	船房河	一检站	明显改善,COD 浓度低于 80 mg/L	100	达标	3.68
12	金汁河	昆河铁路	明显改善,COD 浓度低于 80 mg/L	83.3	达标	3.68
13	玉带河、篆塘河	篆塘河泵站	明显改善,COD 浓度低于 80 mg/L	100	达标	3.68
14	捞渔河	土萝村	明显改善,COD 浓度低于 50 mg/L	91.7	达标	3.68
15	西坝河	金属筛片厂小桥	明显改善,COD 浓度低于 50 mg/L	100	达标	3.68
合计				88	—	47.89

6.2.3　总量控制情况

2010 年滇池流域主要污染物化学需氧量、总氮、总磷的产生总量分别为 130 881 t、18 179 t、1 831 t,其中生活源和工业污染源化学需氧量、总氮、总磷的产生量分别为 87 192 t、14 803 t、1 497 t。

2010 年，滇池流域内 10 个污水处理厂和大清河、船房河两个截污泵站共计削减污染物化学需氧量、总氮、总磷的量分别为 82 087 t、9 342 t、1 164 t。由于流域内城市老城区为合流制排水体系，雨季时部分雨水进入污水处理厂，因此截污设施削减的污染物中包含了少部分非点源污染物。本评估在核算总量目标完成情况时，采用式（6-4）对点源入湖量进行修正计算。

点源入湖量=流域点源产生量–（截污设施削减总量–截污设施削减非点源量）

$$（6-4）$$

工业源和城镇生活源经治理后排放的化学需氧量、总氮、总磷分别为 16 619 t、5 806 t、384 t，完成了《滇池"十一五"规划》中"到 2010 年，工业源和城镇生活源经治理后排放的化学需氧量、总氮、总磷分别控制在 18 000 t、6 075 t、400 t 以内"的控制目标。

通过式（6-5）计算，2010 年流域内主要污染物化学需氧量、总氮、总磷削减率分别为 20.3%、14.0%、13.7%。高于《滇池"十一五"规划》中削减 10% 的规划目标。

$$主要污染物削减率 = \frac{2005年排放量 - 2010年排放量}{2005年排放量} \times 100\% \qquad （6-5）$$

6.3 本章小结

按照《重点流域水污染防治专项规划实施情况考核暂行办法》考核，规划实施情况总体得分 75.65 分，其中项目执行情况得分 27.76 分，水质评估得分 47.89 分，总体执行情况良好。

"十一五"期间，滇池治理全面提速，《滇池"十一五"规划》及《补充报告》的 67 个项目全面开工实施，规划总投资为 183.3 亿元。截至 2010 年 12 月 31 日，已完成 57 项、在建 10 项，实际完成投资 171.77 亿元，投资完成率 93.7%。

《滇池"十一五"规划》及《补充报告》中项目规模及投资相对"十五"期间大幅增加。《滇池"十一五"规划》项目是"十五"的 2.57 倍，规划投资是"十五"的 2.23 倍，实际完成投资是"十五"的 7.69 倍。

2010 年，滇池流域工业源和城镇生活源经治理后排放的化学需氧量、总氮、总磷分别为 16 619 t、5 806 t、384 t，完成了《滇池"十一五"规划》中"到 2010年，工业源和城镇生活源经治理后排放的化学需氧量、总氮、总磷分别控制在 18 000 t、6 075 t、400 t 以内"的控制目标。主要污染物化学需氧量、总氮、总磷削减率分别为 20.3%、14.0%、13.7%，均高于《滇池"十一五"规划》中削减10%的目标任务。

2010 年滇池水质总体保持稳定，外海总体水质保持稳定，草海水质得到明显改善。外海水质部分达到规划考核目标。纳入考核的 13 条主要入湖河流中，有 10 条河流污染程度明显减轻，11 条河流达到规划考核要求，新运粮河、护城河两条不达标。河流水质综合达标率 88%，河流水质及景观有较大改善。滇池流域 7 个地表饮用水水源地 3 个未供水，其他 4 个均达到《滇池"十一五"规划》考核要求。

《滇池"十一五"规划》中城镇污水处理厂改扩建、新建及片区污水管网项目均已完成，昆明主城已建污水收集管网达 2 737 km，其中"十一五"期间新建251.66 km，大大提高了污水收集率。流域城镇污水处理厂处理规模从 58.5 万 m^3/d提高到 113.5 万 m^3/d，污水处理厂出水水质均达一级 A 标准。污水收集处理率由 2005 年的 50%提高到 2010 年的 81.2%，增幅 31.2%。2010 年滇池流域内 9个污水处理厂和大清河、船房河两个截污泵站，全年共计削减污染物化学需氧量、总氮、总磷的量分别为 82 087 t、9 342 t、1 164 t，相当于 2005 年污染物排放量的 196%、95%、126%，大幅削减了入湖污染负荷。

"十一五"以来，滇池水污染防治工作得到国家、省、市各级政府的高度重视。2007 年 6 月，温家宝总理在国务院"三湖"治理工作座谈会上指出，"三湖"治理是中国生态环境建设标志性工程，"三湖"治理，滇池是难点。总理提出要把"三湖"综合治理摆到更加重要、更加突出、更加紧迫的位置。根据总理指示的精神及国家四部委对《滇池"十一五"规划》的批复，云南省、昆明市政府从滇池治理的长期性、复杂性和艰巨性的实际出发，进一步坚持和完善了"远近结合、标本兼治、统筹协调、综合治理"的基本思路，坚持铁腕治污、科学治水，综合治理，以"湖外截污、湖内清淤、外域调水、生态修复"为根本手段，实施"环湖截污和交通、外流域引水及节水、入湖河道整治、农业农村面源治理、生态修复与建设、生态清淤"六大工程，提出下最大的决心、花最大的功夫、尽最大的努力,一定要促使滇池治理有实质性的进展。云南省专门成立了滇池治理协调领导小组、省政府滇池水污染防治专家督导组,定期召开省政府滇池治理专题会议并数十次亲临现场检查。昆明市成立以书记任政委、市长任指挥长、分管副市长为常务副指挥长的滇池流域水环境综合治理指挥部,并由一位副市长专职负责滇池治理工作。

为保证《滇池"十一五"规划》顺利实施,分省—市(含省属部门)、市—县(含市属部门)、县—乡(含县属部门)三个层次层层签订了滇池流域水污染防治的年度实施计划《目标责任书》,省政府向昆明市政府和省级有关部门下发了规划实施责任分工和任务分解方案,并明确了任务及检查考核办法。昆明市人民政府与滇池流域县(区)政府及市属有关部门共 27 家责任单位签订了年度《滇池综合治理目标责任书》,于每年底由市政府组织,市级相关部门参加,邀请市人大城环委、市政协城环委有关领导共同组成检查考核小组,对目标责任书执行情况进行全面检查、考核和评分,将考核结果进行通报,并将考核得分纳入市政府对县区及市级各部门的年度综合考核。昆明市还专门组织成立了"一湖两江"流域水环境综合整治专家督导组,对规划的执行情况进行督导。

昆明市委、市政府印发了《昆明市重要工作推进责任追究实施办法》,将《滇池"十一五"规划》执行情况纳入重要工作问责。规划项目明确了责任主体和完成时限,纳入目标管理,由市委目督办、市政府目督办跟踪督办,对在工作推进中不能完成任务的责任领导和责任人实行层层问责。各级政府对滇池治理的高度重视是《滇池"十一五"规划》得以顺利推进的首要原因。

2008 年以来,滇池河道治理推行了"河长制",昆明市政府出台实施《滇池流域主要河道综合环境控制目标及河(段)长责任制管理办法(试行)》,由五套班子主要领导分别担任各条河道的河长,所属县区领导担任河段长,责任明确,目标任务明确。除列入规划的 13 条河流开展河道综合整治外,对流域 36 条河流实施以堵口查源、截污导流为主的"158"工程,并对各河段长进行年度目标考核,考核结果定期向社会公布。2010 年,纳入监测的 37 条河流中,3 条河水质均属于优良,16 条河道水质污染程度显著减轻,1 条河道有所减轻,大部分河道水质及景观明显改善。

第 **7** 章

"十二五"期间滇池水污染防治规划及目标实现情况

《滇池流域水污染防治规划（2011—2015 年）》（以下简称《滇池"十二五"规划》）以 2010 年为规划基准年，2015 年为规划目标年，遵循"突出重点，兼顾全面；防治结合，分类指导；政府主导，部门联动，社会参与"的基本原则，在对"十一五"期间滇池流域水污染防治形式进行科学分析的基础上，制定滇池流域"十二五"期间的规划目标，提出水污染防治对策及控制措施，是"十二五"期间滇池流域开展水污染防治工作的指导性文件。

7.1 滇池"十二五"水污染防治规划概况

7.1.1 规划目标

7.1.1.1 总体目标

《滇池"十二五"规划》的总体目标为"到 2015 年，滇池湖体水生态系统明显改善，滇池湖体富营养化得到有效治理，饮用水水源地水质稳定达标，主要入湖河流水质明显改善，城镇污水收集和处理水平显著提高，水污染物排放总量得到有效控制，风险防范水平全面提升，环境监管能力显著加强"。

7.1.1.2 水质目标

到 2015 年, 滇池流域城镇集中式饮用水水源地水质稳定达到环境功能要求, 松华坝水库水质稳定达到Ⅱ类, 宝象河水库、柴河水库、大河水库、自卫村水库、双龙水库及洛武河水库水质稳定达到Ⅲ类。平水年条件下, 滇池重度富营养化水平改善到中度富营养化水平, 力争达到轻度富营养化水平。草海湖体水质明显改善, 基本达到Ⅴ类; 外海湖体水质基本达到Ⅳ类; 湖体消除由大规模水华暴发引起的水体黑臭现象; 主要河流水质基本消除劣Ⅴ类。

7.1.1.3 总量目标

滇池流域化学需氧量排放量控制在 1.82 万 t, 比 2010 年削减 9.9%; 化学需氧量(工业和生活)排放量控制在 1.50 万 t, 比 2010 年削减 10.0%。排放量控制在 0.49 万 t, 比 2010 年削减 9.3%; 氨氮(工业和生活)排放量控制在 0.44 万 t, 比 2010 年削减 10.0%。总氮和总磷(工业和生活)排放量分别控制在 0.52 万 t 和 346 t, 比 2010 年削减 10.0%和 9.9%。

7.1.2 控制单元分类策略及优化控制单元治污方案

7.1.2.1 控制单元分类策略

按照防治结合、分类指导原则, 根据滇池流域的汇水特征, 将滇池流域划分为草海和外海两个控制区。在控制区下, 进一步划分 7 个控制单元: 草海陆域控制单元、草海湖体控制单元、外海北岸控制单元、外海东岸控制单元、外海南岸控制单元、外海西岸控制单元和外海湖体控制单元。规划控制单元分区见图 7-1、控制单元主要控制策略见表 7-1。

图 7-1 滇池流域水污染防治"十二五"规划控制单元分区图

表 7-1 控制单元主要控制策略

控制区	控制单元	控制类别	主要控制策略
草海控制区	草海陆域控制单元	优先控制单元	以治理措施为主。提高污水收集率、污水深度处理率
	草海湖体控制单元	优先控制单元	加强内源治理。加强底泥的处置能力,加强水草的收获及资源利用能力,减缓沼泽化趋势
外海控制区	外海北岸控制单元	优先控制单元	以治理措施为主。提高污水收集率、污水深度处理率。上游水库区强化非点源治理及生态补偿力度。力争实现滇池北岸全部污水部分雨水不入外海
	外海东岸控制单元	优先控制单元	防治措施相结合。新区雨污分流,污水深度处理;上游水库区强化非点源治理及生态补偿力度;环湖截污处理初期雨水;环湖生态圈配水系统处理污水处理厂尾水;加强对农业非点源的控制,较大幅度降低化肥施用量
	外海南岸控制单元	优先控制单元	以生态保护和污染防治措施为主。新区雨污分流,污水深度处理;上游水库区强化非点源治理及生态补偿力度;环湖截污处理初期雨水;环湖生态圈配水系统处理污水处理厂尾水;严格的工业准入制度,限制工业用水量及排放总量;加强对农业非点源的控制,较大幅度降低化肥施用量;修复水陆交错带生境
	外海西岸控制单元	一般控制单元	以生态保护措施为主。修复水陆交错带生境,控制人类生产活动
	外海湖体控制单元	优先控制单元	加强内源治理。研究及完善藻类、水葫芦等的综合利用项目;加强南岸水生植物恢复的研究,为大规模恢复大型水生植物创造条件

7.1.2.2　优先控制单元治污方案

（1）草海陆域优先控制单元

以治理措施为主。提高污水收集率、污水深度处理率。

① 加强单元内污水收集管网和雨水管网建设,提高污水收集率;建设第九污水处理厂,新增污水处理能力 10 万 m^3/d,提高污水深度处理率,削减点源负荷的排放量。

② 在主城区建设再生水处理站及配套管网,再生水利用更多地考虑工业低质用水、冲厕等可进入污水收集系统的项目;兼顾路面冲洗、绿化、洗车等进入

雨水系统项目；以减少季节间再生水用水量的不平衡。

③开展新运粮河（上段）和老运粮河（上段）水环境综合整治工程。主要措施为敷设截污管、清淤、生态河道建设等。

④在牛栏江补水后，第一、第三、第九污水处理厂深度处理尾水扣除再生水利用部分外，外排至流域下游，进行资源化利用。

（2）草海湖体优先控制单元

在适当补充清洁水源，削减草海陆域污染负荷入湖排放量的同时，进行草海内源污染负荷存量削减；主要措施包括利用沉水植物恢复、漂浮植物控制性种养及资源化利用、湿地系统内的植被的收割以及底泥疏浚等。

（3）外海北岸优先控制单元

以治为主，防控结合。以遏制点源负荷增长为主，重视城市非点源负荷的控制。

①加强单元内污水收集管网和雨水管网建设，提高污水收集率；建设第十、第十一、第十二（昆明普照水质净化厂）及空港区污水处理厂，新增污水处理能力 37.5 万 m^3/d，建设集镇污水处理站及污水收集系统；提高污水深度处理率，削减点源负荷的排放量。

②在主城区及空港经济区建设再生水处理站配套管网，再生水利用更多地考虑工业低质用水、冲厕等可进入污水收集系统的项目；兼顾路面冲洗、绿化、洗车等进入雨水系统项目；以减少季节间再生水用水量的不平衡。

③开展海河（上段）、小清河、金汁河（上段及下段）、马溺河、新宝象河、老宝象河、五甲宝象河、六甲宝象河、广普大沟、虾坝河、姚安河、马料河（上段）等主要入湖河道水环境综合整治工程。主要措施为敷设截污管、清淤、生态河道建设等。

④在牛栏江补水后，将部分主城区污水处理厂深度处理后的尾水外排至流域下游，以减少入滇负荷，提高下游河道的水质达标率以及增加再生水的回用量。在流域内修建排水泵站及管道，第一期把外海第二、第四、第五污水处理厂尾水 0.73 亿 m^3 排入西园隧道，第二期把第二、第五、第七、第八和第十污水处理厂尾水 1.95 亿 m^3 排入草海并通过西园隧道外排以实现流域外资源化利用。

（4）外海东岸优先控制单元

以防为主，防治结合。以遏制点源负荷增长幅度为主，重视城市非点源负荷的控制，加强区域内农业非点源治理。

① 开展呈贡新区雨污分流排水管网建设，提高污水收集率，呈贡北污水处理厂二期工程，新增污水处理规模 6 万 m^3/d；建设集镇污水处理站及污水收集系统；提高污水深度处理率，削减点源负荷的排放量。

② 开展呈贡新区再生水处理站及配套管网建设工程，再生水利用更多地考虑工业低质用水、冲厕等可进入污水收集系统的项目；兼顾路面冲洗、绿化、洗车等进入雨水系统项目；以减少季节间再生水用水量的不平衡。

③ 开展南冲河等主要入湖河道水环境综合整治工程。主要措施为敷设截污管、清淤、生态河道建设等。

④ 续建环湖干渠（管）截污工程和东岸配套收集系统，通过区内环湖截污系统（涵管、污水处理厂、雨水处理厂），减少污染负荷排放量。通过区内环湖生态系统拦截环湖截污系统尾水继续削减污染负荷，降低污染负荷入湖通量。

⑤ 加强对农业非点源的控制，较大幅度降低化肥施用量。

⑥ 加强湖滨带恢复及湿地建设，提高大型水生生物覆盖面积，改善滇池水生态环境质量。

（5）外海南岸重点控制单元

本控制单元最主要的工作任务是加强非点源污染防治和生态修复治理工作。

① 续建南岸环湖干渠（管）截污工和东岸配套收集系统，通过区内环湖截污系统（涵管、污水处理厂、雨水处理厂），减少污染负荷排放量。通过区内环湖生态系统拦截环湖截污系统尾水继续削减污染负荷，降低污染负荷入湖通量。

② 建设双龙水库和洛武河水库水源保护区环境保护治理工程。开展茨巷河（柴河主河道）、白鱼河（大河主河道）、东大河及古城河等主要入湖河道水环境综合整治工程。主要措施为敷设截污管、清淤、生态河道建设等。

③ 加强滇池南部磷化工基地的管理，完善工艺改造和循环经济，禁止高磷废水进入滇池。

④ 加强对农业非点源的控制，较大幅度降低化肥施用量。

⑤ 加强湖滨带恢复及湿地建设，提高大型水生生物覆盖面积，改善滇池水

生态环境质量。

（6）外海湖体优先控制单元

① 2015 年将滇池北部污水及部分雨水深度处理外排作为安宁市工业（工业低质用水部分）、农业、城市杂用及河道环境用水；利用外海内"清污水置换"效应（原排入滇池的污水处理后外排，由牛栏江水源的优质水替代）较快降低入滇氮、磷通量，改善滇池水质；利用滇池北岸建成区污水处理尾水及部分雨水外排大幅削减入滇溶解性铁通量（牛栏江溶解性铁比污水入滇低 50%以上），减少微囊藻藻华年内的持续时间。同时可使铁满足饮用水水源地标准，提高备用水源的可用性。

② 外海湖体的内源整治措施主要包括湖内食藻鱼的增殖放养、机械除藻、水葫芦生物提取以及湖内大型水生植物生态修复等。

7.1.3 规划项目概况

综合分析规划期内滇池流域社会经济发展压力和水环境质量改善需求，根据滇池"十一五"规划的经验及延续，以"六大工程"（环湖截污、外流域引水及节水工程、入湖河道整治工程、农业农村非点源污染治理工程、生态清淤工程）为主线推进滇池的治理。规划项目总计 101 个，总投资约 420.14 亿元。其中优先控制单元项目 98 个，投资约 413.28 亿元，占总投资 98%。

规划五大类项目中，城镇污水处理及配套设施项目 35 个，投资 148.59 亿元；饮用水水源地污染防治项目 6 个，投资 3.61 亿元；工业污染防治项目 5 个，投资 4.41 亿元；区域水环境综合整治项目 54 个，投资 263.41 亿元；畜禽养殖污染防治项目 1 个，投资 0.12 亿元。

《滇池"十二五"规划》的 101 个项目中，无论是项目个数还是项目投资，区域水环境综合整治项目均占最大的比例，其次是城镇污水处理及配套设施建设项目。《滇池"十二五"规划》拟通过各类规划项目的实施，实现点源、面源、内源的削减，减少污染负荷的入湖量，改善滇池水环境质量。

7.2　滇池"十二五"水污染防治规划目标实现情况

7.2.1　规划项目完成情况

"十二五"期间，滇池流域共规划实施水污染防治项目 101 项，规划总投资约 420.14 亿元。其中，城镇污水处理处理及配套设施类项目 40 个（含城镇污水处理设施、环湖截污、排水管网与调蓄池、再生水设施 4 个小类），规划总投资 163.49 亿元；农业面源污染防治类项目 3 个，规划总投资 3.82 亿元；畜禽养殖污染防治类项目 1 个，规划总投资 0.13 亿元；区域水环境综合整治类项目 40 个（包含河道整治、垃圾处理处置、内源污染治理、水资源调度。饮用水水源地保护 5 个小类），规划总投资 171.54 亿元；农村环境综合整治项目 2 个，规划总投资 7.89 亿元；湖泊生态治理类项目 4 个，规划总投资 65.18 亿元；工业污染防治类项目 5 个，规划总投资 4.41 亿元；环境监管能力建设类项目 6 个，规划总投资 3.70 亿。其中，城镇污水处理处理及配套设施类项目和区域水环境综合整治类项目分别占项目数的 39.6%和 39.6%，占规划投资的 38.9%和 40.8%，占据主导地位。

截至 2017 年，规划的 101 个项目中，完成（含调试）78 个项目，完工率为 77.23%；在建 16 个项目，在建率 15.84%；7 个项目暂缓实施，23 个转入"十三五"计划继续实施的项目。截至 2017 年年底，完成（含调试）7 个，在建 16 个。

截至"十二五"末，未完成也未结转到"十三五"继续实施的 4 个项目（"滇池补水湖内水质改善示范工程""昆明主城区城市水环境污染治理技术示范工程""虾坝河、姚安河水环境综合整治工程"和"五甲宝象河、六甲宝象河水环境综合整治工程"）至 2017 年年底已完工。

101 个"十二五"项目规划总投资 420.14 亿元，批复总投资 400.40 亿元，截至 2017 年年底，累计到位资金 178.01 亿元，资金到位率 44.46%，累计完成投资 302.62 亿元，投资完成率为 75.58%。

7.2.2 规划目标及指标完成情况

7.2.2.1 水质改善效果评估

（1）水质达标及改善效果

① 水质达标率评价方法。收集 2010 年、2015 年及 2017 年滇池流域各控制断面的水质监测数据资料，分析《地表水环境质量标准》（GB 3838—2002）中除水温、粪大肠菌群以外的 22 项指标达标情况，判断滇池湖体、16 条主要入湖河道、7 个集中式饮用水水源地共 33 个考核断面的水质达标情况，计算水质达标率。

湖体和水库水质达标率取多个考核断面水质达标率的算术平均值。入湖河流水质达标率取流域主要入湖河流断面水质达标率的算术平均值。

$$湖体单个监测点水质达标率=\frac{监测点评估期内水质达标月份数}{评估期内监测月份数}\times100\%$$

$$（7\text{-}1）$$

$$主要入湖河流水质达标率=\frac{断面评估期内水质达标月份数}{评估期内监测月份数}\times100\%$$

$$（7\text{-}2）$$

② 水质改善率评价方法。根据规划设定的湖体和入湖河道水质目标，以 2010 年、2015 年为基准年，结合断面（监测点）采用常规监测数据，分析评价 2017 年滇池湖体、入湖河流和流域内城镇集中式饮用水水源地水质改善情况，并计算其水质达标率。

湖体水质主要特征指标改善率取湖体各监测点特征污染指标的改善率的算术平均值；入湖河流主要特征指标改善率取入湖河流监测断面主要特征指标改善率的算术平均值。

单个断面主要特征指标改善率=

$$\frac{基准年当年实测年均值-评估期实测年均值}{基准年当年实测年均值-规划目标值}\times100\% \qquad（7\text{-}3）$$

③ 水质达标情况。"十二五"以来，滇池流域水环境质量逐年改善，滇池湖体水质企稳向好，入湖河道水质显著改善，集中式饮用水水源地保持稳定。

16 个入湖河流水质考核断面水质达标率由 2010 年的 22.93%上升至 2015 年的 87.19%，2017 年又提升到 87.50%；10 个湖体水质考核断面水质达标率由 2010 年的 0 上升至 2015 年的 5.00%，再提升至 2017 年的 13.33%；7 个集中式饮用水水源地水质考核断面水质达标率由 2010 年的 80.30%上升至 2015 年的 96.43%，2017 年继续保持 96.43%的达标率。

从不同控制单元来看，"十二五"期间，滇池流域草海湖体、草海陆域、外海北岸、外海东岸和外海南岸控制单元水质达标率明显提高。2015—2017 年，草海陆域、草海湖体水质达标率继续上升，但外海北岸、外海东岸、外海南岸水质达标率有一定程度的下降。各控制单元水质达标率变化情况见表 7-2。

表 7-2　滇池流域不同控制单元水质达标率

控制单元	考核断面数	2010 年综合 达标率统计/%	2015 年综合 达标率统计/%	2017 年综合 达标率统计/%
草海陆域	7	23.81	86.19	95.24
草海湖体	2	0.00	25.00	66.67
外海北岸	6	37.50	79.17	75.00
外海东岸	3	35.27	100.00	97.22
外海南岸	7	54.19	98.81	95.24
外海西岸	——	——	——	——
外海湖体	8	0.00	0.00	0.00

④ 水质改善情况。

2017 年与 2010 年相比，16 条滇池入湖河流水质改善明显，化学需氧量、氨氮、总氮、总磷改善率分别为 36.71%、52.86%、14.40%、27.03%；湖体水质也改善明显，化学需氧量、氨氮、总氮、总磷改善率分别为 34.98、4.96%、33.50%、41.21%；7 个集中式饮用水水源地水质则呈现出一定程度的下降。

2017 年与 2015 年相比，滇池流域水质考核断面氨氮、总氮、总磷浓度呈上升趋势，化学需氧量浓度则呈下降趋势。16 条滇池入湖河流氨氮、总氮、总磷浓度分别较 2015 年上升 8.05%、33.74%、0.51%，化学需氧量较 2015 年下降 2.54%；湖体氨氮、总氮、总磷浓度分别较 2015 年上升 21.89%、12.12%、17.76%，化学需氧量较 2015 年下降 19.50%；7 个集中式饮用水水源地氨氮、总氮、总磷浓度分别较 2015 年上升 48.63%、55.19%、7.47%，化学需氧量较 2015 年下降 22.14%。

2017 年与 2015 年相比，滇池水质有所波动，主要是由于 2017 年雨季的强降雨导致滇池水质在雨季出现了异常波动。2017 年 6—8 月，昆明市累计降雨量为 659 mm，是 1999 年以来同期降雨最多的年份。由于昆明主城区以合流制排水系统为主，在 2017 年雨季的极端集中降雨情况下，雨污混合水溢流污染严重，大量溢流污水通过河道直接进入滇池，同时，在极端集中降雨的冲刷下，城市、农业面源污染物以及管网、河道中多年淤积的污染物，也通过雨水携带进入河道汇入滇池，加大了滇池入湖污染负荷。

（2）湖体营养状态指数变化趋势

① 评价方法。湖体营养状态指数表征湖体水质的富营养化程度，其值由叶绿素 a、总磷、总氮、透明度、高锰酸盐指数等指标通过卡尔森指数法计算获得。营养状态指数的变化也直接反映污染程度的变化。根据中国环境监测总站制定的《湖泊（水库）富营养化评价方法及分级技术规定》，评价方法采用营养状态指数 TLI（Σ）法，采用 0～100 的一系列连续数字对湖泊（水库）营养状态进行分级，具体为：

TLI（Σ）＜30	贫营养
30≤TLI（Σ）≤50	中营养
TLI（Σ）＞50	富营养
50＜TLI（Σ）≤60	轻度富营养
60＜TLI（Σ）≤70	中度富营养
TLI（Σ）＞70	重度富营养

在同一营养状态下，指数值越高，其营养程度越重。

② 评价结果。近 20 年来滇池湖体富营养状态指数呈波动变化趋势，草海从 2011 年起，已经从多年的重度富营养状态转变为中度富营养状态（除 2014 年以外）；外海富营养状态指数稳定维持在中度富营养水平，近年来呈下降趋势，部分月份已经呈现轻度富营养状态（图 7-2）。

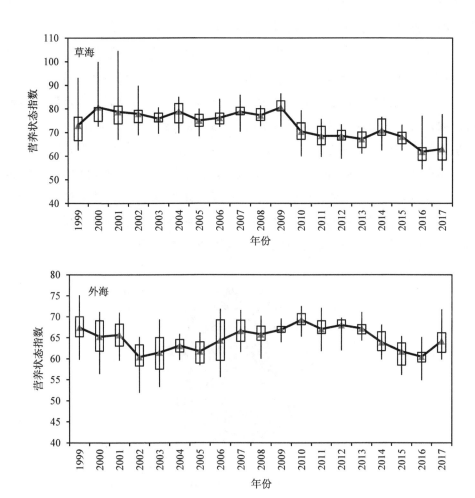

图 7-2　滇池湖体富营养状态指数变化趋势

　　"十二五"以来，滇池湖体富营养状态指数呈明显下降趋势。2017 年全湖富营养状态指数为 63.93，较 2010 年降低 8.01%，但较 2015 年上升 1.43%；2017 年草海富营养状态指数为 62.99，较 2010 年降低 10.56%，较 2015 年降低 7.60%；2017 年外海富营养状态指数为 64.16，较 2010 年降低 7.36%，但较 2015 年上升 3.93%。

7.2.2.2　生态环境改善效果评估

　　根据卫星遥感数据或调查数据，评估流域水生生态系统与陆生生态系统的改善情况，包括湖滨带生态恢复面积、生态涵养林增加面积、流域森林覆盖率等。

（1）湖滨区"四退三还"综合效益评估

① 实施情况。滇池湖滨带的生态建设是流域生态建设的重要内容，始于"十五"期间。截至 2015 年年底，整个滇池湖滨"四退三还一护"工程共实现退人 24 979 人，5 905 户，退塘 6 218 亩，退田 25 517 亩，退房 145 万 m²。同时，在湖滨 33.3 km² 范围内建设湖滨湿地。沿湖共拆除防浪堤 43.138 km，增加水面面积 11.5 km²，历史上首次出现了"湖进人退"的现象，为滇池生态系统恢复创造了条件。

截至"十二五"末，滇池外海环湖湿地建设工程实际建设成湖内湿地 11 124 亩，河口湿地 2 533 亩，湖滨湿地 16 589 亩，湖滨林地 18 224 亩（其中陡岸带 5 611 亩）。从各片区建设规模来看，晋宁片区建设面积最大，占总完成面积的 48%，呈贡片区建设面积最小，仅占总完成面积的 6%（图 7-3）。

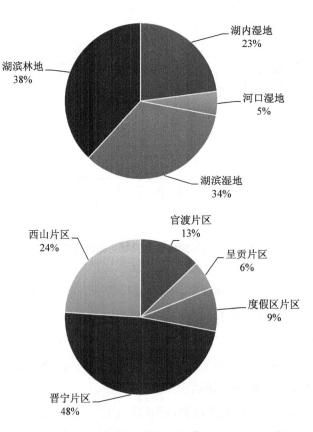

图 7-3　滇池外海湖滨生态带构成和分布

② 综合效益。通过开展湖滨区"四退三还"项目,完善湖滨生态系统,为湖滨生态系统功能发挥创造条件。滇池湖滨带生态建设项目的实施极大地改变了滇池湖滨带的用地性质,数千亩临近滇池湖岸的耕地、鱼塘被退出,建成了今天的湖滨生态带。随着滇池一级保护区内的部分村庄及 2 000 多人口的迁出、部分防浪堤的拆除、多条河流河口区域以及低洼地带自然湿地的建成、湖滨生态林带的建设等,扭转了以往湖滨带被过度开发的状况,湖滨生态带不仅极大地改善了滇池湖滨带的景观生态,也丰富了湖泊生物多样性,对改善湖泊生态起到了有效的作用。

滇池外海环湖湿地建设工程,完成湿地建设 48 470 亩,其中湖内湿地 11 124 亩,河口湿地 2 533 亩,湖滨湿地 16 589 亩,湖滨林地 18 224 亩(含陡岸带 5 611 亩)。

湖滨带生态建设项目具有显著的生态效益。通过滇池外海环湖湿地建设工程,环湖湿地结构初步形成,即以湖滨湿地与湖内湿地、河口湿地及湖滨林地相结合的生态景观代替了农田、鱼塘和村庄的人工景观。根据清华大学(2015 年)在《滇池外海环湖湿地建设工程评估报告》中的调查,通过实施湖滨带生态建设项目,湖滨生态环境明显改善,植被覆盖度从 19.9%增长为 79.4%,植物物种增加 43 种,一些历史上有分布的植物如苦草、轮藻、海菜花等群落重新出现。鸟类物种数量从 124 种增加到 138 种,对环境较为敏感的水禽数量增加,分布区域更加广泛。鱼类物种现存 23 种,分别隶于 6 目 11 科 22 属,调查发现了被 IUCN 红色名录定为濒危级(EN)的银白鱼,但数量较少未能形成一定规模的种群。控制侵蚀能力有较大提升,土壤流失减少量增加 30.2%。

湖滨带生态建设项目具有显著的环境效益。湖滨生态带是控制滇池入湖污染负荷的有力屏障。《滇池外海环湖湿地建设工程评估报告》研究显示,通过"退人、退田、退塘"直接减污、湿地净化和面源污染拦截,滇池外海环湖湿地建设工程合计削减污染物化学需氧量 2 679.0 t/a、总氮 965.3 t/a、总磷 31.6 t/a。

湖滨带生态建设项目还具有显著的社会经济效益。湿地建设为周边居民提供更好的休闲、娱乐场所,使人们心情愉悦。同时改善区域景观结构,推动区域保护开发与建设的合理发展,辐射周边土地获得增值。生态、环境等功能的改善带来了社会经济效益的提高,根据《滇池外海环湖湿地建设工程评估报告》中的测算,滇池湖滨生态湿地经济效益合计为 13.89 亿元/a,土地增值效益为 55.29 亿元。直接经济效益为 10.01 亿元/a，其中植物生产效益为 7.83 亿元/a，59%的效益来自中山杉的种植；吸引游客人数为 182 万人/a，带来旅游效益 2.18 亿元/a。潜在经济效益为 3.88 亿元/a，其中生态功能价值为 3.11 亿元/a，晋宁片区的生态功能价值最大，占到了整个工程区的 49%；环境功能价值为 0.77 亿元/a；一次性土地增值效益为 55.29 亿元。

（2）流域生态修复环境效益评估

① 实施情况。生态修复与建设是滇池治理"六大工程"的重要组成内容。围绕滇池治理，提升面山绿化综合整治工程，着力改善滇池周边生态环境，有效遏制区域内水土流失，提高抵抗自然灾害的能力和生态修复功能。通过人工治理促进受损裸露山体的森林生态系统恢复，不仅是水土保持工作的需要，也是城市生态、环境建设的迫切需求，可改善城市生态景观，为提升城市综合竞争力具有重要作用和现实意义：一是提升生态环境水平，通过植被恢复，减少水土流失，提高森林涵养水源功能，提高森林覆盖率；二是增加城市景观，植被恢复后为城市周边提供丰富多样的森林生态公园，提升人居环境。

"十二五"以来，昆明市相继实施了天然林保护、退耕还林、珠江防护林、造林补贴试点、石漠化综合治理、木本油料林基地建设、森林抚育、低效林改造等国家和省级林业重点工程项目。同时结合市域林业生态建设的实际，先后启动实施了滇池流域及其他重点区域"五采区"植被修复、"八条"城市生态隔离带（八廊）建设、苗木基地建设、市级退耕还林等市级林业生态建设工程项目。滇池流域森林覆盖率达到 53.55%。昆明先后荣获"国家园林城市""全国绿化模范城市""联合国宜居生态城市""中国最佳休闲宜居绿色生态城市"等荣誉称号。2013 年，成功创建"国家森林城市"。

② 综合效益。通过实施流域生态修复，滇池流域森林覆盖率不断提升，逐步恢复受损生态系统。"十二五"期间，实施了滇池流域水源涵养与生态保护示范工程、滇池面山及"五采区"生态修复建设工程等两个森林生态修复工程。滇池面山及"五采区"生态修复建设工程实施城市面山生态修复及五采区建设 43 km^2，滇池流域水源涵养与生态保护示范工程在宝象河上游山地实施水源涵养林建设 70 km^2。"十二五"期间，滇池流域森林覆盖率达到 53.55%，与 2010 年的 51.1%相比提高了 2.45 个百分点，流域森林覆盖率呈现逐渐上升的良好态势

(图 7-4),昆明市荣获"国家园林城市""全国绿化模范城市""联合国宜居生态城市""中国最佳休闲宜居绿色生态城市""国家森林城市"等称号。

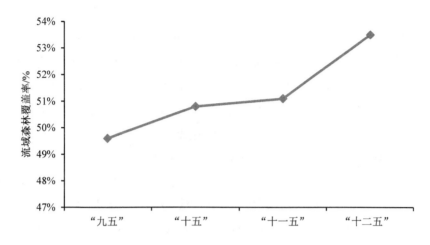

图 7-4 滇池流域森林覆盖率变化情况

根据赵元藩等(2010)发表的《云南省森林生态系统服务功能价值评估》,森林生态系统服务功能包括调节功能、支持功能、文化功能、提供产品等。经核算,云南省森林生态系统单位面积林分的生态服务功能价值为 67 700 元/(hm²·a),高于全国 55 200 元/(hm²·a)的平均水平。根据各个"五年规划"期间森林覆盖率可以计算出流域森林面积,运用赵元藩等(2010)的研究成果,可以定量估算滇池流域森林生态修复工程所完成的营造林生态服务功能价值,如表 7-3 所示。从"九五"到"十二五",滇池流域通过开展森林生态修复工程,增加森林面积 1.1 万 hm²,增加森林生态服务价值 7.6 亿元。

表 7-3 滇池流域营造林生态服务功能价值

时期	森林覆盖率/%	森林面积/hm²	价值/(万元/a)
"九五"	49.7	145 124	982 489
"十五"	50.8	148 336	1 004 235
"十一五"	51.1	149 212	1 010 165
"十二五"	53.55	156 366	1 058 598
增加值	3.85	11 242	76 108

7.3 本章小结

《滇池"十二五"规划》在对"十二五"期间滇池流域水污染防治形势进行科学分析的基础上,制定了滇池流域"十二五"期间的规划目标,共规划项目101个,规划总投资420.14亿元,截至2017年完成(含调试)78个项目,完工率为77.23%;在建16个项目,在建率15.84%;7个项目暂缓实施。累计到位资金178.01亿元,资金到位率44.46%,累计完成投资302.62亿元,投资完成率为75.58%。滇池流域新增4座城市污水处理厂,处理能力40万 m^3/d(第八污水处理厂10万 m^3/d、第九污水处理厂10万 m^3/d、第十污水处理厂15万 m^3/d、第十二污水处理厂5万 m^3/d);新建市政雨污管287.95 km,建成97 km环湖截污主干管渠及10座配套雨污混合污水处理厂(处理规模为55.5万 m^3/d);建成17座雨污调蓄池(可收集储存21.24万 m^3 雨污混合水);实施了15项河道整治工程,河道水质明显改善;在湖滨一级保护区33.3 km^2 范围内全面实施"四退三还",增加滇池水域面积11.51 km^2,建成湖滨生态湿地5.4万亩;实施了牛栏江—滇池补水工程和昆明主城污水处理厂尾水外排及资源化利用工程,牛栏江每年可向滇池补水5.66亿 m^3,同时将77.5万 m^3 深度处理后的污水处理厂尾水经西园隧道转输下游进行资源化利用。流域截污治污体系逐步完善,生态系统正在逐步恢复,历史上首次实现了"还水于湖"和"湖进人退"的局面。相对于2010年,流域污染物削减能力提升了1.4倍,滇池流域污染物入湖量削减约10%。滇池缺乏清洁水资源的状况得到极大改善,湖体受纳城市污水的格局开始发生改变。16个入湖河流水质考核断面水质达标率由2010年的22.93%上升至2015年的87.19%,2017年又提升到87.50%;10个湖体水质考核断面水质达标率由2010年的0上升至2015年的5.00%,再提升至2017年的13.33%;7个集中式饮用水水源地水质考核断面水质达标率由2010年的80.30%上升至2015年的96.43%,2017年继续保持96.43%的达标率。

第 **8** 章

滇池治理"六大工程"概述

自"九五"期间被列入国家重点治理的"三湖三河"开始，滇池治理逐步进入科学化、系统化、法制化的轨道。滇池治理思路从"九五"和"十五"期间的以污染控制为重点逐步发展到"十一五"以来全流域开展"六大工程"（环湖截污和交通、外流域引水及节水、入湖河道整治、农业农村面源治理、生态修复与建设、生态清淤）的系统化治理，滇池治理的思路不断完善。"六大工程"的治理思路是云南省和昆明市在"十一五"期间，对滇池治理的思路进行了认真的分析、梳理和研究，从全流域的角度出发提出的系统化治理思路。经过实践的检验，被证实是一条真正符合滇池水污染防治的新路子，为深化我国湖泊水污染防治提供了有益的借鉴。

8.1 "六大工程"治理思路的提出和发展

滇池是云贵高原上的一颗明珠。20世纪70年代滇池草海、外海水质均为Ⅲ类，80年代初期水质逐渐被污染，90年代迅速下降。近30年来水质从Ⅲ类下降到劣Ⅴ类，外海从80年代的富营养化发展到90年代的严重富营养化，草海异常富营养化。随着经济发展和城市规模的扩大，流域生态环境压力不断加重，水体受到污染，导致湖泊严重富营养化，滇池面临着水环境污染与水资源短缺的双重困境。滇池治理得到党中央、国务院的高度重视，"九五"期间，滇池被国务院列为重点治理的"三湖三河"之一。滇池治理是我国生态环境保护和水污染治理的标志性工程,从"九五"时期以来的每一个五年,滇池都被纳入国家重点流域治理规划。云南省、昆明市把滇池治理作为事关全省、全市经济社会发展的全局性大事和生态文明建设的着力点、突破口,颁布了《云南省滇池保护条例》,提出了"六大工程"治滇新思路。

"六大工程"是云南省和昆明市在"十一五"期间,从滇池治理的长期性、复杂性和艰巨性的实际出发,在认真总结多年来滇池治理经验的基础上提出的。2008年12月,云南省人民政府审批通过了《滇池流域水污染防治规划(2006—2010年)补充报告》(以下简称《补充报告》);2009年5月,《补充报告》获得国家发展改革委、环境保护部、水利部、住房和城乡建设部联合批复。在《补充报告》中首次提出"六大工程"的概念,明确了"坚持铁腕治污、科学治水,综合治理,以'湖外截污、湖内清淤、外域调水、生态修复'为根本手段,实施'环湖截污与交通、外流域引水及节水、入湖河道综合整治、农业农村面源污染治理、生态修复与建设、内源污染治理'六大工程。"

"十二五"期间,继续以"六大工程"为主线推进滇池治理,继续完善"六大工程"的内涵和外延,推进点源和非点源治理相结合、流域水污染控制和生态修复相结合、滇池内源(削减存量)和外源(严控增量)治理相结合。"十三五"期间,进一步完善以流域截污治污系统、流域生态系统、健康水循环系统为重点的"六大工程"体系;提升流域污水收集处理、河道整治、湿地修复、水资源优化调度效能;建立健全创新项目投入、建设、运营、监管机制。

"六大工程"把滇池治理作为一项系统工程来推进,把治理的区域从湖盆区向全流域转变;治理的重点从注重滇池本身向充分考虑内外有机结合和统一治理转变;治理的时间从注重当前向着眼长远转变;治理的内容从注重工程措施向工程与生态相结合转变;治理的投入机制从政府投入向政府投入与市场运作相结合转变;治理的方式由专项治理向统筹城乡发展、转变发展方式、积极调整经济结构的综合治理转变。

8.2　滇池治理"六大工程"项目分类

8.2.1　项目分类

本研究将滇池治理项目归纳为"6+1"大类（"6"为六大工程、"1"为研究与管理类）23 个子类。具体详见表 8-1。

表 8-1　滇池治理"六大工程"项目分类表

大类	子类
一、环湖截污及交通	1. 城市污水处理设施建设
	2. 工业污染防治
	3. 排水管网及调蓄池建设
	4. 环湖截污系统建设与完善
	5. 集镇污水处理设施建设
二、农业农村面源污染治理工程	1. 畜禽养殖污染防治
	2. 村庄生活污水治理
	3. 减量施肥
	4. 农田固体废物处置及资源化利用
	5. 农业农村面源污染防治综合示范
	6. 生态农业技术推广
三、生态修复与建设工程	1. 湖滨带生态建设
	2. 垃圾处理处置
	3. 森林生态修复
	4. 饮用水水源地保护
四、入湖河道综合整治工程	入湖河道综合整治工程
五、内源污染治理工程	1. 滇池内源污染生物治理——以鱼控藻
	2. 蓝藻清除及水葫芦资源化利用
	3. 底泥疏浚工程
六、外流域引水及节水工程	1. 引水供水
	2. 污水再生利用
	3. 雨水资源化利用
七、研究与管理类工程	研究与管理类工程

8.2.2 各类别项目介绍

8.2.2.1 环湖截污及交通工程

环湖截污及交通工程旨在构建保护滇池的最后一道屏障,防止未经处理的污水进入滇池。环湖截污及交通工程包括环湖截污工程和环湖公路工程。其中环湖截污工程旨在对滇池流域工业废水、生活污水和农业农村面源污水进行收集处理,进一步提高滇池流域点源和面源污水的收集处理率,并建立完善的雨水收集管网,收集处理初期雨水。环湖截污工程由四个层次组成,分别为片区截污、河道截污、集镇和村庄截污及干渠截污。截污干渠(管)总长 107 km,为全国最大的截污干渠。环湖公路工程是"一湖四环"的基础工程,也是环湖截污工程的重要载体。环湖公路工程包括环湖东路和环湖南路的建设,建成后与高海公路、湖滨东路形成围绕滇池的环路,形成环湖道路体系。除与水污染防治关系不太密切的环湖公路工程以外,环湖截污及交通工程包括城市污水处理设施建设、集镇污水处理设施建设、工业污染防治、排水管网及调蓄池建设、环湖截污系统建设与完善 5个子类。

8.2.2.2 农业农村面源污染治理工程

农业农村面源污染治理工程旨在有效防治农业面源污染,减少面源入湖污染负荷,改善农业和农村生态环境,是削减滇池流域污染负荷的关键。通过大力发展循环农业,加快农业产业结构调整,实施滇池流域规模化畜禽养殖全面禁养,全面开展农村"六清六建",开展测土配方、秸秆资源化利用、IPM 技术推广和畜禽养殖污染防治,有效削减农业农村面源污染负荷。农业农村面源污染治理工程主要包括畜禽养殖污染防治、减量施肥、农田固体废物处置及资源化利用、村庄生活污水治理、生态农业技术推广、农业农村面源污染防治综合示范 6 个子类项目。

8.2.2.3 生态修复与建设工程

生态修复与建设是阻断截留及净化减少污染物入湖、巩固治理效果、恢复自然生态、提高湖泊自净能力的必备措施,是治理效果可持续性的保证。生态修复与建设工程是依靠滇池流域生态系统的自我调节能力使其向有序的方向进行演化,并且在生态系统自我恢复能力的基础上,辅以人工措施,使遭到破坏的流域生态系统逐步恢复并向良性循环方向发展。生态修复与建设类工程主要包括森林生态修复、湖滨带生态建设、饮用水水源地保护以及垃圾处理处置等 4 个子类项目。

8.2.2.4 入湖河道综合整治工程

入湖河道综合整治工程旨在对滇池出入湖河流及其支流进行综合整治，提升河流水质，恢复入湖河道生态功能。通过开展河道截污、清淤、生态修复、保洁、绿化等工作，做到全面覆盖、不留死角。通过建立入湖河道"河（段）长负责制"，实现河道的长效管理、永久保洁。入湖河道整治工程是减少入湖污染负荷的有效手段，是恢复入湖河道生态功能的前提，是提高滇池流域防洪减灾能力的有力保障。

8.2.2.5 内源污染治理工程

生态清淤等内源污染治理工程是运用物理手段和生物手段进行底泥清淤和水生生物治理，减少湖泊内源污染物，改善湖体水质和生态环境，削减滇池内源污染的有效措施。内源污染治理工程主要包括了底泥疏浚工程、蓝藻清除及水葫芦资源化利用、滇池内源污染生物治理——以鱼控藻等 3 个子类项目。

8.2.2.6 外流域引水及节水工程

外流域引水及节水工程是为应对滇池流域内水资源严重短缺问题，在滇池生态用水不足、换水周期过长、只靠污染物治理和生态修复不能达到治理目标情况下的必然选择。该工程旨在构建和完善健康水循环体系，在改善滇池水动力条件，改善滇池水质和水生生态环境的同时，缓解滇池流域水资源短缺问题，提高城市供水保证率。通过实施牛栏江—滇池补水工程、再生水利用设施建设工程、污水处理厂尾水外排及资源化利用建设工程，可以有效加大滇池生态用水补给，节约水资源，优化水资源配置，促进滇池水生生态环境恢复。外流域引水及节水工程要包括了引水供水、污水再生利用以及雨水资源化利用等 3 个子类项目。

8.2.2.7 研究与管理类工程

研究与管理类工程旨在提升滇池流域的环境管理能力，主要内容包括保护条例的制定、环境监控能力提升、企业清洁生产审核、环保宣传教育等方面。

8.3 本章小结

滇池治理是一个不断探索、曲折迂回的过程，通过二三十年的艰辛努力，滇池治理已逐步实现了历史性的转变。"六大工程"的提出使得滇池治理的各项工作进入了常态化稳步推进的阶段，工程体系和管理机制不断健全，尤其是"十二五"期间健康水循环体系初步形成后，从很大程度上改善了滇池缺乏清洁来水的状况，滇池处于下游受纳城市污水的格局正在改变，为滇池水质进一步改善创造了条件，滇池治理从思路上和手段上已逐步趋于系统化。然而，富营养化湖泊治理是国际社会面临的共同难题，需要付出长期艰辛的努力才能取得成效。目前尽管滇池水质企稳向好，取得了一定的治理效果，但滇池水质全面改善的目标仍面临着艰巨的挑战。这就需要我们在治理实践中不断总结和反思，全面客观地评价治理项目的实施效果以及环境效益，及时发现存在的问题，实现资源优化配置，加强环境管理水平，推进滇池治理实现新的突破。

第 **9** 章

绩效评价内容与方法

环境绩效的实质是环境目标的实现程度。环境绩效评价是一种开放、有效的环境管理工具，有助于提高环境管理水平。完善的绩效评价是进行客观、恰当、有效管理的基本前提，是提高水环境治理资金使用效率的可靠保证。

为系统总结"九五"时期以来滇池治理成效，本章以"六大工程"为主线，全面开展滇池治理"六大工程"绩效评价，系统分析评价"九五"时期以来滇池治理的实施情况、取得的效益和对滇池水质改善的贡献，分析存在的问题和原因，提出对策措施，对于指导下一步滇池治理方向，具有非常重要的意义。

9.1 绩效评价内容

本次绩效评价回顾并总结"九五"至"十二五"四个"五年规划"期的滇池治理"六大工程"，在收集相关资料的基础上，通过对滇池治理各类工程的现场调研、监测分析、问卷调查等，综合运用环境效益核算法、遥感监测法、数据包络分析法（DEA）、专家评判法以及问卷调查与现场监测法等研究方法，借鉴国内外环境污染治理工程绩效评估方法，建立滇池治理六大工程绩效评价体系，系统地开展"六大工程"项目实施情况及效益分析、基于 DEA 的滇池治理绩效评价、滇池治理总体成效分析，评估滇池治理六大工程的总体实施效果，总结经验、分析问题，并为滇池治理提出建议。

因此，对滇池治理六大工程绩效评价体系包括：

（1）"六大工程"项目实施情况及效益分析。

（2）基于 DEA 的滇池治理"六大工程"绩效评价。

（3）滇池治理总体成效分析。

技术路线如图 9-1 所示。

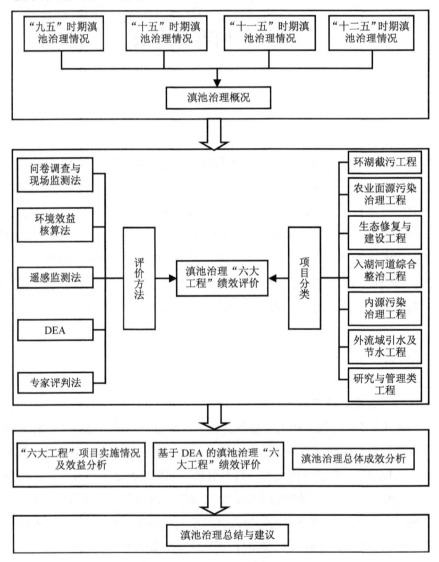

图 9-1 滇池治理"六大工程"绩效评价技术路线图

9.1.1　"六大工程"项目实施情况及效益分析

　　总结"九五"时期至"十二五"时期滇池治理"六大工程"各类项目概况及其实施情况；分析各类项目的实施成效，综合评价各类项目实施后带来的社会、经济、生态、环境效益；分析各类项目存在的问题，提出建议与对策。

9.1.2　基于 DEA 的滇池治理绩效评价

　　运用 DEA 分析方法，建立数据包络 CCR 模型、BCC 模型和超效率模型，选择适当的投入和产出评价指标，分别从时间维度和工程类别维度评价"六大工程"在各个规划年（周期）对滇池的治理效率，各类工程对滇池治理贡献的投资效率，探讨影响其效率的主要因素，并针对性地提出提高滇池流域水污染防治工程治理改进效率的对策及建议。

9.1.3　滇池治理总体成效分析

　　结合滇池治理实施的工程内容，制定综合评价指标体系，用以动态定量表征各五年规划滇池治理的综合成效。指标可分为资金投入、水质改善、总量控制、污染源治理、生态环境改善、水资源优化调度、滇池治理公众满意度 7 大类共16 个指标。

表 9-1　综合评价指标体系

类别	序号	指标		备注
资金投入	1	治理项目投资/亿元		规划期累计完成的投资额
	2	治理项目投资占地方财政支出的比例/%		规划期累计完成的投资额占同期全市累计财政支出的百分比（财政支出数据来源于当年昆明市统计年鉴）
水质改善	3	河流断面水质改善率/%	COD_{Cr}	规划期末主要污染因子较期初相应水质指标改善的百分比
			COD_{Mn}	
			$NH_3\text{-}N$	
			TP	

类别	序号	指标		备注
水质改善	4	湖泊断面水质改善率/%	COD_{Cr}	规划期末主要污染因子较期初相应水质指标改善的百分比
			TN	
			TP	
			NH_3-N	
	5	V类水以上断面占比/%		规划期末水质类别为V类的断面数量占当年纳入监测的断面数量的百分比
总量控制	6	COD 入湖量/t		规划期末流域内点源、农村农业面源和城市面源排放到环境中的污染，经过一定的迁移转化途径后进入滇池水体的污染负荷
		TN 入湖量/t		
		TP 入湖量/t		
		NH_3-N 入湖量/t		
	7	COD 削减量/t		规划期末流域现有污染负荷削减工程对污染负荷的削减量，并考虑污染物的源头消纳和过程衰减带来的污染物削减量
		TN 削减量/t		
		TP 削减量/t		
		NH_3-N 削减量/t		
	8	COD 入湖率/%		规划期末流域污染物入湖量占同期产生量的百分比
		TN 入湖率/%		
		TP 入湖率/%		
		NH_3-N 入湖率/%		
污染治理	9	重点企业污水达标排放率/%		规划期末流域内实现水污染物稳定达标排放的重点工业企业数（含旅游设施）占总的重点工业企业数（含旅游设施）的百分比
	10	城镇生活污水收集处理率/%		规划期末流域内经收集处理的城镇生活污水占总生活污水排放总量的百分比
	11	测土配方普及率/%		规划期间推广测土配方施肥技术的面积占总耕地面积的百分比
改善生态	12	湿地面积/km^2		规划期间流域内新增湿地面积之和
	13	森林覆盖率/%		规划期末流域森林面积占土地面积的百分比
水资源优化调度	14	污水再生回用率/%		规划期末流域污水再生处理规模占污水处理总量的百分比
	15	可利用水资源量/亿 m^3		规划期末流域可利用的水资源量
滇池治理公众满意度	16	滇池治理公众满意度/%		公众对滇池治理的满意程度（通过问卷调查的方式统计）

9.2 绩效评价方法

9.2.1 重点工程专项调查

为客观评价"六大工程"实施前后效益和滇池治理总体成效，针对环湖截污工程、牛栏江—滇池补水工程等重大工程，开展现场调查监测，结合模型模拟等方法，开展重大工程效果评估。

9.2.1.1 环湖截污干渠（管）工程

在城镇人口、农村人口、农田面积与分布等污染调查核算的基础上，利用资料分析、遥感解译，现场探勘、河流沟渠流量监测、水质实验室分析等方法；对滇池环湖截污系统内城镇排水管网运行情况，农村农田沟渠数量分布、水质水量特征，服务范围内河流沟渠与截污干渠的关系，以及截污干渠和末端雨污处理厂进出水水质水量特征开展调查；为滇池环湖截污系统运行情况和污水收集、输送、处理能力的评估等绩效分析提供支持。

9.2.1.2 集镇及农村污水处理设施工程

"十二五"期间，集镇污水处理站及污水收集系统建设工程共建设 11 个集镇污水处理站，为了解集镇污水处理站的建设、运行情况以及设施运行效果，对盘龙区的滇源、阿子营、双龙、松华，空港经济区的大板桥，西山区的团结以及晋宁县的宝峰、六街、晋城、上蒜、新街共 11 个集镇污水处理站进行调查，现场踏勘，查看污水处理站运行台账，并对污水处理站的进出水进行采样监测，水质监测指标包括化学需氧量、五日生化需氧量、总氮、总磷、氨氮、悬浮物。

村庄分散污水处理工程共完成 885 个村庄的生活污水收集处理设施建设任务。为了解分散式村庄生活污水收集处理设施的建设、运行情况，主要是处理工艺的运行效果，在当地相关部门的配合下，选取盘龙区及晋宁区的共 12 座分散式村庄生活污水收集处理设施进行调查，工艺主要包括"三池"（沉淀池、漂油池、净化池）、"三池"（沉淀池、漂油池、净化池）+后置湿地、生物氧化塘；并对正常运行的村庄分散污水处理设施的进出水进行采样监测，水质监测指标包括化学需氧量、五日生化需氧量、总氮、总磷、氨氮、悬浮物。

9.2.1.3 调蓄池建设工程

对滇池流域内已经建成的大观河调蓄池、老运粮河调蓄池、七亩沟调蓄池、兰花沟调蓄池、采莲河调蓄池、白云路调蓄池、麻线沟调蓄池、海明河调蓄池、明通河调蓄池以及金色大道合流污水调蓄池的建设情况、实际运行情况进行现场调查并收集日常运行数据、污水来源以及存在问题等相关资料。

9.2.1.4 牛栏江—滇池补水工程

牛栏江—滇池补水工程通水后,滇池的水资源形势发生了根本变化。为了进一步科学全面地分析预测牛栏江—滇池补水工程通水后滇池水质的变化趋势,在掌握工程运行与滇池水环境实际变化情况的基础上,采用监测分析和模拟分析两种主要手段,对牛栏江—滇池补水工程效果进行评估。在水质响应相对较快的外海北部区域布置 20 个监测点,2014 年 4 月—2015 年 9 月先后进行了 17 次外海湖体水质变化的跟踪加密监测。同时,基于 HSPF 和 EFDC 模型构建了滇池流域水文—湖体水环境耦合数学模型,并对模型进行了率定验证,模拟研究了水位调控、补水水量、补水水质和尾水外排工程 4 种因素对牛栏江—滇池补水工程效果的影响,并在滇池流域污染负荷预测的基础上模拟预测了未来滇池水质变化趋势。

9.2.1.5 湖滨湿地"四退三还"工程

选取滇池流域重要湖滨湿地,包括西华湿地、古城河湿地、东大河湿地、茨巷河湿地、白鱼河湿地、淤泥河湿地、捞鱼河湿地作为监测调查对象,对湿地进出水质进行监测,分析湿地对进水中化学需氧量、五日生化需氧量、悬浮物、总氮、总磷、正磷酸盐的去除效果。同时,结合清华大学《滇池外海环湖湿地建设工程评估报告》的结果进行分析。

9.2.1.6 污水处理厂尾水外排及资源化利用工程

污水处理厂尾水外排工程主要是联合昆明市监测中心,对河道尾水排口及第七(八)污水处理厂排口、尾水外排泵站、滇池湖体开展水质监测分析,核算尾水外排污染负荷,并利用 EFDC 模型,模拟研究尾水外排工程对滇池水质的影响。

9.2.1.7 农业面源污染治理工程

呈贡区和晋宁区是滇池流域重要的农业生产区,且靠近滇池湖体。选择呈贡区和晋宁区作为本次农业面源污染治理效果调查的重点区域,选取呈贡区 6 个社区村委会以及晋宁区的 8 个村委会开展问卷调查。

问卷内容包括 5 个方面，即农户农田基本信息、农田施肥及秸秆利用情况、IPM 技术推广成效、畜禽"禁养"规定实施成效以及测土配方施肥技术推广成效。农户农田基本信息包括户均人数、种植业人均年收入、人均耕地面积、土地类型、主要农作物、种植周期和种植方式等；农田施肥及秸秆利用情况包括农田年均施肥量、秸秆利用方式；IPM 技术推广成效包括农业施用情况、农户对防虫灯和黏虫板的认知和使用情况以及防虫灯和黏虫板使用对农药施用的减少效果等；畜禽"禁养"规定实施成效包括 2009 年年前和截至 2015 年 12 月底大牲畜、猪（羊）和家禽养殖情况；测土配方施肥技术推广成效包括农户对测土配方施肥技术的认知和采用情况，以及采用方式，采用后增产、减支情况等。

问卷调查根据随机抽样原则，在每个调查村委会（社区）内随机走访，为保证调查信息的真实性和准确性，被调查者均常年从事农业劳动且年龄在 20～65 岁的农户。调查采用现场问答、现场回收的方式，调查人员根据问卷内容对被调查者进行逐条询问，解答被调查者疑问，并将被调查者回答信息准确记录于问卷中。

9.2.2　滇池治理满意度问卷调查

9.2.2.1　调查内容及意义

随着滇池治理力度的加大，入湖污染负荷持续减少，周边生态环境得到显著改善。作为最直接的受益群体，滇池流域公众对滇池治理的关注度与满意度是滇池水污染防治工作所取得成效的显示器和重要导向。因此，2014 年 3 月和 2016 年 3 月在滇池周边住宅区、海埂大坝、湿地公园等地分别进行了滇池治理满意度问卷调查。

问卷调查从公众的角度出发，分析和探讨滇池治理工作所取得的成效，以及如何进一步改善滇池水环境，为提高滇池流域环境管理水平，营造和谐、可持续的生态环境奠定基础。

9.2.2.2　调查对象及方法

调查对象主要为滇池附近的社区居民及到滇池周边游玩的其他社区居民，主要在滇池周边住宅区、学校、公园等地进行问卷调查，被调查者在人员结构、年龄层次方面具有很大的差异性及层次性，所抽取样本较全面且具有代表性。

问卷调查采用了网络填报和现场询问的形式，让更多的群众参与进来采用面访式问卷调查的形式。现场询问过程中,通过合理控制调查时间来避免被调查者产生厌倦情绪,通过发放礼品提高被调查者的兴趣等方式来控制调查过程中可能产生的偏差,提高调查结果的可信度。

9.2.2.3 问卷设计

问卷基本分为四个部分:受访者个人信息、对滇池治理的关注情况、满意度和期待。

第一部分受访者个人信息包括住址、性别、年龄、文化程度、职业、在昆明居住时间。

第二部分受访者对滇池治理的关注情况包括到滇池游玩频率、是否关注滇池水污染、关注途径、污染对日常生活影响的程度、对滇池污染程度的认识、对滇池治理工作的了解程度。

第三部分受访者对滇池治理的满意程度包括对滇池治理成效的看法、对滇池治理工作的满意程度、对各类环保措施有效性的看法。

第四部分受访者对滇池治理的期待包括对滇池治理存在不足、如何进一步提高滇池水环境质量以及滇池治理目标的看法。

问卷题型包括单选题、多选题及填空题。

9.2.2.4 调查结果分析方法

利用 SPSS19.0 统计软件对问卷信息进行定量分析,对个人情况与对滇池关注程度和对滇池治理满意程度、对滇池关注程度与对滇池治理满意程度进行分析,得到较为直观的认识,并以此为基础进行讨论分析并提出对下一步工作的建议。

9.2.3 环境效益核算

环境效益核算是整个评价工作的基础,本次评价根据滇池治理项目的内容和特点,确定了主要工程项目的环境效益核算方法。

9.2.3.1 污水处理设施建设类项目

污水处理设施建设类项目的环境效益体现在其对污染负荷的直接削减量上,利用污水处理厂的运行数据,包括处理水量、进出水浓度,直接核算去除的污染负荷。

9.2.3.2 排水管网类项目

排水管网类项目的环境效益直接体现在污水处理厂污水收集量的增加和污

染物的去除，如需单独核算，可利用污染源数据和管网数据计算服务片区的污水排放量和收集量。对于调蓄池建设项目，主要是利用生产运行管理情况进行评价。

9.2.3.3　再生水处理设施类项目

再生水处理设施类项目的环境效益体现在，减少对新鲜水的消耗（用再生水利用率来表示）以及因为再生水回用而减少的污染物外排量上，利用各污水处理厂再生水规模及外排水质标准直接核算因再生水利用而减少的污染物外排量。同时还需考虑再生水利用方式，如城市杂用、景观绿化、道路浇洒等，从而扣除重新回归排水系统的污水量。

9.2.3.4　河道综合整治类项目

河道综合整治类项目的环境效益主要体现在通过河道清淤以及截污等工程对污染物的直接削减量。清淤工程利用清淤量、底泥污染物含量、底泥基本性质（含水率、容重）和底泥污染物释放量，直接核算去除的污染物的量；截污工程利用污染源数据、排水管网数据，核算截污管的污水收集量。如有河口湿地，则需核算河口湿地对污染物的去除效果，一般采用实际监测或查阅文献的方法。

9.2.3.5　面源污染防治类项目

农业面源污染防治类项目，其环境效益主要表现在通过农药、化肥施用量的减少和养殖粪便、农业废弃物资源化利用而实现的污染物削减。① 畜禽粪便资源化利用工程可利用畜禽粪便资源化利用总量、粪便中各污染物占比计算通过资源化利用而削减的污染物的量；② 农业有机废弃物再利用工程可利用项目推广农田面积、单位面积有机废弃物产生量、单位面积有机废弃物排放系数、废弃物中各污染物占比、再利用率来核算污染物的削减量；③ 有害生物综合防治（IPM）工程项目可以通过推广农田面积、单位面积农田农药使用量、农药中污染物占比、项目实施后农药使用量削减率核算污染物削减量；④ 测土配方施肥技术推广工程可以通过推广农田面积、单位面积农田肥料流失量、项目实施后化肥使用量削减率来核算污染物削减量。

面源污染防治类项目实际运行情况监测具有一定的难度，在进行项目环境效益核算过程中可以采取类比法、查阅文献资料法、抽样问卷调查等方法获取核算过程所需要的参数。

9.2.3.6　生态修复类项目

生态修复类项目主要包括湿地及水源涵养类项目。

湿地类项目的环境效益表现在其对污染负荷的直接削减量上,可以通过典型湿地进出水水质、水量监测,获取单位面积、单位时间内湿地对污染物的消纳能力,再利用湿地面积,核算湿地类项目对污染物的削减量。

水源涵养类项目的环境效益表现在植被恢复及生态林建设对滇池流域"五采区"及裸露山地降雨径流污染物的削减。可以利用林地面积、降雨量、产流系数、降雨径流污染物的量以及项目建设后污染物的削减率来核算此类项目建设对污染物的削减量。

9.2.3.7　内源污染治理类项目

内源污染治理类项目主要包括蓝藻收集及资源化利用项目、生物治理项目以及底泥疏浚项目。

蓝藻收集及资源化利用项目的环境效益直接表现在通过蓝藻清除而直接去除的污染物的量,可以通过富藻水体积、干物质率、水体密度、藻体污染物占比来核算通过藻类清除而削减的污染物的量。

生物治理类项目的环境效益主要表现在水葫芦等水生植物对氮、磷污染物的吸收去除作用上,可以通过水葫芦鲜重、干物质率、干物质污染物占比来核算污染物削减量。

底泥疏浚项目的环境效益可以通过疏浚量、污染物含量进行核算,但要利用底泥污染物的释放量来进行校核,反映随底泥疏浚而减少的底泥污染物向水体中的释放量。

9.2.3.8　水资源调配类项目

水资源调配类项目主要为牛栏江—滇池补水工程,可以利用水动力学模型计算水位、流量等数据,通过水动力学模型及水质模型耦合计算项目实施后污染物的变化情况,以此核算水环境容量的增加值和对水质的改善作用。

9.2.3.9　雨水资源化利用类项目

雨水资源化利用类项目主要为城市公共绿地雨水收集利用设施建设,其环境效益直接表现在外排雨水径流及污染物削减量上,利用多年平均降雨量、绿地汇水面积、项目实施后的下渗系数和径流系数、雨水污染物浓度以及污染物削减率计算因下渗量增加和收集利用而削减的外排雨水及污染物的量。

9.2.4　遥感监测

为更好地评价生态修复与建设工程实施前后效益以及对滇池治理的贡献，综合运用遥感监测方法和地理信息系统（GIS）方法，定量分析生态修复与建设工程类项目实施前后的流域森林覆盖率变化情况和湖滨生态带的变化情况，估算出项目实施后产生的生态系统服务价值，并系统地评估项目实施后对滇池治理的贡献。

9.2.5　数据包络分析（DEA）

9.2.5.1　概述

数据包络分析（date envelopment analysis，DEA）是 1978 年美国著名运筹学家 Chames A.和 Cooper W.W.等以相对效果概念为基础发展起来的一种新的效果评价方法（张金丽，史红亮，2008）。1988 年，我国学者魏权龄教授系统地介绍了数据包络分析方法，此后该方法在我国推广运用（张前荣，2009）。数据包络分析的实质是根据一组关于输入输出的观察值来估计有效生产的前沿面并以之进行多目标效果评价（董延宁等，2009）。DEA 属于非参数评价方法，主要是以线性规划模型为理论基础，它没有建立因变量与解释变量间的函数关系，而是在约束条件的限制下，通过事先确定决策目标函数，建立相应的最优化模型，确定有关的权重系数，找出 n 维空间凸集的非参数前沿面。其优点是：适合于具有输入输出指标的决策单元的相对有效性评价，并且输出输入指标的单位可以不统一（张淑娟，2010）。

根据评价目标的不同，DEA 模型有不同的基本功能和创新形式。其中，最典型的两种模型就是 CCR 模型和 BCC 模型（陈世宗等，2005）。CCR 模型评价的是决策单元的整体有效性。当决策单元处于整体有效状态时，其规模效率和纯技术效率均处于有效的状态；当决策单元处于整体非有效状态时，则可能是由于规模效率无效、纯技术效率无效或者是两者均无效引起的。那么究竟是由于上述哪种原因引起决策单元的整体无效呢？模型无法回答，此时需要进一步结合模型来解决。BCC 模型，许多研究中也叫 C2GS2 模型，主要是用来评价决策单元的技术有效性的。模型和模型的综合运用则可以衡量决策单元的整体效率、技术效率和规模效率的程度。

（1）CCR 模型

CCR 模型是 DEA 方法中最先被提出、也是模型中最基本的模型。CCR 模型评价的是决策单元的整体有效性。决策单元的 DEA 有效，既包含规模有效，也包含技术有效，是两者的综合有效。CCR 模型的基本思想是：假设有 n 个决策单元，每个决策单元 DMU_j 都有 m 种类型输入（表示对"资源"的耗费）以及 S 种类型输出（表示消耗了"资源之后"的表明"成效"的信息量）。用 x_{ij} 表示第 j 个决策单元对第 i 种类型输入的投入总量；y_{ij} 表示第 j 个决策单元对第 i 种类型输出的输出量；v_i 表示第 i 种类型输入的一种度量或称权，u_r 表示对第 r 种类型输出的一种度量或称权，且 $x_{ij}>0$，$y_{ij}>0$，$v_i>0$，$u_r>0$，$i=1,2,\cdots,m$；$r=1,2,\cdots,n$；以下相同。

对于权系数 $v=[v_1, v_2, \cdots, v_m]^T$，$u=[v_1, v_2, \cdots, v_s]^T$，每个决策单元都有相应的评价指标数（张天懿，张健，2013）：

$$h_j = \frac{u^T y_i}{v^T x_j} = \frac{\sum_{r=1}^{s} u_r y_{rj}}{\sum_{i=1}^{mn} v_i x_{ij}}, j=1,2,\cdots,n \tag{9-1}$$

可以适当地选取权系数 v 及 u，使其满足 $h_j \leq 1$。

现在对第 j_0 个决策单元进行效果评价（$0 \leq j_0$ $h_j \leq n$），以权系数 v 和 u 为变量，以第 j 个决策单元的效率指数为目标，以所有决策单元的效率指数 $h_j \leq 1$ 为约束，构成如下的 CCR 最优化模型：

$$\begin{cases} \max h_{j_0} = \dfrac{\sum_{r=1}^{s} u_r y_{rj_0}}{\sum_{i=1}^{m} v_i x_{ij_0}} \\[4mm] \text{s.t.} \ \dfrac{\sum_{r=1}^{s} u_r y_{rj}}{\sum_{i=1}^{m} v_i x_{ij}} \leq 1, j=1,2,\cdots,n \\[4mm] v \geq 0 \\[1mm] u \geq 0 \end{cases} \tag{9-2}$$

利用 Charnes-Cooper 变换，令 $t = \dfrac{1}{v^T x_0}, w = tv, \mu = tu$ ，可以将上式转化为一个等价的线性规划（P）

$$(P)\begin{cases} \max h_{j_0} = \mu^T y_0 \\ \text{s.t.} w^T x_j - \mu^T y_j \geqslant 0, j = 1, 2, \cdots, n \\ w^T x_0 = 1 \\ w \geqslant 0, \mu \geqslant 0 \end{cases} \tag{9-3}$$

根据对偶理论，引入松弛变量 S^+、S^-，可以得到如下对偶规划的线性规划模型：

$$\begin{cases} \min \theta \\ \text{s.t.} \sum_{j=1}^{n} \lambda_j x_j + S^+ = \theta x_0 \\ \sum_{j=1}^{n} \lambda_j y_j - S^- = \theta y_0 \\ \lambda_j \geqslant 0, j = 1, 2, \cdots, n \\ S^+ \geqslant 0, S^- \leqslant 0 \end{cases} \tag{9-4}$$

为简化判断，引入非阿基米德无穷小 ε（小于任何正数且大于 0，可取 10^{-6}）的概念，则具有非阿基米德无穷小量 ε 的 DEA 模型为：

$$\begin{cases} \min \left[\theta - \varepsilon \left(\hat{e}^T S^- + e^T S^+ \right) \right] \\ \text{s.t.} \sum_{j=1}^{n} X_j \lambda_j + S^- = \theta x_0 \\ \sum_{j=1}^{n} Y_j \lambda_j - S^+ = y_0 \\ \lambda_j \geqslant 0, j = 1, \cdots, n \\ S^- \geqslant 0 \\ S^+ \geqslant 0 \\ \hat{e} = (1, 1, \cdots, 1)^T \in E^m \\ e = (1, 1, \cdots, 1)^T \in E^s \end{cases} \tag{9-5}$$

假设式（9-5）的最优解分别为 θ^*、λ^*、S^{+*}、S^{-*}，则 CCR 模型 DEA 有效性的经济含义为：

①当 $\theta^*=1$，且 $S^{+*}=0$，$S^{-*}=0$ 时，决策单元 DMU_{j_0} 为 DEA 有效，达到帕累托最优，决策单元的生产活动同时存在技术有效和规模有效。

②当 $\theta^*=1$，但至少有某个输入或输出松弛变量大于零，决策单元 DMU_{j_0} 为 DEA 弱有效，即在这 n 个决策单元组成的经济系统中，在保持原产出 y_0 不变的情况下，对于投入 x_0 可减少 S^{-*}，或在投入 x_0 不变的情况下可将产出提高 S^{+*}。

③当 $\theta^*<1$，决策单元 DMU_{j_0} 不是 DEA 有效，决策单元的生产活动既不是技术效率最佳，也不是规模效益最佳。

在 CCR 模型中，可根据 λ_j 的最优值 λ^*_j（$j=1$，2，$\cdots$，n）来判别 DMU 的规模效益情况，具体如下：

①若 $\sum \lambda^*_j=1$，则 DUM 为规模效益不变，此时 DMU0 达到最大产出规模点；

②若 $\sum \lambda^*_j<1$，则 DUM 为规模效益递增，表明 DMU0 在投入 x_0 的基础上，适当增加投入量，产出量将有更大比例的增加；

③若 $\sum \lambda^*_j>1$，则 DUM 为规模效益递减，表明 DMU0 在投入 x_0 的基础上，即使增加投入量也不可能带来更大比例的产出，此时没有再增加投入的必要。

（2）BCC 模型

在 CCR 模型中，决策单元的有效，既包含规模有效，也包含技术有效，是两者的综合有效。但是当决策单元 DEA 无效时，则可能是技术效率无效，或者是规模效率无效，或者是两者的综合无效。在模型中，无法判断究竟是由于哪个原因引起的。为了明确无效的具体原因，需要运用模型来进一步分析。在 CCR 模型的基础上，假设决策单元规模报酬不变，则是 BCC 模型的基本思想。BCC 模型在式（9-5）的基础上，引入约束条件 $\sum_{j=1}^{n} \lambda_j =1$，则构成 DEA 的 BCC 模型（陈世宗等，2005）：

$$
\begin{cases}
\min\left[\theta - \varepsilon\left(\hat{e}^T S^- + e^T S^+\right)\right] \\
\text{s.t.} \sum_{j=1}^{n} X_j \lambda_j + S^- = \theta x_0 \\
\sum_{j=1}^{n} Y_j \lambda_j - S^+ = y_0 \\
\sum_{j=1}^{n} \lambda_j = 1 \\
\lambda_j \geqslant 0, j = 1, \cdots, n \\
S^- \geqslant 0 \\
S^+ \geqslant 0 \\
\hat{e} = (1,1,\cdots,1)^T \in E^m, e = (1,1,\cdots,1)^T \in E^s
\end{cases}
\tag{9-6}
$$

假设式（9-6）的最优解分别为 θ^*、λ^*、S^{+*}、S^{-*}，则 BCC 模型 DEA 有效性的经济含义为：

①若 $\theta^*=1$ 时，则称决策单元 DMU0 为 DEA 弱有效；

②若 $\theta^*=1$ 且所有松弛变量 $S^{+*}=0$、$S^{-*}=0$，则称决策单元 DMU0 为 DEA 有效。

CCR 模型求解的 θ^* 为综合效率值，BCC 模型求解的 θ^* 为纯技术效率值。规模效率=综合效率/纯技术效率，在已知总体效率和纯技术效率的前提下，可以计算出规模效率。如果规模效率为 1，表明规模有效；如果规模效率介于（0，1）之间，则表示规模无效，需要对有关投入的数量和比例进行调整（张家瑞等，2015）。

（3）超效率 DEA 模型（SE-DEA）

通过 CCR、BCC 计算得到的有效单元（效率评价值为 1）可能较多，若要对这些同时有效的决策单元继续进行评价，需借助 SE-DEA 模型分析，它可以对多个有效的决策单元（DMU）进行排序（王宏志等，2010）。

$$
\min \theta
$$

$$
\text{s.t.}
\begin{cases}
\sum_{\substack{j=1 \\ j \neq k}}^{n} X_j \lambda_j \leqslant \theta X_k \\
\sum_{\substack{j=1 \\ j \neq k}}^{n} Y_j \lambda_j \geqslant X_k \\
\lambda_j \geqslant 0, j = 1, 2, \cdots, n
\end{cases}
\tag{9-7}
$$

此处在进行第 k 个决策单元效率评价时，使第 k 个决策单元的投入和产出被其他所在的决策单元投入和产出的线性组合替代，而将第 k 个决策单元排除在外，而 CCR 模型是将本单元包括在内的。实际上这个模型只是在对有效单元 j 评价计算时去掉了效率指标小于等于 1 的约束条件，此时会得到大于等于 1 的效率 $θ$，即为超效率。一个有效的决策单元可以使其投入按比例的增加，而效率值保持不变，其投入增加比例即其超效率评价值（王宏志等，2010）。

9.2.5.2 基于 DEA 模型的构建思路

选取滇池流域治理的"六大工程"作为六个决策单元（DMU），选取"九五"时期实际完成投资总额、"十五"时期实际完成投资总额、"十一五"时期实际完成投资总额和"十二五"时期实际完成投资作为投入指标，综合考虑每一类工程实施后产生的效益，如 COD 削减量、氨氮削减量、总磷削减量、总氮削减量、生态系统服务价值等，选取每一类工程实施后对滇池治理的直接及潜在的贡献量作为产出指标，通过对各 DMU 投入产出比率的综合分析，以各 DMU 投入、产出指标的权重为变量进行运算，确定有效生产前沿面，并根据各 DMU 与有效生产前沿面的距离状况，确定各 DMU 是否有效；与此同时应用投影方法指出非 DEA 有效的评价对象低效率的原因及量化的改进方向。

利用以上模型，可以分析规模效率，也可以分析投入与产出的不足或冗余，投入冗余和产出不足代表了要素投入产出结构与最优配置结构的差距程度。投入冗余值越高，表示该投入指标的要素利用率越低，造成的资源浪费越严重；产出不足值越高，表示该产出指标的实际产出量与效率最优对应的产出量之间的差距越大。即某投入指标对应的松弛变量，某产出指标对应的松弛变量。

若纯技术效率和规模效率两者均为 1，说明 DEA 有效；若两者中只有一方的值达到 1，说明 DEA 弱有效，若两者均不为 1，则是非 DEA 有效。

通过 CCR 和 BCC 计算得到的有效单元（效率评价值为 1）可能较多，若要对这些同时有效的决策单元继续进行评价，需借助 SE-DEA 模型（超效率 DEA 模型）分析，它可以对多个有效的 DMU（每一类工程）进行排序，最终得出各类工程对滇池治理贡献的投资效率排序。

9.2.6　专家评判法

专家评判法是出现较早且应用较广的一种评价方法，在构建 DEA 评价体系中，以专家打分方式定量评价出各类工程在不同规划年实施后对滇池治理的贡献量。其主要步骤如下：首先根据各类工程的效益分析选定评价指标（如削减 1 t 化学需氧量、削减 1 t 总氮、削减 1 t 总磷、削减 1 t 氨氮、建设 1 亩湖滨湿地、建设 1 亩林地、新增 1 万 m^3 生态用水、疏挖 1 t 底泥），根据每个指标对滇池治理的直接或者潜在的贡献率对每个评价指标判定评价分数，然后以此为基准，由不同专家对评价指标进行分析和评价，确定各个指标的分值，根据定量核算的各类工程在不同规划年实施后产生的环境效益，采用加乘评分法求得每个评价指标的总分值，从而得出各类工程在不同规划年实施后对滇池治理的贡献量。

9.3　本章小结

为总结梳理"九五"时期以来滇池治理项目环境绩效，本书构建了滇池治理"六大工程"绩效评价体系，包括"六大工程"项目实施情况及效益分析、基于 DEA 的滇池治理"六大工程"绩效评价和滇池治理总体成效分析。综合运用重点工程专项调查、滇池治理满意度问卷调查、环境效益核算、遥感监测、数据包络分析（DEA）和专家评判法，评估滇池治理"六大工程"环境绩效，构建了滇池流域水污染防治项目绩效评价的方法体系，并为我国其他流域水污染防治项目的绩效评价工作提供了重要参考。

第 **10** 章

"六大工程"项目实施情况及效益分析

随着滇池治理经验不断积累，以"六大工程"为主线的滇池治理思路也不断完善，不仅直接促进了滇池流域水环境质量的显著改善，还为我国其他流域的水污染防治工作提供了经验借鉴。本章对滇池治理"六大工程"实施情况及效益分析针对"九五"至"十二五"期间实施完成的项目。

本研究对"九五"至"十二五"期间滇池治理"六大工程"项目实施情况进行了梳理，总结了各个规划期各类治理项目完成的治理内容和规模、投资，分析了"六大工程"项目实施效益和存在问题，并提出了相应的对策建议，为提升滇池流域水环境管理水平、促进滇池水环境不断提升奠定基础。

10.1 环湖截污与交通工程项目实施情况及效益分析

10.1.1 项目实施情况

环湖截污及交通工程对滇池流域工业污水、生活污水和农业农村面源污水进行收集处理，进一步提高滇池流域点源和面源污水的收集处理率，并建立完善的雨水收集管网，收集处理初期雨水。

"九五"时期以来共规划实施环湖截污与交通类工程135个项目，规划总投资285.11亿元；扣除续建、取消、暂缓实施的项目，实际实施规划项目100项，实际完成投资 176.10 亿元。该类工程主要内容包括城市污水处理设施建设、集镇污水处理设施建设、工业污染防治、排水管网及调蓄池建设、环湖截污系统建设与完善五个类别。其中"九五"期间共实际实施 63 个项目，实际完成投资 10.00 亿元，全部为规划内项目；"十五"期间共实际实施 8 个项目，实际完成投资 6.09 亿元，全部为规划内项目；"十一五"期间共实际实施 18 个项目，实际完成投资 70.26 亿元；"十二五"期间共实际实施 39 个项目，实际完成投资 89.75 亿元，全部为规划内项目。

其中，城市污水处理设施建设类工程共规划实施 33 个项目，规划总投资 72.16 亿元；扣除续建、取消实施的项目，实际实施规划项目 24 项，实际完成投资 64.83 亿元，全部为规划内项目。项目主要内容包括新建、改建、扩建城市污水处理厂，建设污水处理厂污泥处置设施。"九五"期间实际实施项目 8 个（其中，"九五"结转到"十五"实施 5 项），实际完成投资 6.04 亿元，全部为规划内项目；"十五"期间实际实施项目 5 个（其中，"九五"结转到"十五"实施 5 项），实际完成投资 3.35 亿元，全部为规划内项目；"十一五"期间实际实施项目 8 个（其中，"十一五"结转到"十二五"实施 1 项），实际完成投资 11.82 亿元，全部为规划内项目；"十二五"期间实际实施项目 10 个（其中，"十一五"结转到"十二五"实施 1 项，"十二五"结转到"十三五"实施 1 项），实际完成投资 43.62 亿元，全部为规划内项目。

集镇污水处理设施建设类工程规划于"十二五"期间，实施 1 个项目，为规划内项目，规划总投资 2.65 亿元，实际完成投资 0.61 亿元，项目主要内容包括建设滇源、阿子营、双龙、松华、大板桥、团结、宝峰、六街、晋城、上蒜、新街 11 个集镇污水处理站，设计处理能力 1.28 万 m^3/d，污水收集管网 96 km。

工业污染防治类工程共规划实施 56 个项目，规划总投资 9.02 亿元；扣除取消实施的项目，实际实施规划项目 54 项，实际完成投资 3.97 亿元。项目主要内容为对治理难度大、污染严重的工业企业进行限期治理或者关停，对开发区、工业园区的污水进行集中处理，实施工业园区生态化改造，建设工业园区污水收集处理设施，有效削减污染物的排放量。"九五"期间实际实施项目 49 个，实际完成投资 1.91 亿元，全部为规划内项目；"十二五"期间实际实施项目 5 个，实际完成投资 2.06 亿元，全部为规划内项目。

排水管网及调蓄池建设类工程共规划实施 36 个项目，规划总投资 118.81 亿元；扣除续建、暂缓实施的项目，实际实施规划项目 16 项，实际完成投资 44.73 亿元，全部为规划内项目。主要内容为世界银行贷款排水管网工程、滇池北岸截污工程、滇池北岸水环境综合治理排水管网建设、昆明主城雨污分流次干管及支管配套建设工程、昆明主城老城区市政排水管网及调蓄池建设工程、昆明主城排水管网完善与调蓄池建设工程（二环路外）、呈贡新城排水管网建设工程、昆明市经济技术开发区环境综合整治项目污水管网工程。"九五"期间实际实施项目 5 个（其中，"九五"结转到"十五"实施 2 项），实际完成投资 1.48 亿元，全部为规划内项目；"十五"期间实际实施项目 3 个（其中，"九五"结转到"十五"实施 2 项），实际完成投资 2.63 亿元，全部为规划内项目；"十一五"期间实际实施项目 7 个（其中，"十一五"结转到"十二五"实施 6 项），实际完成投资 16.94 亿元，全部为规划内项目；"十二五"期间实际实施项目 16 个（其中，"十一五"结转到"十二五"实施 6 项，"十二五"结转到"十三五"实施 10 项），实际完成投资 23.68 亿元，全部为规划内项目。

环湖截污系统建设与完善类工程共规划实施 9 个项目，规划总投资 82.48 亿元；扣除续建、暂缓实施的项目，实际实施规划项目 5 项，实际完成投资 61.97 亿元，全部为规划内项目。项目主要内容包括：滇池环湖干渠（管）截污工程、环湖截污东岸配套收集系统完善项目、环湖截污南岸配套收集系统完善项目。"九五"期间实际实施项目 1 个，实际完成投资 0.68 亿元，全部为规划内项目；"十一五"期间实际实施项目 3 个（其中，"十一五"结转到"十二五"实施 2 项），实际完成投资 41.50 亿元，全部为规划内项目；"十二五"期间实际实施项目 3 个（其中，由"十一五"2 项合并 1 项结转到"十二五"实施，"十二五"结转到"十三五"实施 2 项），实际完成投资 19.79 亿元，全部为规划内项目。

各规划期环湖截污及交通工程情况如表 10-1 所示。

表 10-1 滇池流域环湖截污与交通工程汇总表

项目类别	规划期	序号	项目名称	项目内容	建设时限	规划投资/万元	实际投资/万元	备注
城市污水处理设施建设	"九五"	1	昆明市第二污水处理厂	新建第二污水处理厂	1994—1995 年	13 800	13 367.03	
		2	昆明市第三污水处理厂	新建第三污水处理厂	1996—1997 年	18 800	18 210.16	
		3	昆明市油管桥污水处理厂（昆明市第四污水处理厂）	新建第四污水处理厂	1997 年 5 月完工	6 000	5 811.75	
		4	昆明市第一污水处理厂改扩建工程（世行项目）	扩建第一污水处理厂	1999—2003 年	12 332	4 611.06	"九五"结转到"十五"
		5	昆明市东郊污水处理厂及配套管网（昆明市第六污水处理厂）（世行项目）	新建第六污水处理厂及配套项目	1998—2003 年	18 719	6 999.22	"九五"结转到"十五"
		6	昆明市北郊污水处理厂及配套管网（昆明市第五污水处理厂）（世行项目）	新建第五污水处理厂及配套项目	1998—2002 年	22 911	8 566.66	"九五"结转到"十五"
		7	呈贡区污水处理厂及配套管网	新建呈贡区污水处理厂	2000—2003 年	3 800	1 420.86	"九五"结转到"十五"
		8	晋宁区污水处理厂及配套管网	新建晋宁区污水处理厂	1999—2004 年	3 700	1 383.47	"九五"结转到"十五"
	"十五"	9	污水处理厂改扩建工程（1）	取消实施	取消实施	10 300	0	取消实施
		10	污水处理厂改扩建工程（2）	取消实施	取消实施	10 000	0	取消实施
		11	昆明市第一污水处理厂改扩建工程（世行项目）（续建）	扩建昆明市第一污水处理厂，完善相关配套管网	1999—2003 年	12 332	6 018.82	"九五"结转到"十五"

项目类别	规划期	序号	项目名称	项目内容	建设时限	规划投资/万元	实际投资/万元	备注
城市污水处理设施建设	"十五"	12	昆明市东郊污水处理厂及配套管网（世行项目）（昆明市第六污水处理厂）（续建）	完成昆明市东郊污水处理厂及30 km配套管网建设	1998—2003年	18 719	10 575.71	"九五"结转到"十五"
		13	昆明市北郊污水处理厂及配套管网（世行项目）（昆明市第五污水处理厂）（续建）	完成昆明市北郊污水处理厂及30 km配套管网建设	1998—2002年	22 911	11 109.25	"九五"结转到"十五"
		14	呈贡区污水处理厂及配套管网（续建）	完成呈贡区污水处理厂配套管网建设	2000—2003年	3 800	2 986	"九五"结转到"十五"
		15	晋宁区污水处理厂及配套管网（续建）	完成晋宁区污水处理厂配套管网建设	1999—2004年	3 700	2 810	"九五"结转到"十五"
	"十一五"	16	第二污水处理厂技术改造工程	增加10万 m³/d深度处理系统	2008—2009年	1 903	4 590	
		17	第六污水处理厂改扩建工程	改扩建新增污水处理能力8万 m³/d，使污水处理能力达到13万 m³/d	2008—2009年	3 540	14 775	
		18	第五污水处理厂改扩建工程	新增污水处理规模9.5万 m³/d，使整个处理能力提高到17万 m³/d	2008—2009年	18 290	22 177	
		19	第四污水处理厂技术改造工程	增加6万 m³/d辅助化学药剂除磷系统和紫外线消毒系统	2009年完成	841	490	
		20	第七污水处理厂工程	新建处理规模20万 m³/d污水处理厂	2008—2009年	44 540	42 949	
		21	第一污水处理厂技术改造工程	增加12万 m³/d深度处理系统	2008—2009年	2 135	4 777	

项目类别	规划期	序号	项目名称	项目内容	建设时限	规划投资/万元	实际投资/万元	备注
城市污水处理设施建设	"十一五"	22	第三污水处理厂扩建工程	新增污水处理规模 6 万 m³/d，使整个处理能力达到 21 万 m³/d	2007—2009 年	33 467	22 583	
		23	城市污水处理厂污泥处理处置一期工程	新建处理能力 275 t/d（含水率 80%），折合干污泥 55 t/d 的污泥处置工程	2009 年 5 月转"十二五"	28 000	5 896.43	"十一五"结转到"十二五"
	"十二五"	24	滇池北岸水环境综合治理工程（"十一五"续建工程）	北岸工程五个片区累计完成管网铺设 342.7 km；11 座泵站改扩建完成 7 座，关上泵站正在进行设备安装、白马庙泵站、河南乡泵站与雨污调储池合建、西坝河泵站计划调减；主城 3 个污水厂的技术改造、3 个污水厂的扩建利 1 座污水厂的新建工程均已完成	2011—2012 年	97 000	105 744	"十一五"结转到"十二五"，由"十一五"主城东南、城北、城西、城南片区系统排水管网建设结转到"十二五"续建
		25	昆明市主城区城市污水处理厂污泥处置工程（"十一五"续建工程）	完成主城区城市污水处理厂污泥处置工程建设	2013—2014 年	31 550	47 956.78	"十一五"结转到"十二五"
		26	主城及环湖截污水处理厂污泥处理及资源化利用工程	开展主城及环湖截污水处理厂污泥处理及资源化利用工程前期工作	2012 年至今	19 500	1.21	"十二五"结转到"十三五"

项目类别	规划期	序号	项目名称	项目内容	建设时限	规划投资/万元	实际投资/万元	备注
城市污水处理设施建设	"十二五"	27	第八污水处理厂建设工程	新建处理规模为10万 m³/d 污水处理厂	2008—2009年	13 000	11 298	该项目为"十二五"规划项目，但在"十一五"末期已经建成运行
		28	第九污水处理厂建设工程（地下式）	新建处理规模为10万 m³/d 污水处理厂	2012—2013年	59 040	62 736.56	
		29	第十污水处理厂建设工程（地下式）	新建处理规模为15万 m³/d 的污水处理厂	2011—2013年	75 020	71 464	
		30	第十一污水处理厂建设工程	新建处理规模6万 m³/d 污水处理厂	2012—2015年	58 000	75 556.49	
		31	昆明市普照水质净化厂（第十二污水处理厂）及配套管网工程	新建污水处理厂规模5万 m³/d 污水处理厂	2012—2015年	45 390	40 365.56	
		32	第一污水处理厂雨季合流污水高效处理工程	对第一污水处理厂一、二期二级处理系统更新改造	2011—2013年	6 530	7 058.14	
		33	空港区污水处理厂及配套管网建设	一期：截至2015年12月底，完成南水厂一期3万 m³/d 规模的建设任务，已与新机场同步运营。北片区污水厂正在开展前期工作，已完成配套污水管道建设了25 km，污水处理厂建设规模待定 二期：在建	一期：2011—2015年 二期：在建	63 530	14 000	

项目类别	规划期	序号	项目名称	项目内容	建设时限	规划投资/万元	实际投资/万元	备注
集镇污水处理设施建设	"十二五"建设	1	松华集镇污水收集处理工程	新建处理能力 500 m³/d 污水处理工程，铺设管网 1.2 km	2011—2015 年	26 500	6 100	
		2	双龙集镇污水收集处理工程	新建处理能力 500 m³/d 污水处理工程，铺设管网 9.5 km	2011—2015 年			
		3	大板桥集镇污水收集处理工程	新建处理能力 5 000 m³/d 污水处理工程，铺设管网 5.9 km	2011—2015 年			
		4	团结集镇污水收集处理工程	新建处理能力 3 000 m³/d 污水处理工程，铺设管网 25.9 km	2011—2015 年			
		5	宝峰集镇污水收集处理工程	新建处理能力 600 m³/d 污水处理工程，铺设管网 1.9 km	2011—2015 年			
		6	晋城集镇污水收集处理工程	新建处理能力 1 000 m³/d 污水处理工程，铺设管网 13.4 km	2011—2015 年			
		7	六街集镇污水收集处理工程	新建处理能力 350 m³/d 污水处理工程，铺设管网 1.5 km	2011—2015 年			
		8	上蒜集镇污水收集处理工程	新建处理能力 300 m³/d 污水处理工程，铺设管网 1.7 km	2011—2015 年			
		9	新街集镇污水收集处理工程	新建处理能力 80 m³/d 污水处理工程，铺设管网 0.9 km	2011—2015 年			
		10	阿子营集镇污水收集管网完善工程	新建处理能力 500 m³/d 污水处理工程，铺设管网 2.6 km	2011—2015 年			
		11	滇源集镇污水收集管网完善工程	新建处理能力 1 000 m³/d 污水处理工程，铺设管网 5.6 km	2011—2015 年			

项目类别	规划期	序号	项目名称	项目内容	建设时限	规划投资/万元	实际投资/万元	备注
工业污染防治建设	"九五"	1~50	工业污染控制	完成对治理难度大，对储区范围内污染负荷贡献较大的企业进行限期治理、淘汰关停、取缔、搬迁	1996—2000年	31 080	18 000	取消1个项目
	"十五"	51	高浓度有机废水处理处置中心	未动工	—	15 000	1 100	取消实施，但开展了部分前期工作，完成投资1 100万元
	"十二五"	52	昆明国际包装印刷产业基地污水处理站（二期）建设工程	新建污水处理规模 0.15 万 m³/d 污水处理	2010—2011年	440	460	
		53	昆明新城高新技术产业基地（含电力装备工业基地）污水处理厂工程	新建污水厂处理规模 3 万 m³/d 污水处理	2009—2010年	12 650	7 933.1	
		54	二街工业园区污水处理厂建设工程	新建一期污水处理规模为 0.35 万 m³/d，二期污水处理规模 0.35 万 m³/d 的污水处理厂	2011—2012年	6 140	2 362.5	
		55	昆明晋宁区工业园宝峰片区污水处理厂（含配套管网）工程	新建一期污水处理规模为 1 万 m³/d，二期处理规模 2 万 m³/d，总规模达 3 万 m³/d	2013—2014年	18 000	8 300	
		56	昆明海口工业园新区污水处理厂（含配套管网）工程	完成一期污水收集管网工程建设（含工业污水专管建设），建设污水收集干管 5 613 m；二期工程前期工作	一期：2012—2015年 二期：暂缓实施	6 850	1 500	

项目类别	规划期别	序号	项目名称	项目内容	建设时限	规划投资/万元	实际投资/万元	备注
排水管网及调蓄池建设	"九五"	1	昆明市城市排水管网改造工程（一期）	建设第一、第二污水处理厂及油管桥污水处理厂配套管网	—	13 700	5 122.57	"九五"结转到"十五"，续建为"十五"昆明市城市排水管网工程
		2	昆明市城市管网改造（二期）	建设第二、第三污水处理厂配套管网	1995—2000 年	9 400	4 611.05	
		3	昆明市西郊污水配套管网	建设昆明市西郊排水管网	—	8 000	2 991.28	"九五"结转到"十五"
		4	城市下水道清淤工程（1）	雨季前城市下水道清淤	1997—1999 年	2 100	1 557.5	
		5	城市下水道清淤工程（2）	继续实施雨季前城市下水道清淤	1999—2000 年	700	519.17	
		6	昆明市主城区排水管网改造与建设	完善昆明市主城区一环路以内范围截污管网建设，一环路以外雨污分流干管网系统建设	—	122 000	—	
	"十五"	7	昆明市城市排水管网工程（续建）	建设昆明市城市排水管网	—	23 108	17 428.96	"九五"结转到"十五"，由"九五"昆明市城市排水管网改造工程（一期）项目续建
		8	昆明市西郊污水配套管网（续建）	完成西郊片区污水主干管网建设	2002—2003 年	10 905	8 882.26	"九五"结转到"十五"

项目类别	规划期	序号	项目名称	项目内容	建设时限	规划投资/万元	实际投资/万元	备注
排水管网及调蓄池建设	"十一五"	9	城东片区系统排水管网建设	截至2010年12月31日，北岸工程城东片区管网已完成菊花村泵站、菊花村泵站、石虎关泵站出水压力管、石虎关污水管、东二环雨污水管、金汁河截污管、光明路污水管、金马寺小村污水管、前卫西路截污管、人民东路延长线截污管等项目，累计完成管道铺设20.54 km	2008—2010年	27 810	26 272	
		10	城东南片区系统排水管网建设	截至2010年12月底北岸工程城东南片区已完成（括号内为当前常用名称）：老昆洛路一段污水干管、贵昆公路污水干管、东白沙河截污管（管小路污水管、昌宏路二段污水干管、珥季路污水管、环湖东路污水干管、官宝路污水管、新昆洛路东侧截污干管、SE-规划10路北段污水干管、SE-规划10路南段污水干管、新宝象河朴污水管、东白沙河截污管、SE-规划2路雨污水管（管渡工业园2路雨污水管）、昌宏路一段雨水管、九雨路雨污水管、广福路污水管，累计完成管道铺设113.19 km	2008—2010年	47 040	35 076	"十一五"结转到"十二五"，续建为"十二五"滇池北岸水环境综合治理工程

项目类别	规划期	序号	项目名称	项目内容	建设时限	规划投资/万元	实际投资/万元	备注
排水管网及调蓄池建设	"十一五"	11	城北片区系统排水管网建设	盘江东路合流污水转输管及盘江西岸截污管（四污厂至五污厂调水管线）、金汁河北段截污管（北辰大道以北金汁河截污管）、N-1-6规划1-6路雨污水管、金色大道雨污水管、7204公路雨污水管、金华路截污管、森雨路雨污水管、张管营管泵站等项目，累计完成管网铺设29.52 km	2008—2010年	23 520	11 504	
		12	城南片区系统污水管网建设	建设船房河系统雨污分流排水管网及配套泵站，"十一五"期同完工 55 km	2007—2010年	43 120	26 020	"十一五"结转到"十二五"，续建为"十二五"滇池北岸水环境综合治理工程
		13	城西片区系统排水管网建设	城西片区已完成（括号内为当前常用名称）：草海西路污水管B段（草海西岸截污管B段）、庄房村泵站、新运粮河、老运粮河截污管、第三污水处理厂尾水管、土堆泵站至三污厂压力管、庄房村泵站至三污厂压力管、科技路雨污水管（五华2路雨污水管、科技路高新段污水管）、W-规划2路污水管（西苑浦路污水管）、益宁路延长线污水管（益宁路污水管）、科普路雨污水管、乌龙河补水管、人民路雨污水管等项目，累计完成雨污水管网铺设44.22 km	2007—2010年	30 560	20 428	

项目类别	规划期	序号	项目名称	项目内容	建设时限	规划投资/万元	实际投资/万元	备注
排水管网及调蓄池建设	"十一五"	14	呈贡新城排水管网建设	已经完成呈贡新区一期路网全部和二期路网大部分的雨水管网建设,总长约180 km	2007—2010年	12 600	18 016.2	
		15	昆明主城雨污分流次干管及支管配套建设工程	截至2011年2月28日,该项目累计完成雨污、雨水管铺设约155.5 km	2007—2010年	48 000	32 069	"十一五"结转到"十二五"
		16	昆明主城雨污分流次干管及支管配套建设工程("十一五"续建工程)	截至2015年年底,该项目已完工,累计完成雨污管网埋设约280 km	2011—2015年	109 700	38 831.66	"十二五"结转到"十三五"
	"十二五"	17	昆明主城西片排水管网完善工程(二环路外五华区)	"小路沟下游截污工程"已完成358 m污水管顶管施工	2011年至今	33 030	339.23	"十二五"结转到"十三五"
		18	昆明主城西片排水管网完善工程(二环路外高新区)	截至2015年年底,该项目已完工,铺设排水管线12.31 km,其中污水管总长6.57 km,雨水管总长5.73 km	2011—2015年	9 660	4 758.63	
		19	昆明主城西片排水管网完善工程(二环路外西山区)	截至2015年年底,兴苑路(西北三环—云冶铁路段)雨污水改造工程已完工,累计完成污水管道铺设约300 m,雨水箱涵施工约380 m	2011年至今	37 600	2 298	"十二五"结转到"十三五"

项目类别	规划期别	序号	项目名称	项目内容	建设时限	规划投资/万元	实际投资/万元	备注
排水管网及调蓄池建设	"十二五"	20	昆明主城南片排水管网完善工程（二环路外西山区）	截至 2015 年年底，南片西山区子项第一标段累计完成 621.5 m 雨水箱涵施工，963 m 雨水管道铺设；西山区汇未同意进场施工，现已调整交由西山区负责实施。第二标段正配合道路建设同步实施配套管网，完成 603 m 雨水管道铺设，720 m 污水管道铺设；第三标段已完工，累计完成 462 m 雨水管道	2011 年至今	36 660	2 443	"十二五"结转到"十三五"
		21	昆明主城南片排水管网完善工程（二环路外度假区）	截至 2015 年 12 月底，南片度假区子项：第一标段、第二标段、第三标段已完工	2011 年至今	44 880	7 315	
		22	昆明主城北片排水管网完善工程（二环外五华区）	对主城北片区（二环外五华区）市政排水管网进行系统完善	2011 年至今	9 120	15	
		23	昆明主城北片排水管网完善工程（二环外盘龙区）	2013 年 7 月完工并投入运行，累计完成雨污管网埋设约 11.4 km	2011 年至今	60 290	8 015	
		24	昆明主城东片排水管网完善工程（二环路外盘龙区）	未动工	—	5 780	15	暂缓实施
		25	昆明主城东片排水管网完善工程（二环路外官渡区）	未动工	—	22 740	15	暂缓实施

项目类别	规划期	序号	项目名称	项目内容	建设时限	规划投资/万元	实际投资/万元	备注
排水管网及调蓄池建设	"十二五"	26	昆明主城东南片排水管网完善工程（二环路外官渡区）	对主城东南片区（二环外官渡区）市政排水管网进行系统完善	2011年至今	19 210	215	"十二五"结转到"十三五"
		27	昆明主城东南片排水管网完善工程（二环路外经开区）	未动工	一	47 200	15	暂缓实施
		28	昆明主城东南片排水管网完善工程（二环路外盘龙区）	完成前期工作	2011年至今	16 860	215	"十二五"结转到"十三五"
		29	呈贡新区雨污分流排水管网建设工程	未动工	一	25 000	0	暂缓实施
		30	昆明市经济技术开发区环境综合整治项目污水管网工程	截至2015年年底，项目累计完成管网铺设58.6 km，石龙坝污水中途提升泵站升泵站和洛羊污水中途提升泵站完成竣工验收。民办科技园片区污水管网正在施工中，商贸大街排水管网正在组织借地并完成部分施工，广福路东延线一标污水管网正在施工	2011年至今	22 780	12 178.52	"十二五"结转到"十三五"
		31	昆明主城老城区西北片市政排水管网及调蓄池建设工程	截至2015年年底，该项目已完工，6座调蓄池均已建成	2012—2015年	69 110	48 515	
		32	昆明主城老城区西南片市政排水管网及调蓄池建设工程	截至2015年年底，所有6座调蓄池均已建成，除乌龙河调蓄池由于出水管损坏暂停运行外，其余5座调蓄池运行正常	2012—2015年	91 670	60 836	

项目类别	规划期别	序号	项目名称	项目内容	建设时限	规划投资/万元	实际投资/万元	备注
排水管网及调蓄池建设	"十二五"	33	昆明主城老城区东北片市政排水管网及调蓄池建设工程	截至2015年年底，2座调蓄池均已建成，并投入运行	2012—2015年	14 960	12 024	
		34	昆明主城老城区东南片市政排水管网及调蓄池建设工程	截至2015年年底，海明通河调蓄池均已完成施工且正常运行	2012—2015年	54 250	38 628	"十二五"结转到"十三五"
		35	昆明主城西片调蓄池工程（二环路外）	正在开展前期工作	2012年至今	42 700	100	
		36	昆明主城南片调蓄池工程（二环路外）	未动工	未动工	26 300	50	暂缓实施
环湖截污系统建设与完善	"九五"	1	滇池南岸截污工程	未动工	未动工	16 000	0	取消实施
		2	滇池北岸截污工程（含外排污水的简易处理）	9.7 km 截污管及泵站，将第一、第二污水处理厂无法接纳的污水截出流域易地处理	1996—1999年	9 200	6 823.33	
	"十一五"	3	南岸截污前期工作	完成滇池南岸截污前期工作	2007—2010年	600	476.6	
		4	环湖干渠（管）截污工程	①环湖东岸干渠截污工程：省城投段截污干渠主体工程已贯通闭合；洛龙河初期雨水处理站正在抓紧土建工程施工；捞鱼河初期雨水处理站已基本完工，度假区段截污干渠站已完成建安工程进度60.4%，主要设备和进口设备采购已到位。②环湖南岸干渠截污工程：滇池环湖干渠（管）截污贷款段古城截污干渠和老塘咀截	2006—2015年	544 000	403 100	"十一五"结转到"十二五"，续建为"十二五"滇池环湖干渠（管）截污工程

项目类别	规划期	序号	项目名称	项目内容	建设时限	规划投资/万元	实际投资/万元	备注
环湖截污系统建设与完善	"十一五"	4	环湖干渠（管）截污工程	污干管基本完工并完成初步验收，海口截污干管基本完工，南冲河、上蒜截污干管正抓紧施工，已完成管道埋设 2 km；昆阳、古城、海口 3 座污水处理厂及 2 座初期雨水处理站土建工程已基本完成，设备供货及安装基本完成，已实现功能性通水。捷运 BT 段污水完成，昆明截污干渠主体工程已贯通闭合：白鱼河污水处理厂及初期雨水处理站土建主体工程基本完成，淤泥河污水处理厂及初期雨水处理站土建工程完成。③滇池环湖西岸截污完善工程：已经完成西岸截污干管 10.5 km；白鱼口污水处理厂及雨水处理站土建工程启动施工招标	2006—2015 年	544 000	403 100	"十一五"结转到"十二五"，续建为"十二五"滇池环湖截污（管）工程
		5	呈贡城南、北污水处理厂及配套管网建设	呈贡城南（捞鱼河）污水处理厂土建及安装主体工程已完成，将进入试运行阶段；城北（洛龙河）污水处理厂因与其他项目冲突重新调整厂址	2007—2015 年	25 000	11 412.13	

项目类别	规划期	序号	项目名称	项目内容	建设时限	规划投资/万元	实际投资/万元	备注
环湖截污系统建设与完善	"十二五"	6	滇池环湖干渠（管）截污工程（"十一五"续建工程）	截至 2015 年年底，截污干渠（管）已全部贯通闭合，配套污水处理设施已全部完成，截至 2015 年 12 月底处于干调试运行阶段	2011—2013 年	150 000	179 291	"十一五"结转到"十二五"，由"十一五"环湖干渠（管）截污工程和呈贡城南、北污水处理厂及配套管网建设工程续建
		7	环湖截污东岸配套收集系统完善项目	截至 2015 年年底，东岸配套项目累计完成 11 597 m 各型明渠各型管道的铺设，修筑明渠 230 m，广谱大沟截污管已经实现与截污干渠的连通，东岸农灌沟渠末端截污已基本完工，六厂转输管敷设工作已全部完工，委建部分也完成工程量的 20.78%	2012 年至今	28 000	9 266.01	"十二五"结转到"十三五"
		8	环湖截污南岸配套收集系统完善项目	截至 2015 年年底，南岸配套项目累计完成 11 552 m 各型明渠各型管道的铺设，南岸农灌沟渠末端截污已全部完工，南岸农灌沟渠末端截污，其余子项正在进行招投前期工作，委建部分完成工程量的 6.88%	2012 年至今	28 000	9 302.85	"十二五"结转到"十三五"
		9	呈贡北污水处理厂二期工程（洛龙河污水处理厂）	未动工	—	24 000	0	暂缓实施

10.1.1.1 城市污水处理设施建设

在"九五"至"十五"期间，新建第二至第六污水处理厂、晋宁区污水处理厂、呈贡区污水处理厂，改扩建第一污水处理厂，使得流域污水处理能力达到58.5万 m^3/d，出水水质达到《城镇污水处理厂污染物排放标准》（GB 18918—2002）一级 B 标准，极大地削减了滇池入湖污染负荷总量，减轻城市生活污水对滇池水环境的破坏。

"十一五"期间，为了增加污水处理厂处理能力，提高出水水质，在更大程度上减少滇池入湖污染负荷，扩建第三、第五、第六污水处理厂，新建第七、第八污水处理厂，共计增加污水处理能力55万 m^3/d，使得流域污水处理能力达到113.5万 m^3/d；同时，完成对第一至第六污水处理厂污水处理技术的改造，使污水处理厂出水水质从一级 B 标提升至一级 A 标。

"十二五"期间，建成第九、第十、第十一、第十二污水处理厂，新增污水处理能力 36 万 m^3/d，流域污水处理能力达到149.5万 m^3/d；同时，更新改造第一污水处理厂一、二期二级处理系统，进一步提升了流域污水处理能力。并完成"第一污水处理厂雨季合流污水高效处理工程"建设，开展昆明市污水处理厂雨季运行的探索和示范。

各规划期城市污水处理厂处理规模见图 10-1，城市污水处理设施建设运行情况见表 10-2。

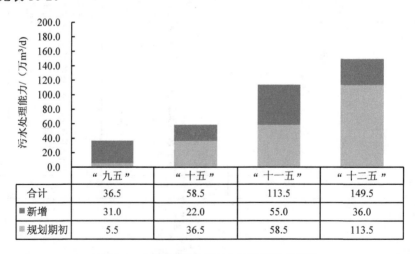

	"九五"	"十五"	"十一五"	"十二五"
合计	36.5	58.5	113.5	149.5
■新增	31.0	22.0	55.0	36.0
▨规划期初	5.5	36.5	58.5	113.5

图 10-1 各规划期城市污水处理厂处理规模

表 10-2　城市污水处理设施建设运行情况表

污水处理厂	设计规模/（万 m³/d）	规划期建成规模/（万 m³/d）		2015 年实际运行规模/（万 m³/d）	出水水质	工艺
第一污水处理厂	12	"九五"	5.5	13.43	一级A	采用卡鲁塞尔氧化沟（BARDENPHO/CARROUSEL）为主体的巴登福流程氧化沟曝气脱氮工艺
		"十五"	12			
第二污水处理厂	10	"九五"	10	11.42	一级A	采用多格厌氧池和同心圆BOD/N 池为主体的表面曝气 A²/O 处理工艺
第三污水处理厂	21	"九五"	15	22.59	一级A	采用 ICEAS 工艺
		"十一五"	21			
第四污水处理厂	6	"九五"	6	5.66	一级A	采用 ICEAS 工艺
第五污水处理厂	18.5	"十五"	7.5	23.59	一级A	采用 A²/O 改进型脱氮除磷微孔曝气工艺
		"十一五"	18.5			
第六污水处理厂	13	"十五"	5	13.38	一级A	采用活性污泥法的 A²/O 微孔曝气脱氮除磷工艺
		"十一五"	13			
第七、第八污水处理厂	30	"十一五"	30	31.61	一级A	采用 A²/O 工艺
第九污水处理厂	10	"十二五"	10	4.07	一级A	采用膜生物反应器（MBR）污水处理工艺
第十污水处理厂	15	"十二五"	15	10.99	一级A	采用膜生物反应器（MBR）污水处理工艺
第十一污水处理厂	6	"十二五"	6	试运行	—	采用 A²/O 工艺
第十二污水处理厂	5	"十二五"	5	试运行	—	采用膜生物反应器（MBR）污水处理工艺
呈贡区污水处理厂	1.5	"十五"	1.5	1.27	一级A	采用间隙式活性污泥法（SBR法）工艺
晋宁区污水处理厂	1.5	"十五"	1.5	1.27	一级A	采用氧化沟工艺
合计	149.5	—		139.28	—	—

10.1.1.2　集镇污水处理设施建设

2008 年起，为从源头有效控制集镇建成区污水污染，市委、市政府有针对性地提出在县级以上城镇和人口聚集的集镇、村庄或饮用水水源地开展污水处理设施建设，不断完善污水处理设施体系。截至 2015 年年底，松华、双龙、大板桥、宝峰、晋城、六街、上蒜、新街、阿子营、滇源、团结 11 个集镇污水处理设施均已完成工程建设，实际污水处理水量 0.41 万 m³/d，各集镇污水处理厂实际运行情况如表 10-3 所示。

表 10-3　集镇污水处理设施建设运行情况表

污水处理厂	设计规模/ （m³/d）	实际运行规模/ （m³/d）	出水水质	工艺
松华集镇	500	450	一级 A	采用沉淀—氧化塘生化—湿地处理工艺
双龙集镇	500	490.3	一级 A	采用 DEST 工艺
大板桥集镇	5 000	—	—	采用 A/O+EF 工艺
团结集镇	3 000	—	—	采用 ICEAS 工艺+滴型滤池+紫外消毒处理工艺
宝峰集镇	600	500	劣Ⅴ类	采用 DSTE+深度处理工艺
晋城集镇	1 000	200	一级 B	采用 ICEAS+深度处理工艺
六街集镇	350	120	低于一级 B	采用一体式净化槽+表流湿地处理工艺
上蒜集镇	300	430	劣Ⅴ类	采用 CASS 处理工艺
新街集镇	80	100	—	采用一体式净化槽+生态沟渠湿地处理工艺
阿子营集镇	500	650.5	一级 A	采用 CASS 工艺
滇源集镇	1 000	1 150	一级 A	采用 MBR 膜处理工艺
合计	12 830	4 090.8	—	—

10.1.1.3　工业污染防治

"九五"期间完成对滇池流域内工业布局，经济结构的调整，推行清洁生产工艺；淘汰污染相对大，经济效益差的项目；完成对治理难度大，污染严重企业的"关、停、转、迁"。

"十一五"期间完成昆明经济技术开发区（倪家营）污水处理及配套管网工

程建设，设计处理规模 5 万 m^3/d，项目于 2012 年 4 月投入使用。

"十二五"期间完成昆明国际包装印刷产业基地污水处理站（二期）建设工程、昆明新城高新技术产业基地（含电力装备工业基地）污水处理厂工程、二街工业园区污水处理厂建设工程、昆明晋宁县工业园宝峰片区污水处理厂（含配套管网）以及昆明海口工业园新区污水处理厂（含配套管网）工程（一期）项目建设，设计处理规模 8.35 万 m^3/d。

2015 年除昆明海口工业园污水处理设施项目二期工程暂缓实施外，其余园区污水处理厂均投入运行，实际处理污水量 5.37 万 m^3/d，具体运行情况如表 10-4 所示。

表 10-4　昆明工业园区污水处理设施运行情况

污水处理厂	设计规模/（万 m^3/d）	实际运行规模/（万 m^3/d）	出水水质	工艺
昆明市经济开发区污水处理厂及配套管网工程	5	2.1	一级 A	采用 MSBR 处理工艺
昆明国际包装印刷产业基地污水处理站（二期）建设工程	0.15	0.07	—	采用"ICEAS+一体化高效净水器+CMF 膜系统"处理工艺
昆明新城高新技术产业基地（含电力装备工业基地）污水处理厂工程	3	0.41	一级 A	采用 Carrousel 氧化沟+深度处理工艺
二街工业园区污水处理厂建设工程	0.7	0.32	一级 A	采用 A²/O 工艺
昆明晋宁区工业园宝峰片区污水处理厂（含配套管网）工程	3	2.47	一级 A	采用 ICEAS+深度处理工艺
昆明海口工业园新区污水处理厂（含配套管网）工程	1.5	二期污水处理设施建设暂缓实施	—	采用平流沉砂+改良 AO 型氧化沟+絮凝沉淀过滤+消毒的处理工艺
合计	13.35	5.37		

10.1.1.4　排水管网及调蓄池建设

城市排水管网承担着居民生活污水的收集输送和雨季城市排涝泄洪等功能，是城市重要的基础设施之一，昆明主城排水管网建设与昆明城市化进程以及滇池水环境保护紧密相关。昆明排水管网及调蓄池建设从"九五"计划实施以来近20年的时间，前10年昆明排水管网建设进度相对缓慢，后10年是昆明主城排水管网与调蓄池建设大规模开展的时期。

"十五"期间，昆明主城开始系统地开展城市排水管网建设，实施清污分流，至"十五"末期，通过世界银行贷款项目昆明城市排水管网的建设，昆明市排水管网基本形成了船房河、明通和枧槽河、运粮河、银汁河、东白沙河宝象河5大排水系统，排水管网总长933.17 km，管网密度5.13 km/km²，污水收集率65%。

"十一五"期间，依托滇池北岸水环境综合治理排水管网工程（以下简称北岸工程），在"世行"城市排水项目的基础上进一步完善主城区排水管网，新建雨污水管网342.4 km，改扩建及新建污水、雨水泵站6座，至"十一五"末，昆明主城区市政排水管网总长达到2 652 km，各类排水泵站90余座，市政排水管网覆盖率约10 km/km²，主城区旱季污水收集率达92%。

"十二五"期间，依托昆明市排水管网完善与调蓄池建设工程，在"十一五"基础上继续实施含环湖截污工程、老城区管网完善工程、雨污调蓄池建设、新城污水处理厂及配套管网工程等在内的排水系统建设相关工程，着力提高初期雨水、合流污水的收集处理能力。新建、改造区必须采用分流制排水体系，现状合流制排水系统建设雨污合流调蓄池，收集雨季点源污水及城市初期雨水，解决点源溢流问题，并在河道和沟渠两侧铺设污水收集管网。至"十二五"末期昆明市市政管网总长已达到5 569 km，建成雨污调蓄池17座，其中已有10座投入运行，2015年10座调蓄池累计运行433 d，共截流调蓄合流污水222.01万 m³。

10.1.1.5　环湖截污干渠系统建设与完善

截至"十二五"末期，"环湖截污系统建设与完善"工程共建成干渠（管）96 km，污水处理厂10座，设计处理规模55.5万 m³/d。2015年除捞鱼河混合污水处理厂和捞鱼河污水处理厂外，其余8座环湖截污污水处理厂均已通水运行。

10.1.2　效益分析

10.1.2.1　污水处理厂规模不断扩大，污染物削减能力大幅度提升

截至2015年12月底，昆明市已经建成城镇污水处理厂14座，环湖截污污水处理厂10座，设计处理能力共计达到205万 m³/d，实际污水处理能力139.28

万 m^3/d（第十一、第十二污水处理厂调试运行，捞鱼河污水处理厂和捞鱼河混合污水处理厂未运行），化学需氧量、总氮、总磷的削减量分别为 10.29 万 t/a、1.3 万 t/a、0.13 万 t/a，相比于"九五"末期污水处理规模扩大 4.1 倍，化学需氧量、总氮、总磷的削减能力分别增加了 7.2 倍、4.8 倍、9.2 倍。

10.1.2.2 主城污水收集率不断提升，滇池东、南岸污水收集处理系统不断完善

截至"十二五"末期，昆明市共计铺设市政排水管网 5 569 km，主城区的污水收集率由"九五"末期的 49% 提升至 92%；同时，"环湖截污系统建设与完善"工程的建设将大幅度提升滇池东岸和南岸的污水收集处理能力，进一步截留、削减滇池东岸和南岸的入湖污染负荷。

10.1.2.3 流域点源污染负荷入湖率不断降低，流域污染构成特征发生变化

随着"环湖截污与交通"工程项目的不断实施，流域内污水收集处理率不断提高，流域点源污染负荷入湖率不断降低，化学需氧量、总氮、总磷点源入湖总量占其产生总量的比例由"九五"初期 1995 年的 94%、96%、93% 下降至 2015 年的 12%、29%、20%（图 10-2）。

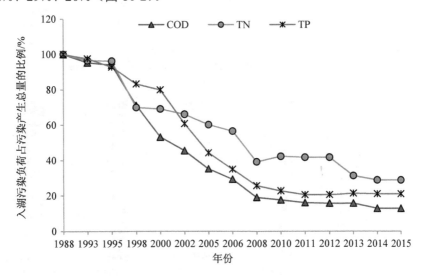

图 10-2　污染物入湖比例变化

同时，流域入湖污染物构成特征也不断发生变化，由以城镇生活源和工业企业源为主转变为以面源和污水处理厂尾水负荷为主（图 10-3）。

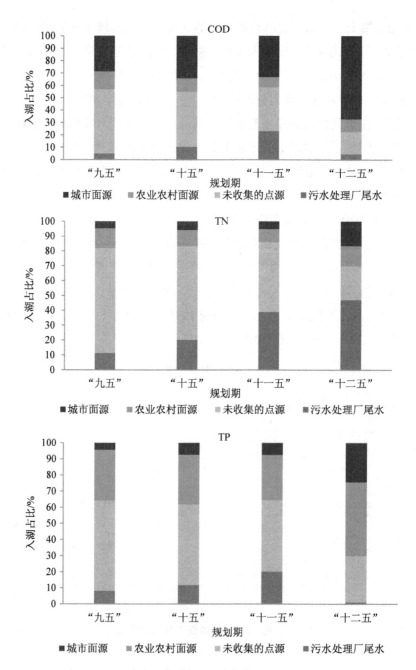

图 10-3 污染物入湖构成变化

10.1.2.4 城市面源污染和合流污水溢流污染治理有所突破

昆明市部分城区污水收集系统仍为雨污合流制,雨季高浓度初期雨水以及合流污水超过污水处理厂处理能力,溢流形成的城市面源和合流污水溢流污染将会对滇池造成严重污染,为减少暴雨期间合流污水溢流,削减高浓度初期雨水造成的污染,昆明市开展调蓄池建设工程,截至 2015 年 12 月底,昆明市共建成 17座雨污调蓄池,投入运行 10 座,调蓄池累计运行 433 d,共截流调蓄合流污水222.01 万 m^3。

10.2 入湖河道综合整治工程项目实施情况及效益分析

10.2.1 项目实施情况

河道作为污染物进入滇池的主要通道,是造成滇池污染的重要途径。而滇池主要入湖河道有 35 条,主干长 663 km,总径流面积 2 500 多 km^2,约占滇池流域面积(2 920 km^2)的 86%。"七五"时期以来,随着流域社会经济的高速发展,主要入湖河道的水污染问题日益加剧,因此,开展河道综合整治,削减河道污染负荷,是滇池治理的最重要的工程措施之一。

"九五"以来,滇池流域共开展了 45 项河道综合整治工程,规划总投资 119.09亿元,实际完成总投资 83.52 亿元。其中规划内项目 41 项,规划总投资 119.09亿元,实际完成总投资 80.63 亿元,规划外项目 4 项,完成投资 2.89 亿元。"九五"期间共实施 6 个项目(其中,"九五"结转到"十五"实施 2 项),实际完成投资 2.01 亿元,其中规划内项目 4 个,规划总投资 1.18 亿元,实际完成总投 0.81亿元,规划外项目 2 个,实际完成投资 1.2 亿元;"十五"期间共实施 4 个项目(其中,"九五"结转至"十五"实施 2 项),实际完成投资 9.36 亿元,其中规划内项目 2 个,规划总投资 17.85 亿元,实际完成总投 7.68 亿元,规划外项目 2个,实际完成投资 1.68 亿元;"十一五"期间共实施了规划内项目 13 项,规划总投资 23.99 亿元,实际完成总投资 19.83 亿元;"十二五"期间共实施了规划内项目 24 项(其中,"十二五"结转到"十三五"实施 3 项),规划总投资 76.08亿元,实际完成总投资 52.31 亿元。各规划期河道整治工程情况如表 10-5 所示。

表 10-5　滇池流域河道整治工程汇总表

规划期	序号	项目名称	整治河道	规划投资/万元	实际投资/万元	备注	结转情况
"九五"	1	草海入湖河道整治工程	船房河、新运粮河、老运粮河	3 000	2 250	规划内	"九五"结转到十五:"十五"名称为明通河、采莲河、枧槽河整治
	2	滇池东北岸入湖河道清淤、整治及河堤绿化	盘龙江、大清河、宝象、洛龙河、马料河	5 000	3 750	规划内	
	3	盘龙江沿线截污工程	盘龙江	2 800	2 100	规划内	"九五"结转到"十五":"十五"名称为盘龙江、乌龙河、船房河、新运粮河、老运粮河、小清河整治
	4	河道综合整治	盘龙江	—	9 000	规划外	
	5	柴河—大河前置沉砂池工程	柴河—大河	1 000	—	规划内	
	6	大观河截污疏浚与盘龙江城区段疏浚工程	大观河、盘龙江	—	3 000	规划外	
"十五"	7	明通河、采莲河、枧槽河整治（续建）	明通河、采莲河、枧槽河	81 500	15 222.3	规划内	"九五"结转到"十五":"九五"名称叫草海入湖河道整治工程
	8	盘龙江、乌龙河、船房河、新运粮河、老运粮河、小清河整治（续建）	盘龙江、乌龙河、船房河、新运粮河、老运粮河、小清河	97 000	10 272	规划内	"九五"结转到"十五":"九五"名称叫盘龙江沿线截污工程
	9	东、北郊入滇池河流截污工程	—	—	14 428	规划外	
	10	采莲河整治度假区段	采莲河	—	2 450	规划外	

规划期	序号	项目名称	整治河道	规划投资/万元	实际投资/万元	备注	结转情况
"十一五"	11	盘龙江水环境综合整治工程	盘龙江	37 369	6 524	规划内	
	12	新运粮河水环境综合整治工程	新运粮河	23 457	17 831	规划内	
	13	海河水环境综合整治工程	海河	41 250	32 514	规划内	
	14	西坝河水环境综合整治工程	西坝河	16 571	18 400	规划内	
	15	老运粮河水环境综合整治工程	老运粮河	13 896	13 893	规划内	
	16	金汁河水环境综合整治工程	金汁河	17 014	4 520	规划内	
	17	玉带河、篆塘河水环境综合整治工程	玉带河、篆塘河	12 115	10 354	规划内	
	18	洛龙河水环境综合整治工程	洛龙河	11 164	10 014	规划内	
	19	马料河水环境综合整治工程	马料河	12 523	4 475	规划内	
	20	捞鱼河水环境综合整治工程	捞鱼河、梁王河右支	24 504	32 500	规划内	
	21	护城河水环境综合整治工程	中河（护城河）	2 980	5 661	规划内	
	22	乌龙河水环境综合整治工程	乌龙河	5 328	6 514.13	规划内	
	23	船房河水环境综合整治工程	船房河	21 696	35 110	规划内	
"十二五"	24	新运粮河入湖负荷削减及水环境改善科技示范工程	新运粮河及支流	3 050	—	规划内	
	25	新运粮河（上段）水环境综合整治工程	新运粮河及支流	23 800	32 886	规划内	
	26	老运粮河（上段）水环境综合整治工程	老运粮河及支流	20 200	26 589	规划内	

规划期	序号	项目名称	整治河道	规划投资/万元	实际投资/万元	备注	结转情况
"十二五"	27	清水河、杨家河、太家河截污及水环境治理项目	清水河、杨家河、太家河	21 880	5 470	规划内	"十二五"结转到"十三五"
	28	金家河水系截污及水环境综合整治工程	金家河、正大河、太家河	36 400	28 424.45	规划内	
	29	西边小河、卖菜沟、小沙沟、大沙沟、郑河路沟、扁担沟水环境综合治理工程	西边小河、卖菜沟、小沙沟、大沙沟、郑河路沟、扁担沟	47 690	8 562	规划内	"十二五"结转到"十三五"
	30	海河（上段）水环境综合整治工程	海河	27 800	28 278	规划内	
	31	小清河水环境综合整治工程	小清河	38 300	45 235.5	规划内	
	32	金汁河（上段及下段）水环境综合整治工程	金汁河	21 000	47 897	规划内	
	33	马溺河水环境综合整治工程	马溺河	4 500	1 080	规划内	
	34	东干渠水环境综合整治工程	东干渠	20 000	12 100	规划内	
	35	新宝象河水环境综合整治工程	新宝象河	79 000	37 502.53	规划内	"十二五"结转到"十三五"
	36	老宝象河水环境综合整治工程	老宝象河	40 200	16 698	规划内	
	37	五甲宝象河、六甲宝象河水环境综合整治工程	五甲宝象河、六甲宝象河	42 700	2 560	规划内	
	38	广普大沟水环境综合整治工程	广普大沟及支沟	29 500	17 790	规划内	
	39	虾坝河、姚安河水环境综合整治工程	虾坝河、姚安河	33 400	16 784.98	规划内	

规划期	序号	项目名称	整治河道	规划投资/万元	实际投资/万元	备注	结转情况
"十二五"	40	马料河上段水环境综合整治工程	马料河	39 730	36 596.97	规划内	
	41	南冲河水环境综合整治工程	南冲河及支流	52 590	5 777.36	规划内	
	42	茨巷河（柴河主河道）水环境综合整治工程	柴河	22 650	17 150	规划内	
	43	白鱼河（大河主河道）水环境综合整治工程	白鱼河、大河、淤泥河	66 210	53 166	规划内	
	44	东大河水环境综合整治工程	东大河	24 670	18 100	规划内	
	45	古城河水环境综合整治工程	古城河	9 900	7 560	规划内	
	46	海口河水环境综合整治工程	海口河	44 000	50 057	规划内	
	47	昆明主城区城市水环境污染治理技术示范工程	老运粮河、大观河、乌龙河等	11 600	6 849.61	规划内	

从"九五"到"十二五"期间，滇池流域共实施了 45 项河道综合整治工程，河道整治目的从河道截污和清淤等污染防治措施向景观提升和生态河道的建设扩展；工程内容从河道截污、清淤和河堤绿化向河口生态净化、生态河道整治和河道水污染削减科技示范扩展；整治范围从滇池北岸主城区和东南岸集镇区域向全流域扩展；整治河道从入湖河道到出入湖河道扩展；整治河段从城区和集镇段向整条河道及其支流，以及上游水库源头（如新运粮河、马料河）河道扩展。

至"十二五"末，滇池流域整治河段长度约占河流总长度的 70%，完成 4 100 多个河道排污口的截污及雨污分流改造，在河道所在流域铺设改造截污管网 1 300 km，完成河道清淤 101.5 万 m^3，滇池流域的河道整治工作取得了较好的成效。河道综合整治情况见表 10-6。

表 10-6　河道综合整治情况表

序号	水系	支流河道	河道总长/km	整治时间段	依托项目	整治范围	整治长度/km	整治内容	水质目标
1	盘龙江		94	"九五"	滇池东北岸入湖河道清淤、整治及河堤绿化			清淤、绿化	Ⅲ类
				"十五"	入湖河道整治			整治	
				"十一五"	盘龙江水环境综合整治工程	南坝闸—洪家村入湖口	8.07	设置河口沉淀净化塘	
				"九五"	草海入湖河道整治工程			清淤、绿化	
				"十五"	入湖河道整治			整治	
				"十一五"	新运粮河水环境综合整治工程	人民西路西—积下入湖口	4.36	截污、清淤、生态河堤整治建设	
2	新运粮河	西边小河、卖菜沟、小沙沟、大沙沟、郑河路河沟、扁担沟	19.7	"十二五"	新运粮河（上段）水环境综合整治工程	小沙沟完成北师大附中一成昆铁路段259 m；郑河路沟实施了昆安公路段至新运粮河约724 m；卖菜沟、小沙沟、大沙沟右支（渔村沟）由道恒公司结合片区改造一并实施，截至2015年12月底已完成河道主体工程500 m	2.83	截污、新建污水处理设施、清淤、河岸生态修复、新建道路	化学需氧量≤60 mg/L，氨氮≤10 mg/L，总磷≤0.9 mg/L，其余指标达Ⅴ类

序号	水系	支流河道	河道总长/km	整治时间段	依托项目	整治范围	整治长度/km	整治内容	水质目标
3	海河		18.9	"十一五"	海河水环境综合整治工程	老昆洛公路—福保文化城入湖口	11.25	截污、清淤、生态河堤整治、前置库、净化塘建设	V类
				"十二五"	海河(上段)水环境综合整治工程	东白沙河水库至彩云北路	5.82	截污、清淤、生态河道	
4	西坝河	玉带河、篆塘河	9.05(西坝河;2.5(玉带河);0.83(篆塘河)	"十一五"	西坝河水环境综合整治工程;玉带河、篆塘河水环境综合整治工程	南过境公路—柳苑度假村入湖口(西坝河);盘龙江分洪闸口—大观河口(玉带河、篆塘河)	5.4	截污、清淤、生态河堤整治建设	氨氮≤3 mg/L,其余指标达V类
5	老运粮河		11.3	"九五"	草海入湖河道整治工程			清淤、绿化	
				"十五"	入湖河道整治				
				"十一五"	老运粮河水环境综合整治工程	成昆铁路—积下村入湖口	2.22	截污、清淤、生态河堤整治建设	氨氮≤3 mg/L,其余指标达V类
				"十二五"	老运粮河(上段)水环境综合整治		3.073	截污、清淤、河堤加固	
6	金汁河		35	"十一五"	金汁河水环境综合整治工程	北辰大道—昆河铁路	6	截污、清淤、生态河堤整治建设	
				"十二五"	金汁河(上段及下段)水环境综合整治工程	金汁河全段	9.5	截污、清淤、生态修复、河堤加固	氨氮≤10 mg/L,其余指标达V类

序号	水系	支流河道	河道总长/km	整治时间段	依托项目	整治范围	整治长度/km	整治内容	水质目标
7	采莲河	太家河、清水河、杨家河	12.5（采莲河）；4.2（太家河）；3.2（清水河）；3.8（杨家河）	"十五"	入湖河道整治			整治	
				"十二五"	清水河、杨家河、太家河截污及水环境治理项目	清水河（前卫营村杨家河分水口至广福路交汇口）、杨家河（起于马洒营河望城坡分流口）、太家河（四道坝至滇池路）	3.628	截污、清淤、绿化	
8	洛龙河		29.3	"九五"	滇池东北岸入湖河道清淤整治及河堤绿化			清淤、绿化	
				"十一五"	洛龙河水环境综合整治工程	昆玉公路—入湖口	10	截污、清淤、生态河堤整治、前置库建设、净化塘建设	III类
9	马料河		22.5	"九五"	滇池东北岸入湖河道清淤整治及河堤绿化			清淤、绿化	
				"十一五"	马料河水环境整治工程	老昆洛公路—入湖口	5	截污、清淤、生态河堤整治、前置库建设、净化塘建设	IV类
				"十二五"	马料河上段水环境综合整治工程	牛龙潭至经开区（洛羊镇）托管边界	12.06	截污、生态河道修复	

序号	水系	支流河道	河道总长/km	整治时间段	依托项目	整治范围	整治长度/km	整治内容	水质目标
10	捞鱼河		30.9	"十一五"	捞鱼河水环境综合整治工程	东外环中路—入湖口	15	截污、清淤、生态河堤整治、前置库、净化塘建设	V 类
11	护城河		4	"十一五"	护城河水环境综合整治工程	东大河汇入口—入湖口	2.3	截污、清淤、生态河堤整治建设	V 类
12	乌龙河		3.68	"十五"	入湖河道整治			整治	
				"十一五"	乌龙河水环境综合整治工程		0.376	截污、整治河道、其他配套工程	
13	船房河		6.92	"九五"	草海入湖河道整治工程			清淤、绿化	V 类
				"十一五"	入湖河道整治			整治	
				"十一五"	船房河水环境综合整治工程		6.358	截污、整治河道、其他配套工程	
14	金家河		7.9	"十二五"	金家河水系截污及水环境综合整治工程			截污、清淤	
15	正大河		5.7	"十二五"	金家河水系截污及水环境综合整治工程			截污、清淤	

序号	水系	支流河道	河道总长/km	整治时间段	依托项目	整治范围	整治长度/km	整治内容	水质目标
16	小清河		9.73	"十一五"	入湖河道整治	起点位于海河—虾坝河分界处，终点为滇池入湖口		整治	
				"十二五"	小清河水环境综合整治工程		3.6	截污、清淤、绿化、生态河堤整治建设	
17	枧漕河		5.73	"十一五"	入湖河道整治			整治	
18	明通河		8.97	"十一五"	入湖河道整治			整治	
19	大清河		6.28	"九五"	滇池东北岸入湖河道清淤、整治及河堤绿化			清淤、绿化	
20	马溺河		7.413	"十二五"	马溺河水环境综合整治工程	马溺河全段	7.413	截污、生态河道、绿化	
21	东干渠		31.9	"十二五"	东干渠水环境综合整治工程	东干渠全段	31.9	截污、清淤、生态河堤整治建设	
22	新宝象河		47.1	"九五"	滇池东北岸入湖河道清淤、整治及河堤绿化			清淤、绿化	Ⅴ类
				"十二五"	新宝象河水环境综合整治工程官渡区、经开区段	官渡区段（包括宝象河水库至大花桥）	11.68	截污、清淤、生态修复、新建道路	
23	老宝象河		10.2	"十二五"	老宝象河水环境综合整治工程	羊甫分洪闸至滇池入湖口	10.2	截污、新建生态河道、清除淤泥、绿化	

序号	水系	支流河道	河道总长/km	整治时间段	依托项目	整治范围	整治长度/km	整治内容	水质目标
24	五甲宝象河		12.0	"十二五"	五甲宝象河、六甲宝象河水环境综合整治工程	金刚村至小清河交汇口处	1.6	截污、新建生态河道、清除淤泥、湿地建设、绿化	
25	六甲宝象河		10.8	"十二五"	五甲宝象河、六甲宝象河水环境综合整治工程	河水丰村至滇池入湖口	1.5	截污、新建生态河道、清除淤泥、绿化	
26	广普大沟		7.0	"十二五"	广普大沟水环境综合整治工程	广普大沟全段以及一级支沟至螺蛳湾国际商贸城排洪沟	11.7	截污、清淤、生态修复、新建引上游引水管	
27	虾坝河		10.6	"十二五"	虾坝河、姚安河水环境综合整治工程	广福路至滇池入湖口	1.3	截污、新建生态河道、清除淤泥、绿化	
28	姚安河		3.55	"十二五"	虾坝河、姚安河水环境综合整治工程	广福路至滇池入湖口	0.8	截污、新建生态河道、清除淤泥、绿化	
29	南冲河		14.4	"十二五"	南冲河水环境综合整治工程	南冲河主河道及支河	17.31	截污、生态整治河道、清淤	
30	茨巷河		33.38	"九五"	柴河—大河前置沉砂池工程		13.4	建设河道沉砂池	V类
				"十二五"	茨巷河（柴河主河道）水环境综合整治工程			截污、清淤	

序号	水系	支流河道	河道总长/km	整治时间段	依托项目	整治范围	整治长度/km	整治内容	水质目标
31	大河		37.0	"十二五"	白鱼河（大河主河道）水环境综合整治工程	河间铺安晋公路桥—小寨分洪闸，小寨分洪闸—小尾村入湖口，小寨分洪闸—下海埂村入湖口）	34.84	截污、清淤、生态整治河道	
32	东大河		10.14	"十二五"	东大河水环境综合整治工程		11.8	截污、清淤、生态整治河道	Ⅳ类
33	古城河		8	"十二五"	古城河水环境综合整治工程		4.6	截污、清淤、生态整治河道	
34	海口河		36.5	"十二五"	海口河水环境综合整治工程		12.5	截污、清淤、绿化	
合计			636.573				289.3*		

* 受限于资料完整性，可能存在统计不完全的情况。

为了督促河道整治工程能够按时、高效、保质、保量地完成，在"十一五"期间，按照"铁腕治污，科学治水，综合治理"的工作思路，滇池河道治理推行河长制，昆明市政府出台实施《滇池流域主要河道综合环境控制目标及河（段）长责任制管理办法（试行）》，由五套班子主要领导分别担任各条河道的河长，所属县区领导担任河段长，责任、目标任务明确，河长对辖区水质目标和截污目标负总责，分段监控、分段管理、分段考核、分段问责，将入湖主要河道分界断面水质监测结果作为目标责任制考核的重要依据，严格监督执行。

10.2.2 效益分析

10.2.2.1 清除河道内源污染

通过实施河道综合整治工程，清除了河道内的污染底泥，对河道内的垃圾进行打捞，削除了河道内的底泥污染物和水面漂浮物，降低了河道内的底泥和垃圾向水体中释放污染物的风险。

10.2.2.2 提升流域污水收集处理率

为综合整治河道水环境，大部分河道两侧或者单侧铺设了截污管网，穿过主城区较为复杂的河道建设了中上游的截留堰，截留入河污水，转输至污水处理厂，经处理达到一级 A 标准后再排入河道，从而提升了河道附近污水的收集、处理能力，削减了入河污染负荷。

10.2.2.3 河道水质明显改善

通过实施河道综合整治工程，有效地改善了河道水环境质量，恢复了河道水体自然生态系统。根据昆明市环境监测中心 1987—2015 年的滇池入湖河道监测数据分析表明，经历了 20 多年的综合整治之后，河道水质改善明显。从"九五"到"十二五"，纳入监测评价的入湖河道中，劣 V 类河道的比例已经由"九五"期间的 71.4%降低至 11.4%，且劣 V 类河道水质超标倍数逐渐减少，河道污染程度明显减轻，水体污染指数不断降低；3 条主要入滇河道处于 V 类水质；16 条入滇河道水质处于IV类，占主要入滇河道总数的 45.71%；分别有 2 条和 3 条河道处于III类水质和II类水质；剩余的 7 条河道断流。"十二五"期间规划考核的 16 个河流水质断面有 14 个达标，综合达标率为 87.5%。总体来讲，经过 20 多年的河道综合整治工程，入滇河道水质已得到明显改善（图 10-4）。

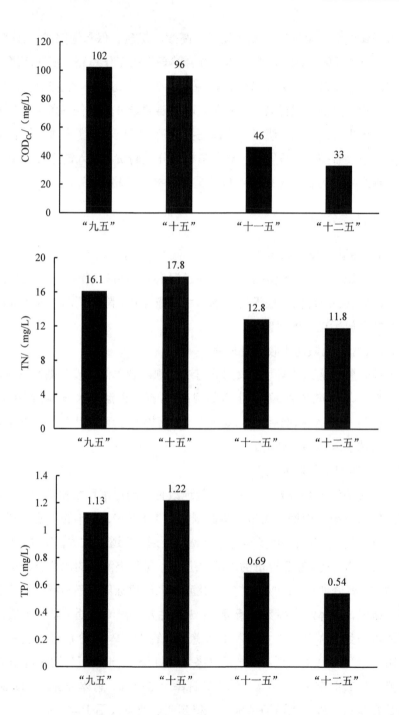

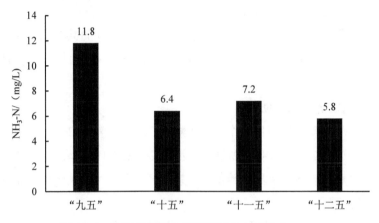

图 10-4 不同规划期入湖河流平均水质变化

10.3 农业农村面源污染治理工程项目实施情况及效益分析

10.3.1 项目实施情况

除点源污染以外，农业农村面源也是滇池流域水污染物的主要来源之一。通常，农业农村面源从来源上可分为农业生产面源和农村生活面源两大类。农业生产面源主要来自牲畜粪便、农田化肥流失以及农田固废污染；农村生活面源主要来自农村生活污水和农村生活垃圾污染。因此，对于滇池农村农业面源的防治工作可归纳为从畜禽养殖污染防治、减量施肥、农田固废处置、村庄生活污水分散处理（农村生活垃圾收集处理处置在垃圾治理类项目中集中阐述）等多个方面多角度全方位开展。

农业农村面源污染治理类项目四个"五年规划"共规划实施 14 个项目，规划总投资 18.54 亿元；扣除续建的项目，实际实施规划项目 13 项，实际完成投资 5.44 亿元。该类工程主要内容包括畜禽养殖污染防治、减量施肥、农田固体废物处置及资源化利用、村庄生活污水治理、生态农业技术推广、农业农村面源污染防治综合示范等。

"九五"期间共实际实施 1 个项目（"九五"结转到"十五"实施），实际完成投资 0.64 亿元,"十五"期间共实际实施 2 个项目(其中,"九五"结转到"十五"实施 1 项),实际完成投资 0.63 亿元;"十一五"期间共实际实施 5 个项目,实际完成投资 1.71 亿元;"十二五"期间共实际实施 6 个项目,实际完成投资 2.46 亿元。

10.3.1.1 畜禽养殖污染防治

畜禽养殖污染防治项目四个"五年规划"共规划实施 2 个项目,规划总投资 1.27 亿元;实际实施规划项目 2 项,实际完成投资 1.19 亿元。没有规划外项目。该类工程主要内容是划定集中养殖区、禁养区和限养区,关闭搬迁畜禽养殖户以及建设沼气池。

"十一五"期间实际实施 1 个项目,实际完成投资 0.91 亿元;"十二"期间实际实施 1 个项目,实际完成投资 0.27 亿元,见表 10-7。

表 10-7 畜禽养殖污染防治项目汇总

规划期	序号	项目名称	项目内容	实施时期	规划投资/万元	实际投资/万元
"十一五"	1	畜禽养殖污染防治	在滇池流域范围内划定集中养殖区、禁养区和限养区,并对集中养殖区进行污染防治。完成了禁养区的划定工作,关闭搬迁畜禽养殖户 18 124 户,涉及畜禽 684.24 万头(只),完成任务数的 108.91%	2006—2010 年	11 400	9 143.69
"十二五"	2	滇池补水区畜禽粪便资源化利用项目	在寻甸、嵩明共建成大中型沼气示范工程 8 座,完成 5 227 m³ 厌氧发酵装置 1 520 m³ 储气装置	2011—2014 年	1250	2 746.07

2008 年,昆明市政府出台了一系列文件:《昆明市人民政府关于在滇池流域范围内限制畜禽养殖的公告》(昆明市人民政府公告 第 16 号)、《昆明市人民政府关于在"一湖两江"流域禁止畜禽养殖的规定》(昆明市人民政府公告 第 28 号)、《昆明市人民政府关于昆明地区"一湖两江"流域范围规模畜禽养殖迁建扶持的指导意见》(昆政发〔2008〕60 号),公告划定了在七个区域范围内实施禁

养，即昆明主城城市规划区 620 km² 范围内，呈贡县城城市规划区 160 km² 范围内，滇池水体及滇池环湖公路面湖一侧区域（含湖面），36 条出入滇河流及河道两侧各 200 m 范围内，除主城规划控制区、呈贡新城规划控制区以外县（市）区的城区规划建城区范围及流经县（市）区城区的河流及河道两侧各 200 m 范围内，城镇集中式饮用水水源地，上述区域内的湖泊和水库。公告同时也确定了 2009 年 6 月 30 日前，五华区、盘龙区、官渡区、西山区、呈贡区、晋宁区、嵩明县滇池流域范围内（2 920 km²），凡存栏畜 20 头以上、禽 200 羽以上的畜禽养殖场（户）、养殖小区必须搬迁或者关闭。计划 2009 年 12 月 31 日底，在滇池流域全面实施规模化畜禽禁养。

公告发布后各县区根据自己养殖业的特点，通过全民动员和广泛宣传，研究出台迁建扶持政策，组织引导和开展了滇池流域禁养区域内畜禽禁养工作。养殖业较为集中的官渡区还专门划定了养殖园区，引导生猪养殖场（户）搬迁到滇池流域外的大板桥镇小哨村生猪生态养殖基地，禽类养殖场（户）搬迁到大板桥镇矣纳村禽类养殖基地，奶牛饲养逐步退出官渡区，鼓励养殖户到滇池流域外从事养殖业，保证市场供应。

据调查统计，涉及养殖户 16 641 户，畜禽存栏 759.3 万头（只），其中，规模养殖户 836 户，存栏畜禽 587.1 万头（只）。截至 2009 年年末，禁养区域已关闭搬迁畜禽养殖户 18 124 户，涉及畜禽 684.24 万头（只），其中，规模养殖户 855 户，关闭搬迁畜禽 491.9 万头（只）；散养户 17 269 户，涉及畜禽 192.31 万头（只）。共补偿迁建规模畜禽养殖场 9 143.69 万元。

滇池流域禁养后，滇池补水区牛栏江流域未禁养区域承担了部分滇池流域内规模化畜禽养殖业的转移。在保证昆明市畜禽、肉类供应的同时更应防止畜禽养殖污染。为此，一方面，积极引导畜禽养殖业向集约化、规模化发展，建设标准化养殖场；另一方面，在"十二五"滇池流域规划中列入了"滇池补水区畜禽粪便资源化利用项目"，采取政府补贴+企业自筹的市场化方式运作，新建畜禽粪便资源化利用设施。截至 2015 年年底，项目建成大中型沼气示范工程 8 座，完成 5 227 m³ 厌氧发酵装置建设、1 520 m³ 储气装置。根据畜禽尿液、粪便中的污染物含量计算，可削减污染物化学需氧量 1 188 t，氨氮 54 t，总氮 109 t，总磷 30 t，削减牛栏江流域规模化畜禽养殖污染总产生量的 50%～60%。

10.3.1.2 减量施肥

减量施肥项目四个"五年规划"共规划实施 2 个项目,规划总投资 3.19 亿元;实际实施规划项目 2 项,实际完成投资 1.00 亿元。没有规划外项目。该类工程主要内容是推广测土配方施肥,减少农田化肥施用量。

"十一五"期间实际实施 1 个项目,实际完成投资 0.18 亿元,;"十二"期间实际实施 1 个项目,实际完成投资 0.83 亿元(表 10-8)。

表 10-8　减量施肥项目汇总

规划期	序号	项目名称	项目内容	实施时期	规划投资/万元	实际投资/万元
"十一五"	1	测土配方施肥技术及面源减污控释化肥技术示范	至 2010 年,滇池流域及水源区已累计完成测土配方施肥推广 50.4432 万亩,其中,滇池流域水源区 16.9 万亩,超额完成《滇池"十一五"规划》计划任务	2007—2010 年	1 700	1 760
"十二五"	2	滇池流域及补水区"十二五"测土配方施肥技术推广工程	"十二五"期间,滇池流域及补水区测土配方施肥技术推广工程实施测土配方 224.36 万亩	2011—2015 年	30 180	8 277.05

"十一五"期间,测土配方施肥技术及面源减污控释化肥技术示范项目计划实施测土配方施肥 12 万亩。从 2007 年起,市政府每亩补贴 100 元,在滇池流域的松华水源区开展测土配方施肥推广,2009 年新增晋宁区大河、柴河水源区、官渡区宝象河流域、五华区自卫村水库等重点水源区开展测土配方施肥推广。至 2010 年,滇池流域及水源区累计完成测土配方施肥推广 50.44 万亩,其中,滇池流域水源区 16.9 万亩,共完成投资 2 850 万元。

同时,为加强对测土配方施肥技术指导,从 2007 年开始,在昆明市滇池流域及重点水源区设置了 99 个土壤养分长期监测定位点,对土壤养分进行动态监测,对指导测土配方施肥提供了基础支撑。

"十二五"期间,在滇池流域及补水区实施测土配方施肥技术推广,计划每年实施测土配方施肥推广 40 万亩,截至 2015 年,实际实施测土配方 224.36 万亩，在提高作物产量，改善农产品品质的同时，减少不合理的化肥施用，从源头控制农业面源污染，削减污染负荷。

10.3.1.3 农田固体废物处置及资源化利用

农田固体废物处置及资源化利用类项目四个"五年规划"共规划实施 2 个项目，规划总投资 0.53 亿元；实际实施规划项目 2 项，实际完成投资 0.43 亿元。没有规划外项目。该类工程主要内容是推广秸秆直接还田、机械破碎还田、堆沤还田等技术。

"十一五"期间实际实施 1 个项目，实际完成投资 0.20 亿元，；"十二五"期间实际实施 1 个项目，实际完成投资 0.22 亿元，见表 10-9。

表 10-9　农田固体废物处置及资源化利用项目汇总

规划期	序号	项目名称	项目内容	实施时间	规划投资/万元	实际投资/万元
"十一五"	1	农村秸秆粪便资源化利用工程	在滇池流域推广实施农田秸秆直接还田及农村固体废物资源化利用，在清洁农业生产示范区域，建设双室和三室堆沤池 148 个，年可堆沤秸秆 2 960 t	2006—2010 年	2 000	2 017.88
"十二五"	2	农业有机废物再利用工程	采用秸秆直接还田、机械破碎还田、堆沤还田等多项技术完成 50 万亩秸秆还田推广；建设双室沤肥池 2 610 口；完成腐熟剂试验 6 亩，秸秆还田试验 10 组；加工玫瑰秸秆 3 000 t，油菜秸秆 5 000 t；生产有机肥 12 000 t 等	2011—2014 年	3 300	2 234.3

针对滇池流域秸秆处置及资源化利用率偏低的情况，"十一五"期间，农村秸秆粪便资源化利用工程在滇池流域推广实施农田秸秆直接还田及农村固体废物资源化利用，在西山区海口镇海丰村委会芦柴湾村、晋宁区石寨村委会上海埂村实施清洁农业生产示范区域，建设双室和三室堆沤池 148 个，年可堆沤秸秆 2 960 t。

"十二五"期间，农业有机废物再利用工程除大力推广双室堆沤肥技术外，还推广机械破碎还田、腐熟剂秸秆还田等技术，以及利用秸秆及畜禽粪便加工生产有机肥资源化利用、秸秆食用菌利用等技术，项目于 2014 年完工，采用秸秆直接还田、机械破碎还田、堆沤还田等多项技术完成 50 万亩秸秆还田推广；完成双室沤肥池建设 2 610 口；完成腐熟剂试验 6 亩，秸秆还田试验 10 组；加工玫瑰秸秆 3 000 t，油菜秸秆 5 000 t；生产有机肥 12 000 t；采收、晾晒、加工处理 32 000 t；开展秸秆还田现场观摩会 3 场。

10.3.1.4　村庄生活污水治理

村庄生活污水治理类项目四个"五年规划"共规划实施 1 个项目，规划总投资 6.75 亿元；实际实施规划项目 1 项，在"十二五"期间实施，实际完成投资 0.93 亿元。没有规划外项目。该类工程主要内容是建设村庄生活污水收集处理设施，见表 10-10。

表 10-10　村庄生活污水治理项目汇总

规划期	项目名称	项目内容	实施时期	规划投资/万元	实际投资/万元
"十二五"	村庄分散污水处理工程	共完成 885 个村庄生活污水收集处理设施建设任务，建设村庄收集系统接入周边市政管网的村庄 118 个，村庄污水"三池"（沉淀池、漂油池、净化池）净化处理设施 707 座，其他处理设施 60 座。其中滇池流域完成 557 个村庄，滇池补水区完成 328 个村庄，主要建设内容基本完成并投入试运行	2011—2014 年	67 500	9 337.48

对村庄生活污水治理的探索在"九五"期间便已开展，在呈贡区斗南村、乌龙村分别建设了两个村镇污水处理厂，对较发达农村地区生活污水处理做出有益探索。"十一五"时期以来，滇池污染治理步伐加快，滇池流域工业及城市点源污染得到有效控制，而滇池流域农村地区环保基础设施建设资金投入不足，设施建设较为滞后，大量农村生活污水未经处理直接排入自然河道、库湖，严重影响饮用水水源安全，并污染滇池水体。"十二五"流域规划列入了村庄分散污水处理工程项目，拟在滇池流域及补水区开展村庄污水收集管网、分散式污水处理设

施建设，以实现"在规划范围 2015 年村庄污水污染物排放量基础上，污染排放负荷削减 30%以上"的目标，从源头上控制农村分散生活污水污染。

各县区因地制宜共完成 885 个村庄生活污水收集处理设施建设任务（滇池流域完成 557 个村庄，滇池补水区完成 328 个村庄），建设村庄收集系统接入周边市政管网的村庄 118 个，村庄污水"三池"（沉淀池、漂油池、净化池）净化处理设施 707 座，占实施村庄数的 80%，其他处理设施 60 座。

10.3.1.5 生态农业技术推广

生态农业技术推广类项目四个"五年规划"共规划实施 2 个项目，规划总投资 1.17 亿元；实际实施规划项目 2 项，实际完成投资 0.49 亿元。没有规划外项目。该类工程主要内容是推广 IPM 技术，建设农田径流污染控制示范工程。

"十一五"期间实际实施 1 个项目，实际完成投资 0.40 亿元，；"十二"期间实际实施 1 个项目，实际完成投资 0.09 亿元（表 10-11）。

表 10-11　生态农业技术推广项目汇总

规划期	序号	项目名称	项目内容	实施时期	规划投资/万元	实际投资/万元
"十一五"	1	农村面源污染控制示范工程	建设滇池流域农田径流污染控制示范工程 5 个；实施植保综合防治（IPM）推广 10 000 亩	2006—2010 年	7 000	4 030
"十二五"	2	滇池流域及补水区有害生物综合防治（IPM）工程	共建设 IPM 示范村（园区）共 42 个，共 3 361 hm^2，推广辐射 IPM 技术 13 334 hm^2，共建设 IPM 农民田间学校 44 所，建立植保专业化防控组织 31 个，建设防虫灯设施 1 689 个，建设农药废物收集池 426 口，开展农业有害生物综合治理技术培训 3 次，建立病虫害监测点 42 个；农药使用监测点 16 个，完成农作物种植宣传栏 36 个，发放黏虫板 27.768 万张	2011—2014 年	4 720	918.09

"十一五"期间，农村面源污染控制示范工程在官渡、西山、盘龙、呈贡、晋宁等县（区）实施植保综合防治（IPM）推广 11 246 亩，建设 IPM 示范区 12 个；开办国际化 IPM 农民田间学校 7 所，开办农民田间学校培训班 64 期，IPM 农民学员辐射培训咨询农民 6 852 人，示范区农民技术入户率达 95%；建设农药放心门市 4 个；建立 17 类作物田间农药使用监测点 33 个，动态监控农药使用情况；完成杀虫灯安装 96 盏，建设农药包装回收站 336 个。

"十二五"期间，滇池流域及补水区有害生物综合防治（IPM）工程项目共建设 IPM 示范村（园区）共 42 个，共 3 361 hm²，推广辐射 IPM 技术 13 334 hm²，共建设 IPM 农民田间学校 44 所，建立植保专业化防控组织 31 个，建设防虫灯设施 1 689 个，建设农药废物收集池 426 口，开展农业有害生物综合治理技术培训 3 次，建立病虫害监测点 42 个；农药使用监测点 16 个，完成农作物种植宣传栏 36 个，发放黏虫板 27.768 万张，已完成所有工程内容。

10.3.1.6 农业农村面源污染防治综合示范

农业农村面源污染防治综合示范类项目四个"五年规划"共规划实施 5 个项目，规划总投资 5.63 亿元；扣除续建、取消和暂缓的项目，实际实施规划项目 4 项，实际完成投资 1.39 亿元。没有规划外项目。该类工程主要内容是建设农业面源治理示范工程。

"九五"期间共实际实施 1 个项目（"九五"结转到"十五"实施），实际完成投资 0.64 亿元；"十五"期间共实际实施 2 个项目（其中，"九五"结转至"十五"实施 1 项），实际完成投资 0.63 亿元；"十一五"期间共实际实施 1 个项目，实际完成投资 0.02 亿元；"十二五"期间共实际实施 1 个项目，实际完成投资 0.11 亿元（表 10-12）。

表 10-12 农业农村面源污染防治综合示范项目汇总

规划期	序号	项目名称	项目内容	实施时期	规划投资/万元	实际投资/万元	备注
"九五"	1	农业环境卫生示范工程	在呈贡区斗南村、乌龙村分别建设了两个村镇污水处理厂，对较发达农村地区生活污水集中处理做出有益探索	1996—2004 年	3 100	6 397	"九五"结转到"十五"

规划期	序号	项目名称	项目内容	实施时期	规划投资/万元	实际投资/万元	备注
"十五"	2	农业环境卫生示范工程（续建）	建设斗南、乌龙、小河、渠东里等六个示范点，控制面源污染	1996—2004年	3 100	2 442	"九五"结转到"十五"
"十五"	3	农村面源污染控制工程	呈贡、晋宁农村固体废物处理厂项目仅进入可行性研究、厂址选择阶段。新建沼气池8 922口；累计推广平衡施肥105万亩；推广"双室堆肥坑"2 390个；建设4 000余座农村卫生旱厕	2001—2005年	43 500	3 852	
"十一五"	4	农村面源污染控制定量研究	该项目已完成。选择在滇池流域湖滨区开展了农村大棚种植面源污染定量研究，形成了《滇池流域湖滨区农村大棚种植面源污染定量研究报告》	2006—2009年	300	185	
"十二五"	5	农田面源污染综合控制示范工程	完成农田面源污染综合控制示范工程10 000亩，新型农业面源污染综合控制工程示范3 000亩及湖滨退耕面源污染综合控制示范工程规模2 000亩	2011—2015年	6 300	1 070	

"九五""十五"阶段，农村面源污染防治尚处于试验示范阶段，主要在滇池沿湖农村选择示范点，开展平衡施肥、村镇生活污水处理、农村垃圾收集处置、农村能源替代与节能、秸秆还田与资源化、卫生旱厕推广等的示范试点。

"十一五"期间，农村面源污染控制示范工程开展了"滇池流域农业面源污染控制示范工程"和"滇池流域农田径流污染控制示范工程"两个内容。"滇池流域农业面源污染控制示范工程"在西山区海口镇芦柴湾村、晋宁区上蒜乡石寨上海埂村共建设人工生态湿地11.67亩，建设双室沤肥池148座，实施植保（IPM）综合防治技术工程，安置振频式杀虫灯16盏，实施测土配方施肥推广工程，实施面积 1 270 亩，是小区域内农业面源污染控制的综合示范。农田径流污染控制示范工程对农田径流污染控制技术进行综合示范，在官渡区（矣六街道办事处关锁村委会官所村）共建设生态沟渠 3 000 余米，生态沼泽湿地 30 余亩，示范控制面积 300 亩；西山区（碧鸡街道办事处观音山居委会）完成生态沟渠建设 1 902.7 m，示范控制面积 320 亩；晋宁区（重点水源——柴河水库上游六街镇王塘村委会龙王塘村）建设生态沟渠 533 m，生态湿地 22 亩，项目示范控制面积 296 亩。

"十一五"期间的另一个项目，农村面源污染控制定量研究选择流域内有代表性的小流域，开展农村面源污染控制定量研究。在滇池流域湖滨区开展了农村大棚种植面源污染定量研究，形成了《滇池流域湖滨区农村大棚种植面源污染定量研究报告》，在松华坝水源区内开展了农村面源污染控制定量研究，形成了《松华坝水源保护区农业种植模式与面源污染控制研究报告》，在云龙水库水源区开展了云龙水库水源区环境保护治理可行性研究，形成了《云龙水库水源区环境保护治理可行性研究报告》，开展云龙水库水源区面源污染综合防治技术研究和示范项目，为流域内外的农村面源污染的控制、农村生态与环境的改善提供借鉴。项目累计完成投资 185 万元。

"十二五"期间的农田面源污染综合控制示范工程是国家重大科技项目，滇池水专项"滇池流域农田面源污染综合控制与水源涵养林保护关键技术及工程示范"课题的示范工程，可分为 3 个示范内容：流域万亩农田面源污染综合控制示范、流域新型农业面源污染综合控制示范、湖滨退耕区面源污染综合控制示范。流域万亩农田面源污染综合控制示范将生物碳基尿素及复合肥、解磷菌肥和硫包尿素施用技术工程示范、露地农田及少废农田控水控肥集成技术工程示范、设施农业水肥综合控制与循环利用集成技术工程示范、农田减药控污技术工程示范、坡耕地径流污染拦蓄与资源化利用示范工程、农田沟渠系统径流拦蓄与污染控制示范工程、柴河河道生态化提升工程等多个技术在晋宁区上蒜镇观音山至李官营进行综合示范，示范区综合控制面积 1 万亩；流域新型农业面源污染综合控制示范则进行都市设施农业减污少排放工程示范 2 500 亩、都市苗圃降污少排放工程示范 250 亩、都市果园低污少排放工程示范 250 亩、新型都市农业面源污染零排放农业生产的综合技术集成与工程示范 1 200 m²、农田废物低成本综合处置技术与示范 10 000 亩，示范区综合控制面积 1 万亩；湖滨退耕区面源污染综合控制示范则主要进行退耕区整地技术、地表径流塘系统和湖滨退耕区面源污染控制植物带构建技术的示范。

10.3.2 效益分析

归纳总结滇池流域农业农村面源污染防治项目的特点：一是项目涉及面广，涉及农村生活污水治理、农田固废治理、化肥施用、IPM 技术推广等方面，这是由于农村面源污染来源复杂，涉及面广，难以通过单个项目、单个工程便可解决问题的特征所决定的；二是示范推广内容居多，农业农村面源污染防治技术并不像污水处理厂工艺、管网建设等那样成熟，且受社会经济发展条件制约，某种技术的采用不可能在短时间内大范围铺展；三是项目内容不具有唯一性，以减量施肥为例，"十五"期间曾开展平衡施肥技术示范推广，但受经济条件的限制，农户个体暂时无能力主动进行测土配方、平衡施肥，仍需要政府行为的参与、引导，因此，"十一五""十二五"期间，又进行了测土配方技术的推广。

10.3.2.1 实施滇池流域畜禽禁养，大大降低了畜禽养殖污染风险

通过实施滇池流域畜禽禁养，全面取缔流域规模化畜禽养殖，完成 1.8 万养殖户的 680 万头（只）畜禽禁养，大大降低了畜禽养殖污染风险，削减了滇池流域畜禽养殖污染负荷，约削减入湖负荷化学需氧量 29 383 t/a，总氮 1 223 t/a，总磷 2 266 t/a，氨氮 715 t/a。

在养殖场外流域搬迁或新建过程中积极引导畜禽养殖业向集约化、规模化发展，建设标准化养殖场，并新建畜禽粪便资源化利用的大中型厌氧发酵装置，以削减污染物，实现畜禽粪便资源化利用。

滇池补水区畜禽粪便资源化利用项目，采取政府补贴+企业自筹的市场化方式运作，在大中型规模化畜禽养殖场（基地）建成大中型沼气示范工程 8 座，新建 5 227 m³ 厌氧发酵装置，使滇池补水区 50%～60% 的规模化畜禽养殖污染得到处理处置，新建厌氧发酵装置对规模化畜禽粪便进行资源化利用，所得产物为沼气和生物有机肥，将其出售，在削减污染负荷排放的同时，还给畜禽养殖企业带了一定的经济效益。

10.3.2.2 实施测土配方施肥，从源头控制农业面源污染

经过"十一五""十二五"期间测土配方推广类项目的实施，共计完成测土

配方施肥推广275.8万亩,实现测土配方施肥在流域及补水区的大面积推广覆盖。

测土配方施肥的推广有效减少了农田化肥施用量,实现减少化肥施用100 902 t,折纯量28 750 t,其中减施纯氮(N)18 382 t,减施纯磷(P_2O_5)10 343 t,共计削减入湖污染负荷总氮405 t/a,总磷113.15 t/a,从源头上控制了农业面源对滇池水质的污染。

通过测土配方施肥项目的实施,在一定程度上提高了全民对测土配方施肥技术的认识,引起了各级政府、业务部门及社会各界对该项工作的高度关注,增强了广大农民科学施肥理念;合理确定各种作物施肥量和肥料中各营养元素比例,推广化肥深施技术、分期施肥、控释技术,减少氮的淋溶挥发,最大限度地减少肥料的流失。使土壤养分更加合理,提高了化肥利用率,改良了土壤结构和理化性状。科学合理的施肥减少了多余养分在土壤中的残余量,降低了肥料对土壤、水体和空气的污染,保护了农业生态环境,并从源头控制了农业面源污染,改善了滇池入湖水质;有力推动了本地农产品质量、数量及安全的提升,实现了农业增产增效,农民增收;促进了资源节约型、生态保护型、高效生产型现代农业的可持续发展,推动了昆明地区社会主义新农村建设。

10.3.2.3 实施秸秆资源化利用,促进农田生态系统的良性循环和农业可持续发展

"十一五""十二五"期间,滇池流域大力推广农户型双室堆沤肥技术、腐熟剂等秸秆还田技术,以及利用秸秆及畜禽粪便加工生产有机肥等资源化利用技术,共计建成沤肥池2 758口。较"十一五"以前,农作物秸秆资源化利用率有了极大的提高。

禁止秸秆焚烧,可以大大减少焚烧秸秆带来的废气和烟雾污染,给城乡居民提供一个清洁、舒适的人居环境;禁止秸秆丢弃入水体,可直接避免由秸秆弃置而引起的水环境污染,从而大大改善了昆明市的城乡面貌;将秸秆还田可减少化学肥料施用,可保水保肥,减少农田氮、磷、钾的流失,可有效减少滇池流域农业面源污染负荷。通过秸秆综合利用的实施,使农村大量废弃的农作物秸秆资源得到了有效的利用,促进农田生态系统的良性循环和农业可持续发展,促进了资源节约型社会和环境友好型社会的建设。农作物秸秆资源在得到有效利用的同时,也使农民也从中得到了一定的经济收益,从而有利于农村经济的发展,有助于和谐社会的构建。

"十一五"期间，农村秸秆粪便资源化再利用工程削减入湖污染负荷总氮0.87 t/a，总磷0.07 t/a，氨氮1.78 t/a。"十二五"期间，农业有机废物再利用工程削减入湖污染负荷总氮29.25 t/a，总磷2.5 t/a，氨氮15 t/a。

10.3.2.4 推广 IPM 技术，改变农民的病虫害防治观念，对于农业产业发展、生态环境保护具有重要意义

"十一五""十二五"期间，共计推广有害生物综合防治（IPM）61 666 亩，建设 IPM 示范区 54 个，建设 IPM 农民田间学校 51 所。IPM 技术应用及有害生物防治体系遵循"预防为主、综合治理"的植保方针，按照绿色植保理念的要求，改变农民的防治观念，充分认识农业对有害生物科学防治的重要性，加大生物防治、生态控制、物理防治和科学使用化学农药等各项新技术的推广应用，提高综合治理意识和控制水平，从而提高对重大病虫害防治处置力度，使滇池及补水区流域农药管理制度规范化、农药使用技术标准化、农药防治控制目标化，为及时、准确、科学防治提供可靠的依据，从而降低防治成本，提高防治效果，对于实现对重大病虫害的标本兼治和农业环境保护以及农村经济的可持续发展具有重要作用，对于农业产业发展、农民增收、生态环境保护具有重要意义。

此类项目对污染指标的削减不明显，但可有效提高对病虫害快速反应能力和有效控制能力；同时，可减少农药施用量15%～20%，降低农药污染风险，避免因施用过量化学药品造成的环境污染，既做到农民增收、生态环保，又实现农村经济的可持续发展。

10.3.2.5 建设村庄分散式污水处理设施，从源头上有效控制农村生活污染

经过多年努力，滇池流域和补水区共完成 885 个村庄生活污水收集处理设施建设任务（滇池流域完成 557 个村庄，滇池补水区完成 328 个村庄），建设村庄收集系统接入周边市政管网的村庄 118 个，村庄污水"三池"（沉淀池、漂油池、净化池）净化处理设施 707 座，占实施村庄数的 80%，其他处理设施 60 座。

通过建设滇池流域及补水区（昆明段）村庄分散式污水处理设施，可从源头上有效控制农村生活污染，削减村庄生活入湖污染负荷，同时，提高环境清洁程度，为农村居民提供了安全、舒适的生活空间，明显改善人居环境条件。

截至 2015 年 12 月底，分散式村庄生活污水收集处理设施运行率在 30%左右，再考虑村庄污水收集处理效率在 24%～36%，污染物削减量约为化学需氧量

74.02 t/a，氨氮 1.84 t/a，总氮 3.40 t/a，总磷 0.55 t/a。

10.4 生态修复与建设工程项目实施情况及效益分析

10.4.1 项目实施情况

滇池流域是昆明市社会经济最发达、人口最集中的区域。由于长期人为活动频繁，滇池流域生态系统遭到不同程度的破坏，生态系统种群、结构和功能受到较大影响，表现为生态系统结构简单，一些功能退化甚至丧失。流域生态与湖泊水质息息相关，滇池流域生态系统的破坏也成为滇池水质改善的阻碍因素之一。为建立一个良好的流域生态系统，滇池流域从"九五"开始就开展了很多生态修复与建设项目，并随着治理工作的推进而更加深入化和系统化。生态修复与建设工程依靠滇池流域生态系统的自我调节能力使其向有序的方向进行演化，并且在生态系统自我恢复能力的基础上，辅以人工措施，使遭到破坏的流域生态系统逐步恢复并向良性循环方向发展。

生态修复与建设工程四个"五年规划"共规划实施 46 个项目，规划总投资 118.27 亿元；扣除续建、取消和暂缓的项目，实际实施规划项目 39 项，实际完成投资 110.61 亿元。实施规划外项目 1 项，完成投资 3.00 亿元。"九五"以来共实际实施该类工程 40 项，实际总投资 113.61 亿元。该类工程主要内容包括森林生态修复、湖滨生态建设、饮用水水源地保护、垃圾处理处置四个类别。

"九五"期间共实际实施 4 个项目（其中，"九五"结转到"十五"实施 1 项），实际完成投资 4.55 亿元，其中规划内项目 3 项，实际完成投资 1.55 亿元，规划外项目 1 项，完成投资 3.00 亿元；"十五"期间共实际实施 7 个项目（其中，"九五"结转到"十五"实施 1 项，"十五"结转到"十一五"实施 1 项），实际完成投资 2.51 亿元，全部为规划内项目；"十一五"期间共实际实施 17 个项目（其中，"十五"结转到"十一五"实施 1 项，"十一五"结转到"十二五"实施 1 项），实际完成投资 39.39 亿元，全部为规划内项目；"十二五"期间共实际实施 15 个项目（其中，"十二五"结转到"十三五"实施 2 项），实际完成投资 67.16 亿元，全部为规划内项目。

10.4.1.1 森林生态修复

森林生态修复类项目四个"五年规划"共规划实施 8 个项目,规划总投资 4.72 亿元;扣除续建、取消和暂缓的项目,实际实施规划项目 7 项,实际完成投资 7.37 亿元。实施规划外项目 1 项,完成投资 3.00 亿元。"九五"以来共实际实施该类工程 8 项,实际总投资 10.37 亿元。该类工程主要内容包括造林、中幼林抚育、低效林分改造、封山育林、森林管护和退耕还林等。

"九五"期间共实际实施 2 个项目,实际完成投资 3.14 亿元,其中规划内项目 1 项,实际完成投资 0.14 亿元,规划外项目 1 项,完成投资 3.00 亿元;"十五"期间共实际实施 1 个项目,实际完成投资 0.21 亿元,为规划内项目;"十一五"期间共实际实施 3 个项目,实际完成投资 0.70 亿元,全部为规划内项目;"十二五"期间共实际实施 2 个项目,实际完成投资 6.31 亿元,全部为规划内项目(表 10-13)。

表 10-13 森林生态修复类项目概况

规划期	序号	项目名称	项目内容	实施时限	规划投资/万元	实际投资/万元	备注
"九五"	1	柴河—大河流域防护林工程	完成柴河—大河流域防护林工程建设	1996—1999 年	700	1 444	
	2	滇池南岸磷矿区防护林工程	取消实施	取消实施	800	取消实施	取消实施
	3	造林、退耕还林、封山育林及生态农业工程	部分区域实施工程造林、退耕还林、封山育林,滇池面山森林覆盖率达到32.9%	—	—	30 000	规划外
"十五"	4	滇池面山绿化	完成造林 47 981 亩(按计划还差 5.6 万亩);中幼林抚育 35 900 亩(已完成计划);低效林分改造 595 亩(按计划还差6.24 万亩);封山育林 102 981 亩(已完成计划);天保工程森林管护49.5 万亩;流域森林覆盖率达 50.6%	2002—2005 年	19 000	2 122	

规划期	序号	项目名称	项目内容	实施时限	规划投资/万元	实际投资/万元	备注
"十一五"	5	水土流失整治	完成治理面积167.49 km²	2006—2010年	3 000	3 190.8	
	6	流域面山绿化	完成造林 35 767 亩,占计划的 178.8%;完成封山育林 36 171 亩,占计划的 181%;完成中幼林抚育 10 348 亩,占计划的 103%;完成低效林分改造 5 120 亩,占计划的 102%	2006—2009年	670	509.2	
	7	外海南岸矿山生态修复	在滇池流域主要采矿区恢复矿山植被及改善矿区生态	2007—2009年	2 300	3 261.81	
"十二五"	8	滇池流域水源涵养与生态保护示范工程	在宝象河上游山地实施水源涵养林建设 70 km²	2012—2014年	3 000	1 423	
	9	滇池面山及"五采区"生态修复建设工程	实施城市面山生态修复及五采区建设 43 km²	2012—2015年	17 710	61 713	

森林生态修复类项目是"九五"时期以来滇池流域一直坚持实施的一大类项目。项目实施地点主要集中在饮用水水源涵养区、滇池面山、植被稀疏的林地、废弃的"五采区"。

"九五"期间,滇池流域完成营造林 47.25 万亩,其中人工造林 26.83 万亩,封山育林 20.42 万亩,森林覆盖率 49.7%。滇池流域森林资源得到有效保护,森林火灾和森林病虫害得到控制,没有发生灾害。

"十五"期间,滇池流域共完成营造林 158.07 万亩,其中人工造林 57.27 万亩,封山育林 75.8 万亩。森林覆盖率 50.8%。"十五"期间,市林业局成立滇池流域综合治理目标抓落实领导小组,对滇池流域林业生态建设工作进行全方位的监督管理及检查验收,并于 2003 年编制完成《滇池面山绿化工程可行性研究报告》,2004 年向国家林业局专项汇报滇池面山绿化情况,2004 年年底获得省林业厅《滇池面山绿化工程可行性研究报告》正式批复。

"十一五"期间,滇池流域实施了水土流失整治、流域面山绿化、外海南岸矿山生态修复等三个森林生态修复工程,共完成造林 3.57 万亩,占计划的 178.8%;完成封山育林 3.6 万亩,占计划的 181%;完成中幼林抚育 1.03 万亩,占计划的103%;完成低效林分改造 0.51 万亩,占计划的 102%。森林覆盖率达 51.1%。昆明市委、市政府对滇池流域周边山体绿化盲区零申报工作高位推动,实行目标问责、结果倒逼等超常规的工作措施,各级、各部门按照零申报的要求部署工作任务,全市城乡绿化工作取得了前所未有的突破。

"十二五"期间,实施了滇池流域水源涵养与生态保护示范工程和滇池面山及"五采区"生态修复建设工程等两个森林生态修复工程。滇池面山及"五采区"生态修复建设工程实施城市面山生态修复及"五采区"建设 43 km²,滇池流域水源涵养与生态保护示范工程在宝象河上游山地实施水源涵养林建设 70 km²。"十二五"期间,滇池流域森林覆盖率达到 53.55%。

从"九五"至"十二五"期间,滇池流域结合国家和省市的退耕还林工程、天然林保护工程、杨树种植、核桃种植、苗木基地建设等林业生态建设工程,共计完成营造林 220.79 万亩,其中人工造林 91.07 万亩,封山育林及抚育完成 129.72万亩。森林覆盖率由"九五"期间的 49.7%,上升到"十二五"期间的 53.55%。昆明先后荣获"国家园林城市""全国绿化模范城市""联合国宜居生态城市""中国最佳休闲宜居绿色生态城市"等荣誉称号。2013 年,成功创建"国家森林城市"。

10.4.1.2 湖滨带生态建设

湖滨带修复类项目四个"五年规划"共规划实施 12 个项目,规划总投资85.60 亿元;扣除续建、取消和暂缓的项目,实际实施规划项目 10 项,实际完成投资 82.62 亿元。该类工程主要内容包括退田还湖、退塘还湖、湿地建设、移民搬迁等。

"十五"期间共实际实施 4 个项目(其中,"十五"结转到"十一五"实施 1项),实际完成投资 1.36 亿元;"十一五"期间共实际实施 5 个项目(其中,"十五"结转到"十一五"实施 1 项,"十一五"结转到"十二五"实施 1 项),实际完成投资 27.11 亿元;"十二"期间共实际实施 3 个项目(其中,"十一五"结转到"十二五"实施 1 项,"十二五"结转到"十三五"实施 2 项),实际完成投资

54.15 亿元（表 10-14）。

表 10-14　湖滨带生态建设类项目概况

规划期	序号	项目名称	项目内容	实施时限	规划投资/万元	实际投资/万元	备注
"十五"	1	草海生态区建设	截至"十五"期末，项目基本未正式启动，仅在明波、运粮河东、运粮河西、东风坝北、柳苑等 5 个堆场植树约 2 100 亩	2004—2005 年	40 000	2 000	
	2	草海水生生态恢复	完成了草海东风坝及老干鱼塘退塘还湖及水域水生生态恢复二期工程，已实施人工造滩 20 万 m^2，种植挺水、沉水及浮叶植物 1 404 亩	2002—2005 年	12 000	2 546	
	3	滇池西岸生态恢复与建设	截至 2005 年 6 月底，完成 80%的征地拆迁工作，截污干管铺设 3 900 m，北河桥梁王工程已完成	2002—2006 年	6 300	8 265	"十五"结转到"十一五"
	4	湖滨带生态恢复与建设	启动湖滨生态湿地建设 2 100 亩，外海湖滨推广无耕作水稻种植 1 200 亩	2002—2005 年	76 000	756	
"十一五"	5	滇池外海湖滨生态建设	共完成退塘、退田 44 595 亩，退房 141.2 万 m^2，退人 23 129 人，开展湖滨生态建设 54 305 亩，其中湖内湿地 11 220 亩，湖滨湿地 19 080 亩，河口湿地 3 086 亩，湖滨林带 20 919 亩	2008—2009 年	63 400	267 173	"十一五"结转到"十二五"
	6	滇池草海综合生态修复	完成湖滨生态建设 5 384 亩，其中湖滨林 3 524 亩，湖滨湿地 1 318 亩，入湖河口湿地 542 亩，栽种乔木类植物近 50 万株，种植水生植物106.5 万丛	2008—2010 年	24 030	1 495	

规划期	序号	项目名称	项目内容	实施时限	规划投资/万元	实际投资/万元	备注
"十一五"	7	滇池西岸生态恢复与建设(续建)	建成北段 4.52 km 截污干管和污水提升泵站一座;建成南段 2.65 km 截污干管线、污水提升泵站及污水处理站;建成土地渗滤系统 6 个、生物填料床系统 4 个;建成 8 个人工强化湿地,总面积 338 亩	2002—2006 年	1 890	1 232	"十五"结转到"十一五"
	8	滇池南岸自然湿地建设示范	在晋宁区滇池南岸白鱼河口先后共完成湿地保护与修复面积达 301 亩。示范工程已完成并通过验收	2005—2007 年	400	250	
	9	入湖河道水生生态修复技术应用工程示范	完成中大沟旁路,原位水处理工艺的主要建设工作;完成了滇池路至民族村正门口段 1.8 万套生态基的安装	2009—2010 年	2 000	914	
"十二五"	10	滇池环湖生态经济试验区生态建设	在"四退三还一护"工作边界与环湖公路之间区域开展生态经济试验区的生态建设	2012—2015 年	100 500	218 796	
	11	滇池外海环湖湿地建设"四退三还"工程(续建)	共实现退人 24 979 人,5 905 户,退塘 6 218 亩,退田 25 517 亩,退房 145 万 m² ;完成湿地建设 48 470 亩,其中湖内湿地 11 124 亩,河口湿地 2 533 亩,湖滨湿地 16 589 亩,湖滨林地 18 224 亩	2011 年至今	519 450	322 322	"十一五"结转到"十二五","十二五"结转到"十三五"
	12	滇池草海湖滨带扩增保育与湖内生态修复工程	滇池草海南部大泊口水域生态修复工程已完成 40%工程量	2012 年至今	10 000	430.84	"十二五"结转到"十三五"

滇池湖滨带的生态建设是流域生态建设的重要内容，始于"十五"期间。"十五"期间建设湖滨生态湿地2 100亩，在外海湖滨推广无耕作水稻种植1 200亩，在滇池西岸铺设截污干管3 900 m，完成了草海东风坝及老干鱼塘退塘还湖及水域水生生态恢复二期工程，实施人工造滩20万 m^2，种植挺水、沉水及浮叶植物1 404亩，在明波、运粮河东、运粮河西、东风坝北、柳苑等5个堆场植树约2 100亩。

"十一五"期间，在滇池外海湖滨区完成退塘、退田44 595亩，退房141.2万 m^2，退人23 129人，开展湖滨生态建设54 305亩，其中湖内湿地11 220亩，湖滨湿地19 080亩，河口湿地3 086亩，湖滨林带20 919亩。在滇池草海完成湖滨生态建设5 384亩，其中湖滨林3 524亩，湖滨湿地1 318亩，入湖河口湿地542亩，栽种乔木类植物近50万株。在滇池西岸建设7.17 km截污干管，建成8个人工强化湿地，总面积338亩。在滇池南岸白鱼河口完成湿地保护与修复301亩。

"十二五"期间，继续开展外海"四退三还一护"工程，截至2015年年底，整个滇池湖滨"四退三还一护"工程共实现退人24 979人，5 905户，退塘6 218亩，退田25 517亩，退房145万 m^2。同时，在湖滨33.3 km^2范围内建设湖滨湿地。沿湖共拆除防浪堤43.138 km，增加水面面积11.5 km^2，历史上首次出现了"湖进人退"的现象，为滇池生态系统恢复创造了条件。

截至"十二五"期末，滇池外海环湖湿地建设工程实际建设成湖内湿地11 124亩，河口湿地2 533亩，湖滨湿地16 589亩，湖滨林地18 224亩（其中陡岸带5 611亩）。从各片区建设规模来看，晋宁片区建设面积最大，占总完成面积的48%，呈贡片区建设面积最小，仅占总完成面积的6%（图10-5）。

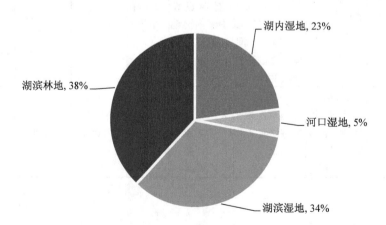

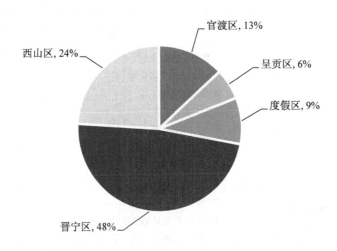

图 10-5 滇池外海湖滨生态带构成和分布

10.4.1.3 饮用水水源地保护

饮用水水源地保护类项目四个"五年规划"共规划实施 11 个项目,规划总投资 6.91 亿元;扣除续建、取消和暂缓的项目,实际实施规划项目 10 项,实际完成投资 3.35 亿元。该类工程主要内容包括水源区的工程造林、水土流失整治、水库围栏、清淤等。

"九五"期间共实际实施 1 个项目,实际完成投资 0.21 亿元;"十五"期间共实际实施 1 个项目,实际完成投资 0.42 亿元;"十一五"期间共实际实施 2 个项目,实际完成投资 0.62 亿元;"十二五"期间共实际实施 6 个项目,实际完成投资 2.11 亿元(表 10-15)。

表 10-15 饮用水水源地保护类项目概况

规划期	序号	项目名称	项目内容	实施时限	规划投资/万元	实际投资/万元	备注
"九五"	1	松华坝水库汇水区工程造林工程	完成松华坝水库汇水区工程造林工程	—	1 000	2 064	
	2	松华坝流域水土流失区域整治工程	取消实施	取消实施	3 000	取消实施	取消实施

规划期	序号	项目名称	项目内容	实施时限	规划投资/万元	实际投资/万元	备注
"十五"	3	水土流失整治	整治水土流失面积325.5 km², 其中坡改梯 20 143 亩, 水保林 99 115 亩, 经果林 28 831 亩, 封禁治理 249 035 亩, 种草 3 493 亩, 保土耕作 87 636 亩等	2002—2004 年	25 000	4 173	
"十一五"	4	水源地主要污染物减污示范工程	盘龙区已建立"组保洁、村收集、乡(镇)运转、县处置"的垃圾处理模式; 建成滇源集镇、阿子营集镇 2 个污水处理厂; 在牧羊河岸中上段建设生态湿地 1 148 亩; 在牧羊河周边完成了 19 个分散村庄污水收集处理设施。完成了冷水河周边 9 个分散村庄污水收集处理设施	2006—2009 年	3 000	3 861	
	5	水源区推广沼气池	建设农村户用沼气池 10 430 口, 超额完成计划任务	2006—2010 年	1 000	2 320.15	
"十二五"	6	石板河综合治理工程	已完工, 建谷坊13 座, 重力坝 1 座, 建垃圾房 15 座, 人工造林 2 657 亩, 建湿地 320 亩	2011—2013 年	2 480	2 200	
	7	松华坝水库水源保护区水环境综合整治工程	完成 7 个子项目: 集镇及村庄生活污水处理工程、生活垃圾处置完善工程、一级区生态修复工程、二级区农田面源污染控制工程、周达片区水环境综合治理工程、入库河道综合整治工程、龙潭源头水源保护工程	2012—2015 年	18 630	15 320.2	
	8	红坡、自卫村水库饮用水水源地保护区治理工程	完成自卫村水库埋设界桩 76 棵, 水泥桩 1 423 根, 封闭铁丝网 59 054 m, 种植水源涵养林 3 666 棵, 大坝栏杆 187 m; 红坡水库按工程已埋设界桩 98 棵, 水泥桩 2 470 根, 封闭铁丝网 79 320 m, 种植水源涵养林 7 000 棵	2012—2013 年	2 000	731.472	

规划期	序号	项目名称	项目内容	实施时限	规划投资/万元	实际投资/万元	备注
"十二五"	9	柴河水库水源保护区治理工程	完成了 7 633 个围网砼预制桩制作安装，刺铁丝网购运安装 24 655.8 kg、库区河道机械清淤 19 675.5 m³、管理所进库道路围墙 150 m 等工程任务	2011—2015 年	6 000	1 249.874	
	10	大河水库水源保护区治理工程	共完成沿水库水淹线设置的混凝土预制桩刺铁丝围网 9 220 m，绿色围网 1 650 m，完成水库管理所溢洪道边围墙 1 590.4 m²，设置水源标志牌 1 块。水源点干洞龙潭完成人工开挖清淤 214.75 m³，修建围墙 62.48 m²，水源点出水沟渠进行修砌支护	2011—2015 年	5 000	974.866	
	11	双龙水库和洛武河水库水源保护区环境保护治理工程	双龙水库共完成围网 7.16 km，洛武河水库完成围网 1.47 km。双龙水库库区割草面积 14.7 万 m²，库区清除草根及腐殖土（厚 30 cm）47 880.6 m³。清除草根及腐殖土用于四副坝管理所废弃鱼塘填埋。双龙水库库尾三个副坝中间位置库区完成清淤 15.96 万 m²，清除的淤泥用于四副坝管理所旁废弃鱼塘填埋。双龙水库完成四副坝消力池人工开挖 262.7 m³	2011—2015 年	2 000	619.66	

　　"九五"期间，滇池流域的饮用水水源地保护工程主要在松华坝水库水源保护区实施，实施内容主要为汇水区工程造林，通过项目实施，松华坝水库汇水区退耕还林恢复了流域部分植被，减少了水土流失。松华坝水库水质改善明显，水质达标率（Ⅲ类）从"九五"前（1995 年）的 75%上升到"九五"末（2000 年）的 92%。

　　"十五"期间，实施了水土流失整治工程，整治水土流失面积 325.5 km²，其中坡改梯 20 143 亩，水保林 99 115 亩，经果林 28 831 亩，封禁治理 249 035 亩，种草 3 493 亩，保土耕作 87 636 亩；坡面水系配套蓄水池 11 064 m³，沟渠 57.73 km，沉砂池 445 m³，作业便道 22.73 km；修建拦沙坝 75 座，谷坊 53 座，整治小塘堰 34 座，溪沟 21.26 km，修建生态修复辅助措施沼气池 226 口，省柴灶 90 口。

　　"十一五"期间，实施了水源地主要污染物减污示范工程和水源区推广沼气池工程，在水源区建设农村户用沼气池 10 430 口，对入松华坝水库的冷水河、牧羊河周边村镇生活污水及垃圾进行了治理，建成滇源集镇、阿子营集镇 2 个污水处理厂，在牧羊河岸中上段建设生态湿地 1 148 亩，除对周边部分村落污水进行净化外，主要接纳阿子营集镇污水处理厂处理后的尾水再净化。同时，在牧羊河周边建设了 19 个分散式村庄污水收集处理设施，在冷水河周边建设了 9 个分散式村庄污水收集处理设施。

　　"十二五"期间，开展了柴河水库、大河水库、双龙水库和洛武河水库、松华坝水库、红坡水库、自卫村水库水源保护区治理工程及石板河治理工程。治理内容包括清淤、围网、绿化、造林、水源区生活污水和垃圾处理等。截至 2015 年 12 月底，滇池"十二五"规划中的水源地保护类工程均已完工，集中式饮用水水源地水质明显改善，云龙水库、松华坝水库、大河水库、红坡水库、自卫村水库、双龙水库、洛武河水库水质达Ⅱ类，柴河水库水质达Ⅲ类。

10.4.1.4　垃圾处理处置

　　垃圾处理处置类项目四个"五年规划"共规划实施 15 个项目，规划总投资 23.38 亿元；扣除续建、取消和暂缓的项目，实际实施规划项目 12 项，实际完成投资 17.27 亿元。该类工程主要内容包括垃圾处理、垃圾渗滤液处理、粪便无害化处理、餐厨垃圾处理等内容。

　　"九五"期间共实际实施 1 个项目（"九五"结转到"十五"实施），实际完成投资 1.2 亿元；"十五"期间共实际实施 1 个项目（"九五"结转到"十五"实施），实际完成投资 0.52 亿元；"十一五"期间共实际实施 7 个项目，实际完成投资 10.97 亿元；"十二五"期间共实际实施 4 个项目（其中，"十二五"结转到"十三五"实施 1 项），实际完成投资 4.59 亿元（表 10-16）。

表 10-16 垃圾处理处置类项目概况

规划期	序号	项目名称	项目内容	实施时限	规划投资/万元	实际投资/万元	备注
"九五"	1	昆明城市生活垃圾清运及处理工程	在昆明西郊、东郊各建一座卫生填埋场,合计处理能力为 1 500 t/d;在市区内建小型中转站座,并相应配套垃圾收集、转运设备等,使城市垃圾日产日清,并得到妥善处置,废物的回用、回收、循环受到鼓励	1996—2000 年	23 390	12 000	"九五"结转到"十五"
	2	农村垃圾与固体废物清运及处理工程(一期)	取消实施	取消实施	2 000	取消实施	取消实施
"十五"	3	昆明城市生活垃圾清运及处理工程(续建)	建设清运及处理能力 1 500 t/d 垃圾填埋场,中转站及配套设施	2002—2004 年	23 390	5 198	"九五"结转到"十五"
"十一五"	4	呈贡垃圾处理厂建设	建设规模为 700 t/d。截至"十一五"期末工程土建主体已经基本完成,设备安装已进场	2008—2010 年	7 000	17 893	
	5	垃圾填埋场渗滤液处理站建设	工程建设规模为东郊 150 m^3/d,西郊 250 m^3/d	2007—2010 年	3 000	2 984	
	6	主城四区粪便无害化处理	建成五华区和盘龙区共 2 座,总处理规模 600 t/d,已经能满足昆明市主城区现状处理需要。因此"十一五"期间,调整为西山区、官渡区粪便处理厂暂不考虑建设	2007—2009 年	3 000	4 449	
	7	西山区垃圾综合处理厂	采用焚烧方式处理生活垃圾,日处理规模 1 000 t。截至"十一五"期末完成工程土建部分,正在安装锅炉及脱硫除尘设备	2007—2010 年	35 000	12 900	

规划期	序号	项目名称	项目内容	实施时限	规划投资/万元	实际投资/万元	备注
"十一五"	8	官渡区垃圾综合处理厂	全面完成项目生产建设，设计处理总规模 1 000 t/d	2008—2010 年	0	38 000	
	9	五华区垃圾综合处理厂	项目由规划的填埋处理方式改为焚烧发电，实际建设内容包括主体工程 400 t/d 焚烧炉 3 台，额定总功率 12 MW 凝汽发电机组 2 台，日处理垃圾 1 000 t	2006—2007 年	20 000	32 000	
	10	县城垃圾处理设施建设	建设日处理量 1 500 t 的县城垃圾处理场，项目服务范围包括晋宁区滇池流域内的所有乡镇。截至 2010 年年底，县城生活垃圾处理场共处置生活垃圾 110 213 t，共覆土 8 次，14 800 m³，进行药物消杀 74 次，无害化处理率达 100%	2003—2008 年	30 000	1 427.6	
"十二五"	11	餐厨垃圾处理厂建设工程	处理规模为 200 t/d。已完成工程建设并进行调试运行	2012—2014 年	22 000	8 420	
	12	呈贡新区粪便无害化处置项目	规划建设建设呈贡新区粪便处理厂，处理规模 100 t/d。截至"十二五"期末已获得：水保、节能、地灾和压矿评估批复、防震选址意见书和地震安全性评估	2011 年至今	5 500	1 200	暂缓实施
	13	空港垃圾焚烧发电工程	建设规模为 1 000 t/d，于 2012 年 6 月投入运行，截至 2015 年 12 月底实际垃圾处理量为 900 t/d	2011—2012 年	36 000	30 000	
	14	滇池流域农村生活垃圾收集清运设施建设工程	完成垃圾收集点（房）657 个，垃圾收集车（人力、电动）1 563 辆，完成垃圾收运及运输车（机动车）共 66 辆，垃圾转运站 13 座，现已通过验收，投入使用	2012—2014 年	11 380	5 636.7	

规划期	序号	项目名称	项目内容	实施时限	规划投资/万元	实际投资/万元	备注
"十二五"	15	滇池流域及补水区旧垃圾填埋场治理及生活垃圾综合处理项目	晋宁区垃圾卫生填埋场渗滤液处理站工程和寻甸县城老垃圾填埋场封场工程已完工。其中 2 个子项——嵩明县和呈贡区旧垃圾填埋场封场及环境治理工程已结转"十三五"规划实施	2014 年至今	12 180	602.9	"十二五"结转到"十三五"

"九五"期间实施了昆明城市生活垃圾清运及处理工程，开始建设昆明西郊、东郊卫生填埋场；同时在市区内建小型中转站座，并相应配套垃圾收集、转运设备等，使城市垃圾日产日清，并得到妥善处置，废物的回用、回收、循环受到鼓励。

"十五"期间，继续"九五"期间的"昆明城市生活垃圾清运及处理工程"，昆明市西郊、东郊两座垃圾卫生填埋场于 2001 年投入运行，日处理能力分别为 800 t 和 700 t，解决了"十五"期间昆明城市生活垃圾的处置问题。

"十一五"期间，建成了呈贡垃圾处理厂（700 t/d）、东西郊城市垃圾填埋场渗滤液处理站（400 m^3/d），五华区、盘龙区粪便综合处理厂（600 t/d）、西山区垃圾焚烧厂（1 000 t/d）、官渡区垃圾焚烧厂（1 000 t/d）、五华区垃圾焚烧厂（1 000 t/d）、晋宁区城垃圾处理场（1 500 t/d），流域内垃圾处理水平快速提升。

"十二五"期间，建成空港垃圾焚烧发电厂（1 000 t/d）、昆明市东郊餐厨垃圾处理厂（200 t/d）。滇池流域农村生活垃圾收集清运设施建设工程已完成垃圾收集点（房）657 个，垃圾收集车（人力、电动）1 563 辆，拥有垃圾收运及运输车（机动车）共 66 辆，建成垃圾转运站 13 座。"呈贡新区粪便无害化处置项目"规划建设 100 t/d 的呈贡新区粪便处理厂，将暂缓实施。"滇池流域及补水区旧垃圾填埋场治理及生活垃圾综合处理项目"已完成晋宁区垃圾卫生填埋场渗滤液处理站工程和寻甸县城老垃圾填埋场封场工程，另外 2 个子项——嵩明县和呈贡区旧垃圾填埋场封场封场及环境治理工程已结转到"十三五"规划实施。

随着垃圾处理处置类项目的推进，滇池流域内垃圾处理能力不断提升，每个五年计划新增垃圾处理能力如图 10-6 所示。

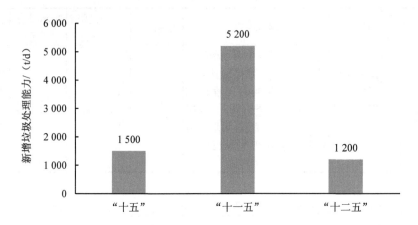

图 10-6　滇池流域"十五"～"十二五"各个五年规划新增垃圾处理能力

10.4.2　效益分析

生态修复与建设是滇池流域水污染防治工作的重要举措。滇池流域的生态修复与建设工程随着治理工作的推进而更加深入化和系统化。"九五"期间，流域的生态修复主要集中于松华坝水库、柴河水库、大河水库 3 个饮用水水源地的森林生态修复和水土流失治理，并开工建设了昆明市东郊、西郊垃圾填埋场，开始进入垃圾卫生填埋的历史进程。从"十五"时期开始，湖滨带的建设开始进入人们的视线，从那时开始，湖滨带的生态修复一直是滇池流域生态修复类项目的重要组成部分。进入"十一五"时期和"十二五"时期，该类项目内容更加广泛、设置更加系统化。

10.4.2.1　提升流域森林覆盖率，逐步恢复受损生态系统

从"九五"至"十二五"期间，滇池流域结合国家和省市的退耕还林工程、天然林保护工程、杨树种植、核桃种植、苗木基地建设等林业生态建设工程，共计完成营造林 220.79 万亩，其中人工造林 91.07 万亩，封山育林及抚育完成 129.72 万亩。项目实施地点主要集中在饮用水水源涵养区、滇池面山、植被稀疏的林地、废弃的"五采区"。该类项目对改善流域生态质量起到了不可忽视的作用，其直接环境效益表现为滇池流域森林覆盖率的提高，如图 10-7 所示，滇池流域的森林覆盖率由"九五"期间的 49.7%，上升到"十二五"期间的 53.55%，呈

现逐渐上升的良好态势,昆明市荣获"国家园林城市""全国绿化模范城市""联合国宜居生态城市""中国最佳休闲宜居绿色生态城市""国家森林城市"称号。

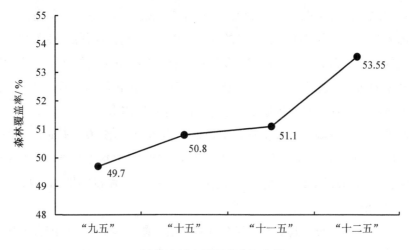

图 10-7　滇池流域森林覆盖率变化情况

　　森林生态系统服务功能包括调节功能、支持功能、文化功能、提供产品等。根据赵元藩等的核算,云南省森林生态系统单位面积林分的生态服务功能价值为 67 700 元/（$hm^2 \cdot a$）,高于全国 55 200 元/（$hm^2 \cdot a$）的水平（赵元藩等,2010）。根据各个五年规划期间森林覆盖率可以计算出流域森林面积,定量估算滇池流域森林生态修复工程所完成的营造林生态服务功能价值,如表 10-17 所示。从"九五"到"十二五"期间,滇池流域通过开展森林生态修复工程,增加森林面积 1.1 hm^2,增加森林生态服务价值 7.6 亿元（表 10-17）。

表 10-17　滇池流域营造林生态服务功能价值

时期	森林覆盖率/%	森林面积/hm^2	价值/（万元/a）
"九五"	49.7	145 124	982 489
"十五"	50.8	148 336	1 004 235
"十一五"	51.1	149 212	1 010 165
"十二五"	53.55	156 366	1 058 598
增加值	3.85	11 242	76 108

10.4.2.2 完善湖滨生态系统，为湖滨生态系统功能发挥创造条件

滇池湖滨带生态建设项目的实施极大地改变了滇池湖滨带的用地性质，数千亩临近滇池湖岸的耕地、鱼塘被退出建成了今天的湖滨生态带。随着滇池一级保护区内的部分村庄及 2 000 多人口的迁出、部分防浪堤的拆除、多条河流河口区域以及低洼地带自然湿地的建成、湖滨生态林带的建设等，扭转了以往湖滨带被过度开发的状况，湖滨生态带不仅极大地改善了滇池湖滨带的景观生态，也丰富了湖泊生物多样性，对改善湖泊生态起到了有效的作用。

滇池外海环湖湿地建设工程共实现退人 24 979 人，5 905 户，退塘 6 218 亩，退田 25 517 亩，退房 145 万 m^2。同时，完成湿地建设 48 470 亩，其中湖内湿地 11 124 亩、河口湿地 2 533 亩、湖滨湿地 16 589 亩、湖滨林地 18 224 亩（含陡岸带 5 611 亩）。

湖滨带生态建设项目具有显著的生态效益。通过滇池外海环湖湿地建设工程，环湖湿地结构初步形成，即以湖滨湿地与湖内湿地、河口湿地及湖滨林地相结合的生态景观代替了农田、鱼塘和村庄的人工景观。根据清华大学的调查，通过实施湖滨带生态建设项目，湖滨生态环境明显改善，植被覆盖度从 19.9%增长为 79.4%，植物物种增加 43 种，一些历史上有分布的植物如苦草、轮藻、海菜花等群落重新出现。鸟类物种数量从 124 种增加为 138 种，对环境较为敏感的水禽数量增加，分布区域更加广泛。鱼类物种现存 23 种，分别隶于 6 目 11 科 22 属，调查发现了被 IUCN 红色名录定为濒危级（EN）的银白鱼，但数量较少未能形成一定规模的种群；控制侵蚀能力有较大提升，减少土壤流失量增加 30.2%（清华大学，2015）。

湖滨带生态建设项目具有显著的环境效益。湖滨生态带是控制滇池入湖污染负荷的有力屏障。《滇池外海环湖湿地建设工程评估报告》研究显示，通过"退人、退田、退塘"直接减污、湿地净化和面源污染拦截，滇池外海环湖湿地建设工程合计削减污染物化学需氧量 2 679.0 t/a、总氮 965.3 t/a、总磷 31.6 t/a（清华大学，2015）。

湖滨带生态建设项目还具有显著的社会经济效益。湿地建设为周边居民提供了更好的休闲、娱乐场所，使人们心情愉悦。同时改善了区域景观结构，推动了区域保护开发与建设的合理发展，辐射周边土地获得增值。生态、环境等功能的

改善带来了社会经济效益的提高，根据《滇池外海环湖湿地建设工程评估报告》中的测算，滇池湖滨生态湿地经济效益合计为 13.89 亿元/a，土地增值效益为 55.29 亿元。直接经济效益为 10.01 亿元/a，其中植物生产效益为 7.83 亿元/a，59%的效益来自中山杉的种植；吸引游客人数为 182 万人/a，带来旅游效益 2.18 亿元/a。潜在经济效益为 3.88 亿元/a，其中生态功能价值为 3.11 亿元/a，晋宁片区的生态功能价值最大，占到了整个工程区的 49%；环境功能价值为 0.77 亿元/a；一次性土地增值效益为 55.29 亿元（清华大学，2015）。

图 10-8　滇池湖滨带土地利用变化

10.4.2.3　实现集中式饮用水水源地水质达标，保障饮用水安全

"九五"至"十二五"末期实施了 10 项饮用水水源地保护项目，该类项目的环境效益直接体现在饮用水水源地水质状况上。尽管受到经济社会发展压力的影响，但通过全面开展七大水库水环境综合治理工程，使水库水质有了明显提高。根据"十一五"规划，2005 年滇池流域 7 个主要集中式饮用水水源中，松华坝水库、宝象河水库、柴河水库、自卫村水库水质达Ⅳ类地表水标准；大河水库、

双龙水库及洛武河水库水质达Ⅲ类地表水标准；主要污染指标是总氮、总磷。根据"十二五"规划，2010 年大河水库、柴河水库、洛武河水库未供水，松华坝水库水质达到地表水Ⅱ类标准，双龙水库、宝象河水库、自卫村水库水质达到地表水Ⅲ类标准，均达到考核要求。2015 年云龙水库、松华坝水库、大河水库、红坡水库、自卫村水库、双龙水库、洛武河水库水质达Ⅱ类，柴河水库水质达Ⅲ类，7 个饮用水水源地水质均达到考核目标要求。三种水质类型水库的变化如图10-9 所示。

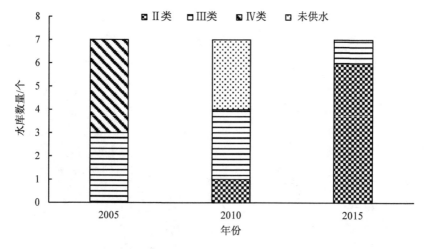

图 10-9　2005 年、2010 年、2015 年三种水质类型水库的数量

此外，随着饮用水水源区工程造林和水土流失治理等项目的开展，到 2014 年，主要城镇集中式饮用水水源地保护区森林覆盖率提高到 60%以上。

10.4.2.4　提高垃圾处理率，实现流域内生活垃圾减量化、无害化和资源化

通过建设垃圾处理处置类项目，提高了滇池流域城镇生活垃圾的无害化处理率，减少了生活垃圾中污染物随地表径流进入滇池的量，对滇池流域非点源污染负荷的削减起到了一定作用。通过该类项目的建设，直接提高了滇池流域内生活垃圾的处理能力。经过 20 多年的持续建设，滇池流域共建成垃圾卫生填埋场 3 座（东郊、西郊、晋宁区），垃圾焚烧厂 5 座（五华区、西山区、官渡区、呈贡、空港）。截至 2015 年 12 月底，昆明东郊和西郊垃圾卫生填埋场已经封场，滇池流域城镇生活垃圾处理能力为 6 400 t/d。

截至 2015 年 12 月底，滇池流域内垃圾处理方式以焚烧为主，除了可以实现垃圾减量化和无害化，还能进行发电实现垃圾的资源化利用。5 座垃圾焚烧厂 2015 年实际日焚烧处理生活垃圾 3 621.2 t，1 t 垃圾可发电 320 kW·h 左右，一年垃圾发电量可达 4.2 亿 kW·h 左右。

为防止垃圾填埋场渗滤液二次污染的发生，滇池流域在"十一五"期间建成了东郊、西郊两座垃圾填埋场渗滤液处理站（400 m³/d），"十二五"期间建成了晋宁区垃圾卫生填埋场渗滤液处理站（30 m³/d），有效减少了垃圾渗滤液造成的二次污染。

此外，还建成 2 个粪便综合处理厂（五华、盘龙），总处理规模达到 600 t/d，一方面可以实现粪便的无害化处理，削减了通过管网进入污水处理厂的污染负荷，另一方面可以实现粪便的资源化，生产液体肥和有机肥。

10.5　外流域引水及节水工程项目实施情况及效益分析

10.5.1　项目实施情况

滇池流域是云南省社会经济发展最重要的地区，其国土面积仅占全省面积的 0.78%，但集中了 14% 的人口、40% 的大中型企业、40% 的社会商品零售额，GDP 总量占全省总量的 30%，对云南省全省的经济发展具有十分重要的战略地位。但滇池流域是云南省最严重的缺水地区，降雨量少、蒸发量大，所以导致每平方千米产水量比较小。20 世纪 80 年代以来，先后出现了 1982 年、1984 年、1987 年、1988 年、1989 年、1992 年、2009—2013 年的干旱，降雨的年际变化比较大，加重了水资源的供需矛盾。长期以来，滇池是昆明市赖以生存发展的重要水源，水资源重复利用率不断提高。滇池从 1998 年以来都是劣 V 类水体，几乎丧失了水的各种使用功能。在资源性和水质型缺水的双重压力下，必须从根本上解决滇池流域的供水问题，积极考虑大规模的外流域引水和节水工程已迫在眉睫。为此，1993 年省委、省政府和昆明市委、市政府提出了"外流域引水济昆"的战略，"九五"期间，正式启动了外流域引水及节水工程，并连续 4 个五年规划将此类工程列入了滇池流域水污染防治专项规划。

外流域引水及节水工程四个"五年规划"共规划实施 16 个项目，规划总投资 138.75 亿元；扣除续建、取消、暂缓实施的项目，实际实施规划项目 14 项，实际完成投资 106.86 亿元。实施规划外项目 1 项，完成投资 2.4 亿元。"九五"以来共实际实施该类工程 15 项，实际总投资 109.26 亿元。该类工程主要内容包括外流域引水供水、污水再生利用、雨水资源化 3 个类别。

"九五"期间共实际实施 2 个项目，实际完成投资 5.1 亿元，其中规划内项目 1 项，实际完成投资 2.7 亿元，规划外项目 1 项，完成投资 2.4 亿元；"十五"期间共实际实施 2 个项目，实际完成投资 0.013 亿元，全部为规划内项目；"十一五"期间共实际实施 3 个项目（其中，"十一五"结转到"十二五"实施 1 项），实际完成投资 37.65 亿元，全部为规划内项目；"十二五"期间共实际实施 9 个项目（其中，"十一五"结转到"十二五"实施 1 项，"十二五"结转到"十三五"实施 2 项），实际完成投资 66.5 亿元，全部为规划内项目。

10.5.1.1　引水供水

引水供水工程四个"五年规划"共规划实施 7 个项目，规划总投资 108.53 亿元；扣除续建、取消、暂缓实施的项目，实际实施规划项目 5 项，实际完成投资 91.74 亿元。

"九五"期间共实际实施 1 个规划内项目，实际完成投资 2.7 亿元；"十五"期间实际实施 1 个规划内项目；"十一五"期间实际实施 1 个规划内项目（"十一五"结转至"十二五"实施），实际完成投资 35.35 亿元；"十二五"期间共实际实施规划内 3 个项目（其中，"十一五"结转至"十二五"实施 1 项），实际完成投资 53.69 亿元。各规划期引水供水项目情况见表 10-18。

表 10-18　引水供水项目情况

规划期	序号	项目名称	项目内容	实施时限	规划投资/万元	实际投资/万元	备注
"九五"	1	"2258"引水供水工程	分东、西、南线三路调水，东线以宝象河水库为水源，建成日供水 4 万 t 的自来水厂；西线以沙朗河为水源，建设日供水 4 万 t 的配套自来水工程；南线则从柴河、大河两个水库年调水 3 700 万 m³；年调水 5 000 万 m³	1996—1997 年	20 000	27 000	

规划期	序号	项目名称	项目内容	实施时限	规划投资/万元	实际投资/万元	备注
"九五"	2	中期嵩明调水工程	嵩明县上游水库调水工程		15 000		取消实施
"十五"	3	外流域引水补给滇池生态用水工程	完成了板桥河—清水海引水济昆工程工程规划报告，并已通过专家评审。金沙江引水补给给滇池生态用水工程前期工作完成"滇中水资源规划简要报告"，并已委托设计部门编制规划	2001—2005 年	95 000		
"十一五"	4	牛栏江—滇池补水工程	完成工程可行性研究报告及水土保持方案、环境影响评价、水资源论证及移民安置规划等专题报告的补充完善工作。开展征地拆迁、林木采伐、移民安置工作。共完成征、借地 6 121.67 亩，累计支付资金 7 288.24 万元，全部完成寻甸县干河提水泵站库区移民 60 户共 206 人的搬迁安置	2008—2010 年	366 300	353 500	"十一五"结转到"十二五"
"十二五"	5	牛栏江—滇池补水工程	全面完成德泽水库水源枢纽工程、德泽干河提水泵站及德泽干河泵站至昆明（盘龙江）的输水线路工程，经输水建筑物自流至盘龙江，补水滇池	2008—2013 年	560 000	517 000	"十一五"结转到"十二五"
	6	牛栏江—补水滇池入湖通道建设项目	完成了清水河、海明河、枧槽河、大清河入湖景观河道工程，盘龙江清水通道提升改造建设工程以及绿化工程，枧槽河泵站工程均已全部完工，确保了牛栏江滇池补水工程顺利通水运行	2011—2013 年	26 000	19 901.00	
	7	滇池补水湖内水质改善示范工程	进行单点补水水质改善柔性水利设施设计及构建技术示范，规模 0.1 km² 小实验；进行单点补水和多点补水情况下滇池补水柔性工程区水量水质动态监控调度技术示范，规模 2 km² 的中型示范工程		3 000		

"九五"期间，为解决昆明主城东郊、西郊、南郊 80 万人口的生活饮用水问题，实施了"2258"引水供水工程，分东线、西线、南线三路调水，东线以宝象河水库为水源，西线以沙朗河为水源，南线则从柴河、大河两个水库年调水 3 700 万 m³，总共年调水量为 5 000 万 m³，实际完成投资 2.7 亿元，历时 2 年，"2258"工程完工后，全市的日供水能力达到了 82.5 万 m³，比 1995 年的 49 万 m³ 增长了 68.4%，使昆明的城市供水在一定程度上得到缓解。

"十五"期间，开展了外流域引水补给滇池生态用水工程前期工作，完成了板桥河—清水海引水济昆工程规划报告，并已通过专家评审。金沙江引水补给给滇池生态用水工程前期工作完成"滇中水资源规划简要报告"，并已委托设计部门编制规划。

"十一五"期间，开展了牛栏江—滇池补水工程前期研究及征地拆迁、林木采伐和移民安置工作，完成工程可行性研究报告及水土保持方案、环境影响评价、水资源论证及移民安置规划等专题报告的补充完善工作。开展征地拆迁、林木采伐、移民安置工作。共完成征、借地 6 121.67 亩，全部完成寻甸县干河提水泵站库区移民 60 户共 206 人的搬迁安置。实际完成投资 35.35 亿元。

"十二五"期间，继续实施并完成牛栏江—滇池补水工程，投资 51.7 亿元，全面完成德泽水库水源枢纽工程、德泽干河提水泵站及德泽干河泵站至昆明（盘龙江）的输水线路工程，经输水建筑物自流至盘龙江，补水滇池。该工程于 2013 年 12 月 28 日正式通水运行。截至 2015 年 12 月底，牛栏江—滇池补水工程共向滇池补水 9.88 亿 m³，其中，2013 年补水 0.05 亿 m³，2014 年补水 4.41 亿 m³（其中 0.47 亿 m³ 作为主城应急供水），2015 年补水 6.14 亿 m³。

此外，为改善水资源供需矛盾，保障昆明城市后续发展，开展了掌鸠河引水供水工程和板桥河—清水海引水济昆工程建设工作。掌鸠河引水供水工程由水源工程（云龙水库）、输水工程（输水总干线）、净水工程（第七水厂）和配水工程（城市配水管网）4 部分组成，饮水工程从 2007 年起每年向昆明城市供水 2.45 亿 m³。板桥河—清水海引水济昆工程以清水海为多年调节水库，接纳板桥河、石桥河、新田河，塌鼻子龙潭的引水量，进行多年调节，从 2012 年起每年向昆明城市输水 1.04 亿 m³。

10.5.1.2　污水再生利用

污水再生利用工程四个"五年规划"共规划实施 8 个项目。规划总投资 28.8 亿元，实际完成投资 12.83 亿元。实施规划外项目 1 项，完成投资 2.4 亿元。

"九五"期间实施 1 个规划外项目，完成投资 2.4 亿元；"十五"期间实施 1 个规划内项目，实际完成投资 0.01 亿元；"十一五"期间共实施 2 个规划内项目，实际完成投资 2.3 亿元；"十二五"期间共实施 5 个规划内项目（其中，"十二五"结转到"十三五"实施 2 项），实际完成投资 10.52 亿元。各规划期污水再生利用项目情况见表 10-19。

表 10-19　污水再生利用项目情况

规划期	序号	项目名称	项目内容	实施时限	规划投资/万元	实际投资/万元	备注
"九五"	1	西园隧道工程	建成由水域分隔工程、西园隧洞工程、沙河整治工程组成的滇池防洪保护及污水资源化一期工程。通过在海埂大坝口建成的船闸和节制闸，将滇池分隔为外海和草海；开凿长 4.8 km，洞径 4.8 m 的西园隧洞，改变滇池水体流向；整治沙河长 9.47 km，满足水量下泄要求，实现滇池水体"蓄清排污"功能，提高昆明城市防洪标准	1994—1997 年		24 000	规划外项目
"十五"	2	节水及污水资源化工程	城市污水资源化、城市节水。建成中水站 39 个，中水回用量约为 6 000 m³/d；城市污水经污水处理厂处理后，用于城市景观的补充用水量近 20 万 m³/d	2000—2005 年	22 000	133	
"十一五"	3	污水处理厂再生水利用一期工程	已完成昆明市第一、第四、第五污水处理厂再生水利用工程的建设，共建成再生水利用主干管 88.11 km，设置取水点 38 个，再生水用户 167 家，再生水供水能力达到 3 万 m³/d，出水回用于绿化用水、公园用水、环卫用水、城市杂用水	2006—2011 年	1 800	3 247.64	

规划期	序号	项目名称	项目内容	实施时限	规划投资/万元	实际投资/万元	备注
"十一五"	4	城市再生水利用设施建设	建成分散式再生水利用设施265座,总设计处理规模为9.05万 m^3/d,其中213座在滇池流域,总设计处理规模累计达7.03万 m^3/d。建设再生水利用设施的主要是住宅小区、学校及一部分企业事业单位。处理后的再生水主要用于绿化、道路清洁、公共卫生间、景观、冲厕等	2006—2008年	3 950	19 743	
"十二五"	5	污水处理厂尾水外排及资源化利用建设工程	一期工程配合牛栏江—滇池补水工程启动实施,将盘龙江沿线第二、第五污水处理厂185万 m^3/d 尾水改线外排;二期工程将第七、第八污水处理厂尾水,第二、第五、第十污水处理厂汇入大清河的尾水及第一污水厂经采莲河排放的尾水改线外排,不进入外海,77.5万 m^3/d 的尾水不再流入滇池	2012—2014年	150 000	73 778.34	
	6	主城再生水处理站及配套管网建设工程	在主城第一、第二、第三、第四、第五、第六、第十污水处理厂配套建成再生水处理站,铺设再生水利用管网169.27 km,再生水供水规模达到5.2万 m^3/d,设置再生水取水点116个,再生水用户242家。再生水主要用于绿化用水、公园景观用水和环卫用水	2012—2014年	30 000	20 306.55	
	7	呈贡新城再生水处理厂及配套管网建设工程	洛龙河再生水厂已完成设备调试,正在开展通水联动调试工作,并向昆明滇池水务股份有限公司完成现场管理权移交。捞鱼河再生水厂因施工方对项目组织不力,施工资金投入不足,导致项目从2015年年初处于停滞状态	2011年至今	19 200	1 920	

规划期	序号	项目名称	项目内容	实施时限	规划投资/万元	实际投资/万元	备注
"十二五"	8	昆明市经济技术开发区环境综合整治项目再生水管网工程	已完成出口加工区、信息产业基地、果林水库东片、黄土坡片区、大冲工业片区、大冲物流片区和洛羊片区等片区再生水管网铺设89.797 km	2011年至今	11 280	7 062	"十二五"结转到"十三五"
	9	空港经济区再生水处理站及配套管网建设工程	已完成了云水路、云天路、云桥路及空港1号路三四标段管道建设	2011年至今	49 810	1 500	"十二五"结转到"十三五"

"九五"期间，昆明市污水再生利用处于试点研究阶段，尚未有项目列入"九五"规划实施。作为试点，先后建成了昆明医学院、西南林学院、昆明船舶工业区等5家单位的再生水设施，再生水利用规模为0.23万 m^3/d，再生水利用的成功案例，推动了昆明市再生水应用技术的向前发展。

此外，建成由水域分隔工程、西园隧洞工程、沙河整治工程组成的滇池防洪保护及污水资源化一期工程。通过在海埂大坝口建成的船闸和节制闸，将滇池分隔为外海和草海；开凿长4.8 km，洞径4.8 m的西园隧洞，改变滇池水体流向；整治沙河9.47 km，满足水量下泄要求，实现滇池水体"蓄清排污"功能，提高昆明城市防洪标准。

"十五"期间，昆明市污水再生利用从试点研究转向全面推广实施。投资0.01亿元，实施了节水及污水资源化工程，建成分散式再生水设施39个，再生水回用量约为0.6万 m^3/d；城市污水经污水处理厂处理后，用于城市景观的补充用水量近20万 m^3/d。同时，为保障污水再生利用的全面落实，2004年5月由昆明市人民政府制定出台了《昆明市城市中水设施建设管理办法》。

"十一五"期间，为进一步扩大再生水利用规模，昆明市污水处理再生利用工程采用"集中与分散相结合"的模式。实施了污水处理厂再生利用一期工程，实际投资0.33亿元，建成昆明市第一、第四、第五污水处理厂再生水利用工程，铺设再生水供水主干管 88.11 km，设置取水点 38 个，再生水用户 167 家，再生水供水能力达到 3 万 m^3/d。建成分散式再生水利用设施 213 座，总处理规模为 7.03 万 m^3/d。为鼓励各单位、住宅小区建设分散式再生水利用设施，2009 年 3 月 6 日昆明市制定出台《昆明市城市再生水利用专项资金补助实施办法》，明确了具体的再生水利用的有关鼓励政策；2010 年 10 月 1 日昆明市制定出台《昆明市再生水管理办法》，进一步规范了再生水利用设施的规划建设、运行管理及水质监管等。

"十二五"期间，投资 10.52 亿元，先后实施了污水处理厂尾水外排及资源化利用建设工程和主城再生水处理站及配套管网建设工程、呈贡新城再生水处理厂及配套建设工程、昆明市经济技术开发区环境综合整治项目再生水管网工程和空港经济区再生水处理站及配套管网建设工程 5 个规划项目。截至 2015 年 12 月底，实现主城第二、第五、第七、第八、第十污水处理厂共 77.5 万 m^3/d 尾水外排及资源化利用，不再进入滇池，初步改变了湖泊处于下游接纳城市污水的格局，有效缓解了上游城市经济发展和下游湖泊的水环境保护的矛盾。

在主城第一、第二、第三、第四、第五、第六、第十污水处理厂和呈贡南、呈贡北污水处理厂配套建成再生水处理站，铺设再生水利用管网 269.27 km，再生水供水规模达到 15.7 万 m^3/d，再生水供水服务已涵盖了 242 家单位（小区），并作为大观河、船房河、宝象河、采莲河、月牙塘公园、金殿公园、翠湖公园、西华公园等城区主要河道和水体景观补水。

同时，严格执行《昆明市城市节约用水管理条例》，与主体工程同期配套建设分散式再生水利用设施；截至 2015 年 12 月底，已建成 500 余座分散式再生水利用设施，总处理规模约 16.87 m^3/d。已建成的再生水利用设施，广泛分布于住宅小区、学校、机关单位、公交停车场、工业企业、服务行业、市政园林绿化等行业和单位，处理后的再生水主要回用于项目内绿化、道路清洁、公共卫生间冲厕及景观环境用水。

污水的再生利用不仅改善了水环境，而且增加了流域可利用水资源量，部分缓解了优质水资源短缺的现状，各规划期再生水处理规模见图 10-10。

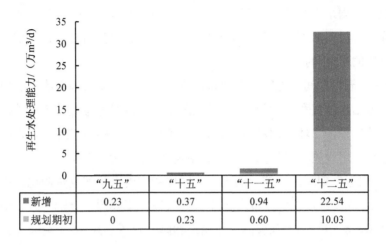

图 10-10 各规划期污水再生处理规模

10.5.1.3 雨水资源化利用

雨水资源化利用工程四个"五年规划"实施 1 个项目,即"十二五"期间实施的城市公共绿地初期雨水处理及资源化利用工程,规划投资 1.41 亿元,实际完成投资 2.29 亿元(表 10-20)。

表 10-20 雨水资源化利用项目情况

规划期	项目名称	项目内容	实施时限	规划投资/万元	实际投资/万元	备注
"十二五"	城市公共绿地初期雨水处理及资源化利用工程	市属 7 个公园(黑龙潭公园、金殿公园、郊野公园、西华公园、昙华寺、大观公园、昆明动物园)及各县区 44 个公园已完成已配套建设雨水收集利用设施	2011—2013 年	14 100	22 900	

此外,昆明市政府在 2009 年 8 月制定并出台了《昆明市城市雨水收集利用的规定》,将雨水收集利用设施建设纳入了节水"三同时"管理,通过节水措施方案的审查,对符合雨水收集利用设施建设条件的新、改、扩建项目,严格要求建设单位同期配套建设。

昆明市雨水资源化利用工程从"十五"开始启动，2003 年昆明市节水办编制完成了《昆明市雨水、污水资源化利用可行性研究报告》，在昆明市开展雨水收集利用的研究和推广工作。

"十一五"期间，昆明市全面贯彻执行《昆明市城市雨水收集利用的规定》，积极开展雨水收集利用设施建设，在金殿公园、世博生态城等 5 个单位建设雨水利用示范工程，二环快速道路系统和 11 条城市道路的改扩建工程都配套建设了雨水收集利用设施，累计雨水收集利用量达 1 546 万 m^3/a。

"十二五"期间，实施了城市公共绿地初期雨水处理及资源化利用工程，完成投资 22 900 万元。昆明市属 7 个公园（黑龙潭公园、金殿公园、郊野公园、西华公园、昙华寺、大观公园、昆明动物园）及各县区 44 个公园配套建成了雨水收集利用设施，雨水直接利用量为 434.07 万 m^3/a。

为进一步规范和提高城市雨水资源化利用工程设计和施工水平，为雨水资源化提供理论和技术支撑，昆明市积极开展低影响开发利用雨水资源化的研究及标准制定工作。相继开展了《昆明市城市雨水资源化利用对策研究》《昆明市城市雨水资源综合利用研究》等课题，编制了《昆明市城市建筑与小区雨水收集利用工程（参考）图集》《昆明市雨水资源化利用生态道路设计、安装图集》《昆明市建筑与小区雨水利用工程技术指导意见》。

此外，昆明市建设局和昆明市园林绿化局联合编制了《市政道路绿化工程技术要求》（以下简称《要求》），详细提出了各种类型道路的绿地率指标，为道路雨水引入绿地下渗创造了条件。《要求》还提出"露天停车场的绿地覆盖率不少于 30%，铺设嵌草转，种植常绿乔木"的要求，增加雨水下渗的比例。之后，昆明市住房和城乡建设局下发了《关于进一步规范昆明市市政道路建设标准的通知》（昆建通〔2010〕108 号）文件，提出"在满足交通功能的前提下，在人行道与非机动车道间宜采取连体树池，绿化种植土应低于路面，且不小于 8 cm"。即要求在人行道和非机动车道间的建设下凹式绿地。截至 2015 年 12 月底，昆明市园林绿化局已完成昆明市中心城区绿地围边的拆除工作，除少量覆土面积不够和地形特殊区域，昆明市中心城区绿地的围边都已拆除，方便雨水从硬化地面和路面直接流入绿地下渗。

截至 2015 年 12 月底，昆明在工业和民用建筑项目已同期配套建成了 100

余个雨水收集利用设施，雨水综合利用设施日设计规模约 8 万 m³，主要利用下凹式绿地、渗透铺装、植草砖、渗排一体化系统、地下建筑顶面与覆土之间的滤水层、雨水收集池、模块水池及景观水体等方式对雨水资源进行控制，提高对径流雨水的渗透、调蓄、净化、利用和排放等能力。

各规划期雨水资源化利用规模见图 10-11。

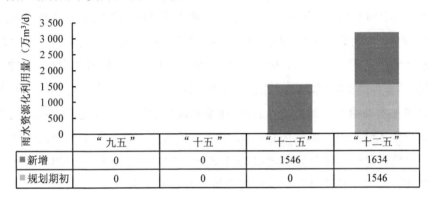

	"九五"	"十五"	"十一五"	"十二五"
■新增	0	0	1546	1634
■规划期初	0	0	0	1546

图 10-11 各规划期雨水资源化利用规模

10.5.2 效益分析

按照"科学开源，节流优先"的原则，昆明市自 1996 年开始实施外流域引水及节水工程，1998 年开始实施污水再生利用和雨水资源化等节水工程。先后实施了四个引水供水工程，1998 年完成了"2258"引水工程（即用 2 年时间，2 亿元投资，每年调水 5 000 万 m³，解决城区东部、南部、西部 80 万人的饮水问题）；2007 年完成掌鸠河引水供水工程，该工程投资 45 亿元，由总库容 4.84 亿 m³ 的水库、总长 97.72 km 的输水线和日供水能力 60 万 m³ 的自来水厂组成，使昆明主城日供水能力达到了 140 万 m³；2012 年完成清水海引水供水工程一期工程，可确保每年向昆明城市输水 1.04 亿 m³；2013 年完成牛栏江—滇池补水工程，每年可向滇池补水 5.66 亿 m³。

污水再生利用方面，昆明主城、呈贡新城已建成集中式污水资源化工程 9 座，设计供水能力为 15.7 万 m³/d；分散式再生水利用设施已建成 500 余座，总设计处理规模约 16.87 万 m³/d。雨水资源化利用方面，昆明市属 7 个公园（黑龙潭公园、金殿公园、郊野公园、西华公园、昙华寺、大观公园、昆明动物园）及各县区 44 个公园配套建成了雨水收集利用设施，雨水直接利用量为 434.07 万 m^3/a；在工业和民用建筑项目同期配套建成了 100 余个雨水收集利用设施，雨水综合利用设施设计规模约为 8 万 m^3/d。

10.5.2.1 提高城市供水保障率，缓解流域水资源供需矛盾

作为全国 14 个严重缺水的城市之一，缺水已经成为昆明经济社会发展的重要制约因素。"外流域引水济昆"成了解决昆明缺水的最重要途径，同时也是滇池治理"六大工程"之一。1998 年，"2258"引水供水工程通水运行，宝象河、沙朗河、柴河、大河的水流进入昆明市，昆明市告别了饮用水主要靠松华坝水库供给、滇池水补给不足的历史；2007 年掌鸠河引水供水工程完工通水，昆明市主城区告别了饮用滇池水的历史；2012 年，板桥河—清水海引水济昆一期工程完工，可确保每年向昆明城市输水 1.04 亿 m^3。2013 年，牛栏江—滇池补水工程顺利通水，满足了昆明地区的城市应急供水及滇池生态用水需求。

至此，昆明市形成了 3 个主要供水水源和 1 个应急供水水源，即松华坝、云龙、清水海水库和牛栏江—滇池补水工程，截至 2015 年 12 月底，昆明市共有自来水厂 13 座，日供水设计能力达到 183 万 m^3，实际日供水达到 110 万 m^3，供水服务人口约 500 万人，城市供水保障率明显提高。

各规划期实施引水供水工程后流域可利用水资源增加量见图 10-12。

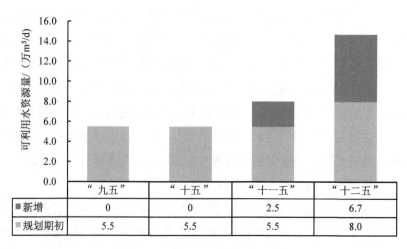

图 10-12　各规划期末引水供水工程增加的可利用水资源量

10.5.2.2　有效增加滇池水资源总量，改善水环境质量

滇池流域多年平均水资源量约为 5.5 亿 m³，外加近年来实施的"2285"引水工程、掌鸠河、清水海引水工程，滇池流域的水资源总量增加到 9.04 亿 m³。2013 年，牛栏江—滇池补水工程正式通水，每年有 5.66 亿 m³、满足Ⅲ类水质标准的水补充滇池，流域水资源量增至 14.7 亿 m³，滇池的水资源形势发生了根本变化。在滇池水质目标约束条件下，牛栏江调水后，滇池水环境容量较调水前的净增量为化学需氧量 7 387 t/a、总磷 35 t/a（图 10-13）。

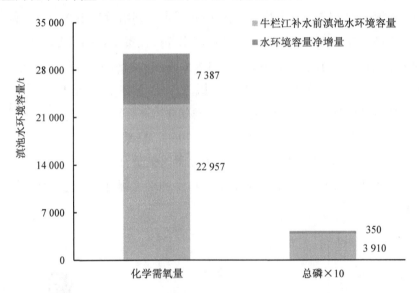

图 10-13　引水供水工程实施后滇池水环境容量

利用 2015 年 1—12 月滇池外海 8 个常规监测点位主要水质指标均值与补水前 2013 年同期的监测数据进行对比，8 个常规监测点位主要污染物浓度与补水前的 2013 年同期相比明显下降，主要污染物高锰酸盐指数、化学需氧量、氨氮、总磷和总氮分别降低 35%、39%、43%、27%和 23%。

10.5.2.3　提高滇池防洪标准，改善滇池水质

实施滇池防洪保护及污水资源化工程，提高了滇池防洪标准，增强了滇池调蓄能力，新增一个泄洪口，调度运行更加灵活可靠，使滇池防洪标准从 20 年一遇提高到 100 年一遇，确保沿湖工农业生产设施及人民生命财产的防洪安

全，增加滇池调蓄水量约 6 000 万 m³。同时，通过工程措施改变了滇池局部流场、流向，加速滇池（尤其是草海）的水体流动和换水周期，对改善滇池水质有积极作用。

10.5.2.4 提高再生水利用规模，削减入湖污染负荷

昆明市从集中式和分散式两方面推进城市污水处理再生利用工作，取得了突破性进展。截至 2015 年 12 月底，在主城第一、第二、第三、第四、第五、第六、第十污水处理厂和呈贡南、呈贡北污水处理厂配套建成再生水处理站，集中式再生水处理规模达到 15.7 万 m³/d；建成分散式再生水利用设施 500 余座，设计处理规模约 16.87 万 m³/d。主城污水处理厂尾水外排及资源化利用工程使 77.5 万 m³/d 的污水处理厂尾水不再流入滇池，可大大削减入湖污染负荷。"九五"期间削减入湖污染负荷为化学需氧量 72 t、总氮 6 t、总磷 2 t、氨氮 4 t；"十五"期间削减入湖污染负荷为化学需氧量 187 t、总氮 17 t、总磷 4 t、氨氮 10 t；"十一五"期间削减入湖污染负荷为化学需氧量 2 296 t、总氮 228 t、总磷 52 t、氨氮 129 t；"十二五"期间削减入湖污染负荷为化学需氧量 10 290 t、总氮 2 614 t、总磷 207 t、氨氮 587 t。各规划期实施污水再生利用工程对污染物的削减情况见图 10-14。

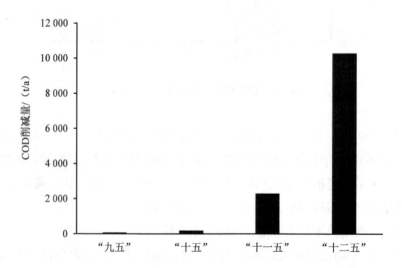

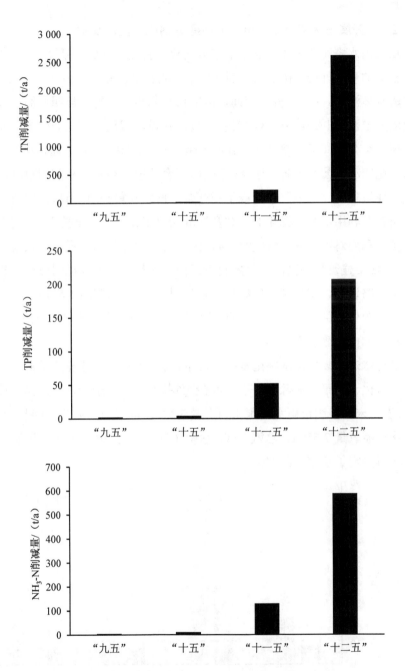

图 10-14　各规划期污水再生利用工程对污染物的削减量

10.5.2.5 开展雨水资源化利用，为创建海绵城市奠定基础

城市雨水资源化利用有利于非点源污染的控制，雨水资源除下渗部分，均以地表径流的形式外排，在雨水冲刷作用下，地表累积的污染物进入地表径流，最终造成水体污染。"十一五"期间，昆明市全面贯彻执行《昆明市城市雨水收集利用的规定》，积极开展雨水收集利用设施建设。截至"十二五"末，先后在昆明市属7个公园（黑龙潭公园、金殿公园、郊野公园、西华公园、昙华寺、大观公园、昆明动物园）及各县区44个公园配套建成了雨水收集利用设施，在工业和民用建筑项目已同期配套建成了100余个雨水收集利用设施。昆明市积极开展低影响开发利用雨水资源化的研究及标准制定工作，相继开展了《昆明市城市雨水资源化利用对策研究》《昆明市城市雨水资源综合利用研究》等课题，编制了《昆明市城市建筑与小区雨水收集利用工程（参考）图集》《昆明市雨水资源化利用生态道路设计、安装图集》《昆明市建筑与小区雨水利用工程技术指导意见》，为雨水资源化提供理论和技术支撑，提高了对昆明市径流雨水的渗透、调蓄、净化、利用和排放等能力。

通过渗透铺装增加道路雨水的下渗量，通过雨水收集处理及调蓄系统将雨水回用于绿化、冲厕、浇洒道路等，可减少外排雨水量，削减入湖污染负荷。截至"十二五"末，昆明市雨水资源化利用量约达 3 180 万 m³/a，可削减入湖污染负荷为化学需氧量 2 559 t、总氮 85、总磷 17 t、氨氮 20 t，为下一步昆明市创建海绵城市奠定了基础（图 10-15）。

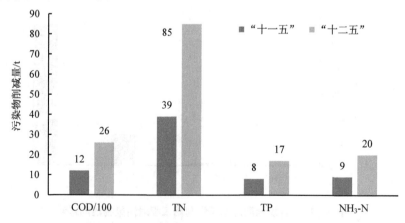

图 10-15　各规划期实施雨水资源化工程对污染物的削减情况

10.6 内源污染治理工程项目实施情况及效益分析

10.6.1 项目实施情况

当前，滇池外源性污染在严格的环境监管体系下已得到较好的控制，而内源污染则成为水体污染控制所面临的严峻挑战，因此，滇池综合治理也将从单纯的外源污染增量控制逐步向外源污染增量控制和内源污染存量削减并重的治污方式转变。

滇池流域在四个"五年规划"共规划实施内源污染治理类工程 15 个项目，规划总投资 26.13 亿元；扣除续建、取消、暂缓实施的项目，实际实施规划项目 12 项，实际完成投资 17.78 亿元。实施规划外项目 1 项，完成投资 0.3 亿元。"九五"以来共实际实施该类工程 13 项，实际总投资 18.07 亿元。该类工程主要内容包括底泥疏浚工程、蓝藻清除及水葫芦综合利用工程、滇池内源污染生物治理工程 3 个类别。

"九五"期间共实际实施 5 个项目，实际完成投资 2.90 亿元，其中规划内项目 4 项，实际完成投资 2.60 亿元，规划外项目 1 项，实际完成投资 0.3 亿元；"十五"期间共实际实施 3 个项目，实际完成投资 1.36 亿元，全部为规划内项目；"十一五"期间共实际实施 3 个项目，实际完成投资 2.21 亿元，全部为规划内项目；"十二五"期间共实际实施 6 个项目，实际完成投资 11.61 亿元，全部为规划内项目。

10.6.1.1 底泥疏浚工程

该类工程共规划实施 8 个项目，规划总投资 16.26 亿元；扣除续建实施的项目，实际实施规划项目 5 项，实际完成投资 10.67 亿元，全部为规划内项目。项目主要内容为疏浚谷昌坝、内草海、外草海西北部、草海南部，以及盘龙江、大清河、宝象河入湖口等重点区域，总疏浚水域面积 16.01 km²，总疏浚工程量 1 284.26 万 m³。底泥疏浚工程位置示意图如图 10-16 所示。

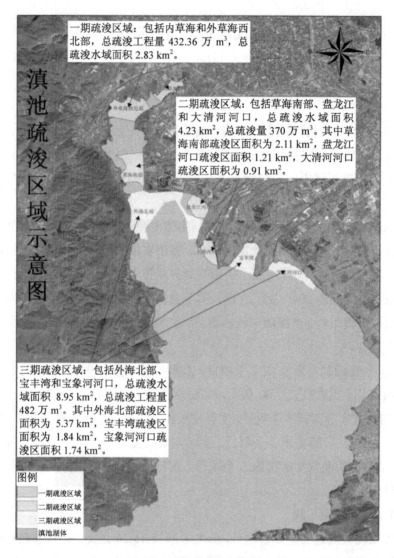

一期疏浚区域：包括内草海和外草海西北部，总疏浚工程量 432.36 万 m³，总疏浚水域面积 2.83 km²。

二期疏浚区域：包括草海南部、盘龙江和大清河河口，总疏浚水域面积 4.23 km²，总疏浚量 370 万 m³。其中草海南部疏浚区面积为 2.11 km²，盘龙江河口疏浚区面积 1.21 km²，大清河河口疏浚区面积为 0.91 km²。

三期疏浚区域：包括外海北部、宝丰湾和宝象河河口，总疏浚水域面积 8.95 km²，总疏浚工程量 482 万 m³。其中外海北部疏浚区面积为 5.37 km²，宝丰湾疏浚区面积为 1.84 km²，宝象河河口疏浚区面积 1.74 km²。

滇池疏浚区域示意图

图例
一期疏浚区域
二期疏浚区域
三期疏浚区域
滇池湖体

图 10-16　底泥疏浚工程位置图

其中"九五"期间实际实施项目 3 个（其中，"九五"结转至"十五"实施 1 项），实际完成投资 2.50 亿元，全部为规划内项目；"十五"期间实际实施项目 2 个（其中，"九五"结转至"十五"实施 1 项，"十五"结转至"十一五"实施 1 项），实际完成投资 1.13 亿元，全部为规划内项目；"十一五"期间实际实施项目 2 个(其中,"十五"结转至"十一五"实施 1 项,"十一五"结转至"十二五"实施 1 项),实际完成投资 2.17 亿元,全部为规划内项目;"十二五"期间实际实施项目 1 个("十二五"结转到"十三五"实施 1 项),实际完成投资 4.87 亿元,全部为规划内项目。各规划期疏浚项目情况见表 10-21。

表 10-21　底泥疏浚工程建设项目表

规划期	序号	项目名称	项目规划内容	实施时限	规划投资/万元	实际投资/万元	备注
"九五"	1	谷昌坝疏挖工程	疏挖对松华坝具有前置库作用的谷昌坝淤泥 30 万 m³	1996—1998 年	900	855.51	
	2	谷昌坝疏挖工程(继续实施)	疏挖对松华坝具有前置库作用的谷昌坝淤泥 15 万 m³	1998—2000 年	400	380.23	
	3	草海底泥疏挖工程	疏挖草海污染底,并进行妥当处理处置	1998 年转至"十五"	25 000	23 764.26	"九五"结转到"十五"
"十五"	4	滇池草海底泥疏浚继续工程(续建)	滇池草海底泥疏浚 191 万 m³,面积 1.91 km²	1995—2001 年	13 321	10 700.00	"九五"结转到"十五"
	5	滇池底泥疏浚二期工程	对草海南部以及外海盘龙江、大清河入湖口开展底泥疏浚工程	—	30 000	641.00	"十五"结转到"十一五"
"十一五"	6	滇池外海主要入湖河口及重点区域底泥疏浚	完成前期工作	2007 年至今	37 000	151.40	"十一五"结转到"十二五"
	7	滇池污染底泥疏挖及处置二期工程(续建)	于 2010 年 9 月 30 日完工,疏挖水域面积 422 万 m²,疏挖底泥 370 万 m³	2009—2010 年	14 508	21 500.00	"十五"结转到"十一五"
"十二五"	8	滇池外海主要入湖河口及重点区域底泥疏浚工程(续建)	截至 2015 年 12 月底,完成宝丰湾及宝象河河口底泥疏浚施工,累计疏浚底泥 234 万 m³,正在实施外海北部底泥疏浚及处置施工	2009 年 12 月至今	54 800	48 740.00	"十二五"结转到"十三五"

　　"九五"期间，实施"谷昌坝疏挖工程"及"谷昌坝疏挖工程（继续实施）"，共计疏挖淤泥 45 万 m^3；同时，为彻底清除内源污染，对滇池草海开展了底泥疏浚工程——"草海底泥疏挖工程"（以下简称"一期工程"），总计疏挖淤泥 432.26 万 m^3，并建设明波、运粮河东、运粮河西、柳苑、东风坝北 5 个堆场用于存放疏浚底泥。

　　"十五"期间，继续开展对滇池草海治理工作，实施"滇池草海底泥疏浚继续工程"，疏浚范围扩展到草海中部及大观河下段、船房河、新河、运粮河、王家堆渠等入湖河流河口，总计疏挖底泥 191 万 m^3。经过一期及继续疏浚工程实施，在滇池内草海及草海西北部的 4.62 km^2 的范围内，有效地改善草海水质。

　　鉴于"九五""十五"两个"五年规划"中底泥疏浚对草海水质改善效果明显，在"十一五"期间，实施"十五"结转工程"滇池污染底泥疏挖及处置二期工程"，开始对草海南部以及外海盘龙江、大清河入湖口开展底泥疏浚工程，疏挖底泥 370 万 m^3，并建设福宝湾北、福宝湾东一、福宝湾东二、福宝塘西和福宝塘东 5 个堆场，疏挖底泥存放在新建的 5 个底泥堆场以及原一期疏浚工程建设的柳苑堆场。

　　"十二五"期间，滇池污染底泥疏浚从草海向外海北部区域及主要入湖口转移，实施"十一五"结转工程"滇池外海主要入湖河口及重点区域底泥疏浚工程"，对滇池外海北部及宝丰湾、宝象河入湖河口共计 895.21 万 m^2 的水域进行疏浚，规划疏浚工程量 503.83 万 m^3，同时建设了大咀子底泥脱水处置场以及小黑荞存泥场，疏挖底泥在大咀子进行机械脱水后，运至海口镇小黑荞存泥场进行干化底泥的安全堆储处置，确保疏浚底泥不会都周边环境造成二次污染。截至 2015 年 12 月底，已经完成宝丰湾及宝象河河口底泥疏浚施工，正在实施外海北部底泥疏浚及处置施工，累计疏浚工程量 234 万 m^3。各规划期疏浚工程量见图 10-17。

10.6.1.2　蓝藻清除及水葫芦资源化利用

　　该类工程共规划实施 6 个项目，规划总投资 9.50 亿元，实际完成投资 6.73 亿元。实施规划外项目 1 项，完成投资 0.30 亿元。"九五"以来共实际实施该类工程 7 项，实际总投资 7.03 亿元。项目主要内容包括在滇池草海、外海以及流域河道、水库、坝塘、公园、小区等富营养化水体控养、采收、处置水葫芦；在滇池湖体设置固定式藻水分离站、移动式蓝藻打捞处理船和藻泥运输船对滇池水域蓝藻进行清除。

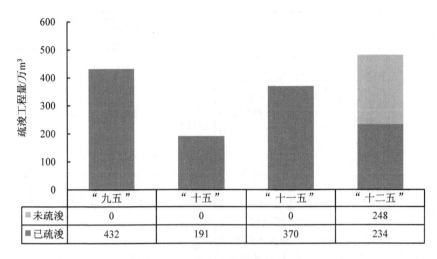

图 10-17　各规划期疏浚工程量

其中"九五"期间实际实施项目 2 个，实际完成投资 0.4 亿元，其中实施规划内项目 1 个，实际完成投资 0.1 亿元，实施规划外项目 1 个，实际完成投资 0.30 亿元；"十五"期间实际实施项目 1 个，实际完成投资 0.23 亿元，为规划内项目；"十一五"期间实际实施项目 1 个，实际完成投资 0.04 亿元，为规划内项目；"十二五"期间实际实施项目 3 个，实际完成投资 6.36 亿元，全部为规划内项目。项目建设情况见表 10-22。

表 10-22　蓝藻清除及水葫芦资源化利用项目表

规划期	序号	项目名称	项目内容	实施时限	规划投资/万元	实际投资/万元	备注
"九五"	1	藻类清除景观改善应急工程	在草海开展蓝藻清除工作		6 000	1 000.00	
	2	打捞水葫芦、取缔网箱养鱼工程	取缔养鱼网箱 5 000 多个、滇池机动捕鱼船 1 170 多只		0	3 000.00	规划外
"十五"	3	蓝藻清除及水葫芦综合利用	进行蓝藻清除和水葫芦采收工作、并对采收水葫芦的处置与综合利用	2001—2005 年	25 000	2 272.00	

规划期	序号	项目名称	项目内容	实施时限	规划投资/万元	实际投资/万元	备注
"十一五"	4	水葫芦资源化利用示范	采用太阳能中温沼气技术，利用水葫芦及农田秸秆生产罐装沼气，摸索和建立群众广泛参与的水葫芦打捞、运输、综合利用的长效运行模式	2006—2010年	1 000	440.95	
"十二五"	5	滇池蓝藻治理及应急工程	在滇池外海建设1座固定式藻水分离站，处理规模3万m^3/d；购置5艘移动式蓝藻打捞处理船、5艘藻泥运输船，建设临时码头1个；同时，对蓝藻无害化堆肥处理	2011—2015年	15 000	8 280.48	
	6	滇池水葫芦治理污染试验性工程	在滇池草海和外海选取适宜水域控养水葫芦，通过生物手段提取水体中的营养物质	2011—2014年	35 000	53 638.00	
	7	滇池流域河道及水面水葫芦治理污染试验性工程	在滇池流域河道、水库、坝塘、公园、小区等富营养化水体控养水葫芦6 000亩，进行水葫芦生长期日常管理，完成采收期水葫芦打捞、收集及转运，并采取就近深埋、运入垃圾填埋场填埋及供给相关企业作为有机肥利用等方式进行水葫芦处置	2011—2014年	13 000	1 660.00	

"九五"期间,为迎接世博会召开,及时有效改善滇池草海水质景观,实施"藻类清除应急工程",通过机械手段清除水体蓝藻,累计清除富藻水 515.65 万 m³。

"十五"期间,为进一步改善滇池水面景观,提高水体透明度,在"九五"蓝藻清除项目基础上,开展"蓝藻清除及水葫芦综合利用"工作,在滇池外海北岸沿线及草海部分水域,清除水面蓝藻及水葫芦采收、处置,"十五"期间总计清除蓝藻富藻水 779.35 万 m³,打捞水葫芦 82 万 t。

"十一五"期间,为解决水葫芦打捞后的二次污染问题及沼气用途狭窄、输送不便、使用地点受限等问题,在呈贡大渔乡建立了示范基地一座,实施"水葫芦资源化利用示范",控养水葫芦 1 000 亩,开展了滇池水葫芦治理污染试验性工程,并采用太阳能中温沼气技术,利用水葫芦及农田秸秆生产罐装沼气,摸索和建立群众广泛参与的水葫芦打捞、运输、综合利用的长效运行模式。

"十二五"期间,在滇池外海建设 1 座固定式藻水分离站,设置 1 个临时码头,购置 5 艘移动式蓝藻打捞处理船、5 艘藻泥运输船,同时,对蓝藻无害化堆肥处理,截至 2015 年 12 月底,累计处理富藻水 2 922.35 万 m³。

从 2011 年起,在滇池流域河道、水库、坝塘、公园、小区等富营养化水体控养水葫芦 5 925.36 亩,并采取就近深埋、运入垃圾填埋场填埋及供给相关企业作为有机肥利用等方式进行处置;同时,还在滇池草海及外海约 22 km²(32 510 亩)水域内规模化圈养水葫芦(草海 11 000 亩、外海 21 510 亩),并分别在草海明波村、外海白山湾、芦柴湾等地建设相应规模的加工处置场,"十二五"期间共计采收水葫芦 143.7 万 t。

10.6.1.3　滇池内源污染生物治理

该类工程规划实施项目 1 个,实施于"十二五"期间,为规划内项目,规划总投资 0.37 亿元,实际完成投资 0.37 亿元。建设项目见表 10-23。

表 10-23　生物治理——以鱼控藻项目表

规划期	项目名称	项目内容	实施时限	规划投资/万元	实际投资/万元	备注
"十二五"	滇池内源污染生物治理——以鱼控藻项目	建立鱼苗鱼种过滤基地,总计放流 3 000 t 鲢鳙鱼和 10 000 万尾高背鲫鱼苗	2011—2015 年	3 710	3 742	

项目分三年在滇池外海放流中上层滤食性鱼类，放流鲢鳙鱼鱼种 3 000 t，高背鲫鱼鱼苗 10 000 万尾，建立 10 亩苗种过滤暂养池。项目实施期间共计放流鲢、鳙鱼种 389 381.94 kg、高背鲫鱼苗 2 320.19 万尾。

10.6.2　效益分析

根据"对滇池的治理由主要处理外源性污染向外源性污染和内源性污染处理并重转变，继续全面推进滇池流域水环境综合治理工作"的原则，昆明市从"九五"开始，实施了三期疏浚工程，完成对谷昌坝区域、内草海、外草海西北部、草海南部，以及盘龙江、大清河、宝象河入湖口等区域疏浚工作。通过污染底泥疏浚，一方面滇池疏挖区底质和水质条件得以改善，水体透明度提高，可满足沉水植物生长所需的光照条件；另一方面降低了底泥中重金属的污染程度，减少了各种金属的潜在生态危害。

针对滇池高度富营养化的特点，"九五"至"十二五"在滇池草海、外海、流域河道、水库、坝塘、公园、小区等富营养化水体控养、采收、处置水葫芦，同时，在滇池湖体设置固定式藻水分离站、移动式蓝藻打捞处理船和藻泥运输船对滇池水域蓝藻进行清除，项目的实施有效改善了滇池北岸水环境和景观，明显提高了滇池水体自净作用能力。

而以鱼控藻项目的实施不但在一定程度上去除了水体总氮、总磷，也使滇池水体的土著鱼类逐步恢复自体繁殖的能力，构建新的生态链和生态系统，对逐步恢复滇池健康的生态环境起到了重要作用。

10.6.2.1　去除底泥污染物，改善滇池水体环境

自"九五"以来共实施三期疏浚工程，截至 2015 年年底，滇池底泥疏浚工程总疏浚工程量 1 227.26 万 t，可以直接清除沉积物中总氮 0.77 万 t，总磷 0.40 万 t；同时，通过污染底泥的清除，可减少底泥中污染物质向水体中的释放，疏浚工程总计可以抑制沉积物向湖体释放氮素 236.61 t/a，释放磷素 6.37 t/a。

10.6.2.2　清除水体漂浮物，改善湖体景观

20 世纪 80 年代前后，水葫芦曾给滇池带来过严重的生态灾难，"十一五"以前，主要以对水葫芦清除为主，但随着对滇池治理工作的不断深入研究，对水葫芦的认识有所转变，从清除转为利用，通过水葫芦对氮、磷、重金属的富集作

用清除水体污染物,同时对水葫芦进行圈养控制、及时采收和资源化利用。截至
2015 年,水葫芦种养类项目累计采收水葫芦 245.71 万 t,从滇池水体中提取的总
氮 8 317.28 t、总磷 4 635.32 t,对水质改善明显,特别是对相对封闭的草海水质
改善作用尤为突出,水葫芦种养前后草海水体总氮、总磷等主要富营养化指标明
显下降。

蓝藻的应急清除工程有效降低了蓝藻的生物量以及暴发的频率,改善景观。
截至"十二五"末,已建立形成集固定式抽藻设施、移动式蓝藻打捞处理船、固
定式藻水分离站的蓝藻应急清除系统,从"九五"开始,滇池蓝藻治理及应急工
程累计处理富藻水 3 846.54 万 m³,去除污染物总氮 1 269.35 t、总磷 143.86 t。
并且根据相关调查,2014 年藻生物量年均值由 2010 年的 8 008 万个/L,下降至
3 914 万个/L,下降 51.1%;外海北部近岸带发生中度及重度蓝藻水华的天数由
2010 年的 137 d 减少为 2014 年的 45 d。

10.6.2.3 流放土著鱼类,恢复湖体生物链

高背鲫鱼的投放使滇池水体的土著鱼类逐步恢复自体繁殖的能力,构建新的
生态链和生态系统。项目实施期间共计放流鲢、鳙鱼种 389 381.94 kg、高背鲫鱼
苗 2 320.19 万尾,经核算,可直接带出总氮约 156 t,总磷 18.7 t。

10.7 研究和管理类工程项目实施情况及效益分析

10.7.1 项目实施情况

除了"六大工程"以外,滇池流域自"九五"以来,还实施了研究与管理类
项目,旨在提升滇池流域的环境管理能力,主要内容包括保护条例的制定、环境
监控能力提升、企业清洁生产审核、环保宣传教育等方面。

滇池治理与管理并重一贯是滇池保护与治理的基本理念。管理是维护良好水
环境的长效手段,是水污染治理措施落到实处、起到实效的重要保障,采取法律、
行政、经济、技术等手段,强化流域与湖泊管理,非工程措施与工程措施并举,
以管理促进污染治理。

在滇池保护治理的同时,自"七五"开始,围绕滇池开展了大量的研究和管

理工作。其中，纳入"九五"至"十二五"四个"五年规划"实施的项目 21 项，规划总投资 6.89 亿元；扣除续建实施的项目，实际实施规划项目 20 项，实际完成投资 3.17 亿元。该类项目主要内容包括监督管理、科研示范、宣传教育与公众参与三个类别。

"九五"期间共实际实施 2 个项目（其中，"九五"结转至"十五"实施 1 项），实际完成投资 0.1 亿元；"十五"期间共实际实施 11 个项目（其中，"九五"结转至"十五"实施 1 项），实际完成投资 2.35 亿元；"十一五"期间共实际实施 8 个项目，实际完成投资 0.72 亿元。

10.7.1.1　监督管理

监督管理类项目四个"五年规划"共规划实施 11 个项目，规划总投资 3.41 亿元；扣除续建实施的项目，实际实施规划项目 10 项，实际完成投资 1.91 亿元。

"九五"期间共实际实施 2 个规划内项目，实际完成投资 0.1 亿元（其中，"九五"结转至"十五"实施 1 项）；"十五"期间实际实施 5 个规划内项目（其中，"九五"结转至"十五"实施 1 项），实际完成投资 1.22 亿元；"十一五"期间实际实施 4 个规划内项目，实际完成投资 0.59 亿元。各规划期监督管理项目情况见表 10-24。

表 10-24　监督管理类项目情况

规划期	序号	项目名称	项目内容	实施时限	规划投资/万元	实际投资/万元	备注
"九五"	1	环境管理	建设能迅速反馈治理效果的监测系统	1996—2000 年	5 000	700	
	2	滇池流域环境监测系统		1996—2002 年	2 000	300	"九五"结转"十五"实施
"十五"	3	完善滇池保护法律法规及地方标准	完善《滇池保护条例》等法规体系，制定《滇池流域污水排放标准》等必需的地方标准，界桩的确定与定位	2001—2005 年	1 300	200	

规划期	序号	项目名称	项目内容	实施时限	规划投资/万元	实际投资/万元	备注
"十五"	4	总量自动监控系统	建立滇池外海、入湖河道、重点工业污染源、城市污水处理厂、北岸截污等工程的总量监控系统及水质在线自动监测系统	2001—2010 年	7 000	200	
	5	滇池流域环境信息中心	完善原昆明市环境信息中心，加强环境信息管理，建立昆明市环境信息动态管理体系，实现环境管理信息卫星传输	2001—2005 年	3 000	0	
	6	企业污染物总量控制系统	推行清洁生产，滇池流域主要工业污染源实现全面达标，实施总量控制计划	2001—2005 年	7 000	9 810	
	7	滇池流域环境监测系统工程（续建）	建设滇池流域环境监测系统	1996—2002 年	2 061	1 976	"九五"结转到"十五"实施
"十一五"	8	污染物自动监控系统建设	滇池流域重点企业建设自动监控系统	2006—2010 年	2 200	3 188.87	
	9	总量监控系统建设	建立入湖河流总量监控在线监测系统，完善水质监测网络	2006—2010 年	2 568	1 431	
	10	流域内企业清洁生产审核及循环经济示范区建设	滇池流域重点污染源开展节能降耗、清洁生产审核	2005—2010 年	3 500	954	
	11	松华坝水库自动监测站建设	松华坝水库出、入库两个断面水质自动监测站建设，加强对松华坝水库的水质监测	2007—2009 年	500	363.37	

（1）政策机制建立情况

从"七五"以来，先后颁布实施《滇池保护条例》《滇池保护条例处罚办法》

《滇池综合整治大纲》《昆明市松华坝水源保护区综合整治纲要》《昆明市河道管理条例》《昆明市城市排水管理条例》《昆明市城市排水管理条例处罚实施办法》等多个配套的政策法规和规章。"十二五"期间，在《滇池保护条例》的基础上，云南省人大常委会颁布实施了《云南省滇池保护条例》，滇池保护由市"条例"上升为省"条例"，进一步提高了滇池治理的权威性和法律效力；并颁布实施了《云南省湿地保护条例》，加强对滇池湿地的保护，恢复和发挥其湿地功能，促进湿地资源的可持续利用。同时，昆明市政府公布了滇池分级保护范围，进一步强化对滇池流域的空间管制；制定颁布了《环滇池湖滨生态区管理规定》，加强对滇池的保护和管理。

"七五"期间，昆明市政府成立了昆明市滇池保护委员会；"十五"期间，在滇池保护委员会办公室的基础上，组建了昆明市滇池管理局，并在流域内县（区）一级政府和沿湖 15 个乡镇（办事处）设立了滇池管理局和滇池管理所，使滇池保护与治理形成了两级政府、三级管理、四级网络的管理机制。成立滇池管理综合行政执法局，并在沿湖区县成立综合行政执法分局，赋予其相对集中行使涉及滇池管理的部分行政处罚职权。"十一五"以来，成立了由市委、市政府主要领导挂帅的滇池流域综合治理指挥部，并明确一位副市长专职负责环境保护和滇池治理。

为确保滇池治理工作和项目的落实，昆明市建立了统筹协调制度、目标责任制度、督办督导制度、专家咨询制度、公开公告制度、环保监管机制、河（段）长责任制等 7 项制度，并在全国率先创建了公检法环保执法联动机制。成立了昆明滇池投资有限责任公司，实现了滇池治理"投、融、建、管"的一体化运作。

（2）环境监测、监管系统建设情况

"十五"期间，滇池流域实施了环境监测系统建设工程，设置滇池湖体例行常规监测点位 10 个，在草海西园隧道和滇池外海观音山分别建设了水质自动监测站；初步建成昆明主城区大气自动监测系统；在松华坝水库建设了自动监测站。"十一五"期间，实施了污染源自动监控系统建设项目，流域内共安装污染源在线监测设备 97 台套，其中，气 19 家企业 36 台（套）、水 32 家企业 62 台套（含 8 家污水处理厂：昆明第一~第六污水处理厂、晋宁污水处理厂、呈贡区污水处理厂）；实施了总量监控系统建设项目，昆明市及相关县区分别建成了盘龙江、新宝象河、大清河、晋宁区中河、采莲河东、西泵站 6 个入湖河道水质自动监测站，出入滇 35 条河道上共有 17 个水质自动监测站。

昆明市环境信息中心开发了污染源管理信息系统，将整套污染源业务建设在统一的数据平台下，实现了从建设项目、排污申报、许可证管理、环境监理到排污收费的计算机管理；实施了昆明市环境监控指挥中心一期、二期项目的建设，完成昆明市环境监控指挥中心数据框架、系统框架建设，污染源在线监控管理系统等部分环境管理应用系统开发建设工作。

同时，为配合监控中心和各应用系统的建设，有关部门开展了大量的数据信息收集整理建库工作，环境地理信息方面的基础调查，各类污染要素的环境专题电子地图，如行政区域基础地图、水系和河流、环境功能区、环境监测点位、污染源及排放口点位分布等。收集了 2003 年至今的污染源排污申报、许可证管理等信息；采集了主要污染源的空间定位信息，建立了污染源空间数据库。通过排污口规范化整治，建立了基于 GSM 的短信（SMS）在线监控数据传输网络，正逐步改造为 GPRS 传输方式，截至 2015 年 12 月底已有约 35 家排污企业和 8 个污水处理厂共 60 设备，通过 GPRS 无线传输网络与昆明市环境监控指挥中心实现联网。

此外，在"十一五"期间，昆明市环境信息中心编制的《昆明市环境监控指挥中心规划建设方案》，构建了一个包括"一中心"（环境监控及应急指挥中心）、"两个网络"（在线传输网和区域环保专网）、"七个系统应用系统"（在线监控及报警系统、视频监控系统、"12369"呼叫投诉系统、应急指挥系统、地理信息管理系统、环境综合管理系统、信息查询与发布系统）为一体的监控应急指挥综合管理系统。

10.7.1.2 科研示范

科研示范项目四个"五年规划"共规划实施 8 个项目，规划总投资 3.08 亿元，实际完成投资 1.18 亿元。

"十五"期间实际实施 5 个规划内项目，实际完成投资 1.13 亿元；"十一五"期间实际实施 3 个规划内项目，实际完成投资 0.05 亿元。各规划期科研示范项目情况见表 10-25。

表 10-25　科研示范类项目概况

规划期	序号	项目名称	项目内容	实施时限	规划投资/万元	实际投资/万元	备注
"十五"	1	调查与研究	环湖截污前期工作	2001—2005 年	5 000	5 498	
	2	调查与研究	滇池入湖污染物动态总量与滇池流域水土流失现状遥感调查、滇池流域资源与环境承载力研究、滇池流域产业结构调整、城市规模控制政策法规等研究	2001—2005 年	3 000	0	
	3	技术示范	河道减污、小流域治理、湿地恢复、雨水污水资源化利用、污水深度处理、秸秆粪便资源化、农村卫生旱厕、分散污水处理技术等示范	2001—2005 年	21 000	3 325	
	4	工程系统规划	农村面源污染控制、滇池湖滨带调查与建设、生态农业建设、产业布局与产业结构调整等规划	2001—2005 年	1 000	0	
	5	滇池蓝藻水华污染控制技术研究、滇池流域面源污染控制技术研究项目（续建）	在 6 km² 的范围内进行蓝藻清除示范研究，在 12.5 km² 的小流域内进行面源污染控制技术示范研究	1996—2003 年	5 000	2 500	
"十一五"	6	规划执行情况评估	组织进行"十一五"规划中、末期评估，研究并提出科学合理的评估办法，制定管理办法及运行机制	2009—2010 年	400	70	
	7	滇池流域水环境保护长远规划研究	结合流域经济社会发展，在湖泊环境容量研究，流域污染趋势预测基础上，研究提出流域管理模式和工程治理方案，形成滇池流域水污染防治长远规划	2006—2008 年	300	270	

规划期	序号	项目名称	项目内容	实施时限	规划投资/万元	实际投资/万元	备注
"十一五"	8	城市污水综合利用研究	寻找城市污水综合利用的难点问题，借鉴其他缺水城市已有的成功经验，研究制定有可操作性的滇池流域城市污水综合利用方案，提高水资源综合利用率	2008—2010 年	100	120	

"七五" 期间，完成 "中国典型湖泊氮、磷容量与富营养化综合防治技术研究"（滇池部分）科技攻关项目，对滇池富营养化成因和蓝藻水华控制进行了研究，为滇池的保护治理打下了坚实的基础；完成了国家 "863 计划" "滇池入湖河流水环境治理技术与工程示范" 国家重大科技攻关项目，该课题以所研发的共 37 项工程技术构成 5 项示范工程，最大限度地削减河流入湖污染负荷，以 "大清河综合整治工程" 为依托，重建严重污染的受纳湖湾水生态系统的充分条件，使大清河流域的水环境得到基础性的改善。

"八五" 期间，开展了国家科技攻关课题 "滇池饮用水水源地取水口水质恢复技术研究"，提出了滇池饮用水水源地的水质的治理和保护措施。

"九五" 期间，在继续开展 "七五" "八五" 科技攻关的基础上，进行了 "滇池蓝藻水华污染控制技术研究" 和 "滇池流域面源污染控制技术研究" 等课题的研究，对滇池湖体及流域的水污染防治做出了重要贡献。

"十五" 期间，相关政府和部门积极开展了科技示范工作：完成河道减污示范工作；开展雨水（污水）资源化利用工作，食藻虫、锁磷剂、滤食性鱼类控制蓝藻试验；实施了微波技术处理城市污水工程示范；开展小流域治理示范工作；完成海河复合人工湿地示范；完成秸秆直接还田科技示范；启动了农村面源污染控制示范村建设。

随着对工业废水和城市生活污水等点源污染的有效控制，面源污染尤其是农业面源污染已经取代点源成为水环境污染的最重要来源。在此期间，完成了国家科技部 "滇池流域面源污染控制技术研究" 重大研究工作，开发了具有自主知识产权的专利 16 项，其中申请发明专利 13 项；形成了一整套面源污染控制的集成示范技术，在滇池流域开展了面源污染控制技术示范工程，使示范区内的生态环境、生活环境和生产环境明显改善，提高了示范区农民的农业生产技术水平以及环境与生态保护意识。

"十一五"以来，滇池水专项启动了全流域、多尺度的系统大调查与监测，围绕环湖截污、河道整治、农业面源污染治理、生态修复、水资源调度、天地一体化环境监控管理等多个方面开展了技术研发与集成应用，开展了示范工程建设，为滇池治理提供重要科技支撑。

10.7.1.3 宣传教育与公众参与

宣传教育与公众参与类项目四个"五年规划"共规划实施 2 项，规划总投资 0.4 亿元，实际完成投资 0.08 亿元。

"十五"期间共实际实施 1 个项目；"十一五"期间共实际实施 1 个项目，实际完成投资 0.08 亿元，全部为规划内项目（表 10-26）。

表 10-26　宣传教育与公众参与类项目概况

规划期	序号	项目名称	项目内容	实施时限	规划投资/万元	实际投资/万元	备注
"十五"	1	滇池流域环保宣教中心	建立昆明市（含滇池流域）环保宣教中心，加大环保宣传力度	2005 年	2 000	0	
"十一五"	2	环境保护宣传教育	媒体及培训班等多种方式向社会各界以及公众宣传保护滇池，在水源区和沿湖农村开展农村面源污染控制宣传教育和知识讲座	2006—2010 年	2 000	801.15	

公众参与是滇池水环境保护的重要组成部分，"十五"期间，成立昆明市（含滇池流域）环保宣教中心。长期以来开展了大量多形式、多层次的环境保护宣传活动，开办各类训练班，以提高环保决策、管理及执行者的环境保护意识；制作了多部滇池保护电视宣传片，编印了大量的画册、折页、宣传资料、宣传墙报，让公众了解、关心和支持滇池保护与治理；开展诸如保护滇池征文、征集滇池老照片、组织多种形式的志愿者活动，激发市民热爱滇池、保护滇池的热情；组织开展以"保护滇池，从我做起"为主题的夏（冬）令营、知识竞赛、演讲比赛、

手抄报比赛、义务劳动等活动,加强青少年学生的公民意识教育和养成教育,增强青少年学生保护环境、保护滇池的主人翁意识。

为使滇池保护信息公开,开通了昆明环保网站和滇池管理局网站,让市民了解环境保护法律、法规、政策,了解滇池保护和治理动态。邀请省市人大代表、政协委员、普通市民现场参观体验滇池保护治理,参与执法及监督管理活动;滇池治理项目公开招标,进行环评公示;重大事项开展决策听证、公示,多方面听取民意;编辑《滇池保护治理中小学生读本》作为昆明市中小学环保课堂教材;实行"河道三包"责任制,与沿河市民签订包治脏、包治乱、包绿化责任书。

与此同时,各级政府、部门对传统的宣传方式进行了创新,拓宽了宣传途径,开展了一系列公众参与度较高的宣传教育活动:滇池保护治理宣传月、"见证滇池"摄影大赛及影展大型公益活动、《滇池圆舞曲》音乐文化精品、"我和滇池的故事"人物纪录片、滇池流域保护候鸟及野生鸟类公益活动、"放鱼滇池"生态保护行动,滇池保护治理贴近群众宣传文艺巡演、滇池保护治理市民一日游、滇池宣传汇报片制作、春城志愿者保护滇池系列活动、"我和滇池有个约"中小学生诗会、"我为滇池发声,我为滇池出力""滇池保护治理文艺宣传巡演"等;通过调动云南滇池保护治理基金会、昆明环保联合会、昆明滇池保护治理促进会、昆明滇池阳光艺术团、滇池研究会等社团组织积极性,努力动员全民参与滇池保护治理。

10.7.2 效益分析

10.7.2.1 不断提高科技对滇池保护治理的支撑能力

"七五""八五""九五"和"十五"的科技攻关项目,着力于滇池污染源、富营养化成因、藻类生长规律、饮用水水源地保护、面源污染控制技术以及蓝藻水华控制等方面的研究,形成了滇池面源污染与蓝藻水华控制的成套技术等一系列污染综合治理及富营养化控制技术。国家"863 计划""973 计划"以及"国家重大水专项"以实现滇池流域水污染与富营养化控制为目标进行了大量的研究和技术示范,提供了一整套城市污水处理、污水处理厂提质增效、河道综合治理、面源治理、湖滨带生态修复、底泥清除等技术并进行了工程示范,提高了科技对滇池保护治理的支撑能力,不但为滇池治理工作提供了全面、科学、系统的基础数据和技术支持，也对全国湖泊水体富营养化治理具有示范和借鉴作用，成为中国乃至世界湖泊治理和研究的案例。

10.7.2.2 逐步完善环境监测监控网络

在出入滇 35 条河道上建成 17 个水质自动监测站，主城区污水处理厂出水口安装在线监测设备，重点污染企业安装污染源在线监测设备，并建成在线监控指挥中心，开发了将整套污染源业务建设在统一的数据平台下的污染源管理信息系统，形成了较为完善的监测监控网络，提高了环境监控能力，为环境管理提供了及时、科学的数据支持。

10.7.2.3 不断健全滇池治理政策机制

云南省、昆明市先后颁布实施了《滇池保护条例》《云南省滇池保护条例》等多项政策法规和规章，成立了滇池管理局、昆明滇池投资有限责任公司等专门的组织管理机构，建立并完善了管理组织机制，带动滇池保护治理向科学化和法制化转变。

10.8 效益汇总分析

2015 年滇池流域污染负荷产生量为化学需氧量 17.39 万 t、总氮 2.37 万 t、总磷 0.28 万 t、氨氮 1.53 万 t，见表 10-27。

表 10-27 "六大工程"环境效益汇总表

污染源		COD_{Cr}/t	NH_3-N/t	TN/t	TP/t
点源	产生量	117 597	12 724	18 228	1 660
	环湖截污工程削减量	102 910	8 391	13 029	1 320
	入湖量	14 687	4 333	5 199	340
农村农业面源	产生量	26 586	2 181	4 168	1 030
	农业农村面源污染治理工程削减量	464	429	837	146
	源头消纳量	20 295	894	1 654	520
	过程衰减量	2 695	426	832	198
	入湖量	3 132	432	845	166
城市面源	产生量	29 709	373	1 299	111
	合流污水调蓄池及雨季污水处理厂削减量	8 894	75	260	22
	入湖量	20 815	298	1 039	89

污染源	COD$_{Cr}$/t	NH$_3$-N/t	TN/t	TP/t
河道及湖滨湿地工程削减量	2 679	676	965	32
再生水利用及尾水外排工程削减量	10 290	587	2 614	207
底泥疏浚工程削减量	—	—	7 700	4 000

其中：点源污染负荷产生量为化学需氧量 11.76 万 t、总氮 1.82 万 t、总磷 0.17 万 t、氨氮 1.27 万 t，占污染负荷产生总量的 72%，通过实施环湖截污工程，建成城镇污水处理厂 14 座，环湖截污污水处理厂 10 座，污水处理能力达到 205 万 m³/d，可削减约 80% 的点源污染负荷。

农村农业面源产生量为化学需氧量 2.66 万 t、总氮 0.42 万 t、总磷 0.1 万 t、氨氮 0.22 万 t，占污染负荷产生总量的 21%，通过实施滇池流域规模化畜禽禁养、测土配方施肥技术推广、秸秆资源化利用、村庄分散式污水处理设施等农村农业面源治理工程，可削减 83% 的农村农业面源污染负荷（其中，源头消纳 52%、工程削减 14%、过程衰减 17%）。

城市面源污染负荷产生量为化学需氧量 2.97 万 t、总氮 0.13 万 t、总磷 0.01 万 t、氨氮 0.04 万 t，通过雨季污水处理厂的削减和合流污水调蓄池部分作用的发挥，可削减约 23% 的城市面源污染负荷。

再生水利用工程通过污水再生回用减少的污染物入湖量，主城第一、第二、第三、第四、第五、第六、第十污水处理厂和呈贡南、呈贡北污水处理厂配套建成再生水处理站，建成分散式再生水利用设施 500 余座，处理规模约 32.5 万 m³/d。实施主城污水处理厂尾水外排和资源化利用工程，尽最大努力"隔断"污染物入湖通道，可削减 28% 的入湖污染负荷。

入湖河道整治工程是环湖截污工程的补充和完善，湖滨湿地建设工程为滇池构建了最后一道保护屏障，根据湿地面积和与湖体及周边来水的交换量进行核算，如果湿地效益可以正常发挥，可以进一步削减约 10% 的入湖污染负荷。

滇池湖体污染底泥共计 8 516 万 m³，通过底泥疏浚工程的实施，可去除 14% 的污染底泥，减少 10% 的污染物释放。

通过以上工程的实施，共可削减约 73% 的污染负荷，流域污染负荷入湖率不断降低，化学需氧量、总氮、总磷入湖总量占其产生总量的比例由"九五"末 1995 年的 59%、66%、63% 下降至 2015 年的 25%、33%、28%。

同时，通过实施"2258"引水供水工程、掌鸠河引水供水工程、板桥河—清水海引水济昆一期工程和牛栏江—滇池补水工程，流域可利用水资源量由"九五"初期的 5.5 亿 m^3/a 提高到 14.7 亿 m^3/a，滇池水环境容量增加了 21%。

10.9 本章小结

滇池污染治理经历了从单一的工程措施向工程与生态相结合的综合治污措施转变，投资力度不断加大。"九五"以来规划实施 290 个项目，规划总投资 712.46 亿元；扣除续建、取消、暂缓的项目，实际实施规划项目 240 项，实际完成投资 500.59 亿元。规划外实施 7 个项目，完成投资 8.59 亿元。"九五"以来共实际实施滇池治理工程 247 项，实际总投资 509.18 亿元。

滇池流域水环境保护与治理并举，重点实施"六大工程"，治理成效明显。滇池流域截污治污系统基本建成，入湖河道整治工程全面开展，农业农村面源治理取得成效，生态修复与建设成效显著，生态清淤等内源治理效果明显，外流域引水及节水工程作用显现。滇池治理投入不断加大，环境基础设施不断夯实，流域健康水循环体系初步形成，滇池水质企稳向好。

然而，通过对"六大工程"项目实施情况的梳理，也发现滇池治理还存在不少问题。一是滇池环境约束条件复杂，治理难度大；二是流域资源环境约束趋紧，产业布局亟待优化调整；三是水污染形势依然严峻，控源截污治污体系尚需完善；四是流域生态安全格局亟待优化，湖滨湿地生态环境功能尚需提升；五是流域健康水循环体系有待完善；六是流域环境管理不完善，精细化水平有待提高。因此，为促进滇池水质根本性好转，在今后的滇池治理工作中，还应深刻把握滇池流域面临的新形势新矛盾新特征，牢固树立"绿水青山就是金山银山"的绿色发展理念，坚持人与自然和谐共生基本方略，严守"资源利用上线、生态保护红线、环境质量底线"，全面落实和深化"湖长制""河长制"，将滇池流域建设成为生态文明建设先行示范区，以实际行动为建设"美丽中国""美丽云南"贡献出强大的昆明力量。

第 **11** 章

基于DEA的滇池治理绩效评价

本章以滇池治理"六大工程"为评价对象，基于 DEA 评价方法，建立了滇池流域治理效率评价体系，结合 CCR 模型、BCC 模型以及超效率数据包络模型，从工程类别维度（横向上）对"六大工程"决策单元的治理技术效率进行评价，系统地分析"六大工程"对滇池治理的环境效益，探讨影响其效率的主要因素，为滇池治理调控提出定量化的调整建议。同时从时间维度（纵向上）对各个规划周期决策单元的工程治理投资效率进行评价，评估各个规划周期的工程投资对滇池治理的效率，分析影响各个规划周期工程投资效率的主导因素，并针对性地提出提高"十三五"规划周期，乃至 2020—2030 年中长期的滇池流域水污染防治工程治理改进效率的对策及建议。

11.1 基于 DEA 的滇池治理投资效率评价模型构建

基于 DEA 分析方法，依据构建评价指标体系的目标，6 种投资结构的周期投资总额作为投入指标，以及各类工程实施对滇池治理的贡献量作为产出指标，建立滇池治理六大工程绩效评价指标体系，构建基于 DEA 的滇池治理投资效率评价模型，主要包括以下内容：

（1）确定决策单元：假设有 n 个待评价的对象，每个对象称为决策单元（DMU）。

（2）确定输入输出指标：设每个决策单元都有 m 个投入指标，作为"输入指标"；s 个产出指标，作为"输出指标"。

（3）选择 DEA 模型：分别选取 DEA 的 CCR 模型、BCC 模型和超效率模型来评价滇池治理投资的综合效率。其中，传统的 CCR 模型和 BCC 模型可以用来评价每个决策单元投入的综合效率、纯技术效率和规模效率；运用超效率模型对相对有效的多个评价单元进行效率高低的区分。

根据此次评价目标，分别从时间维度（纵向上）和工程类别维度（横向上）建立滇池治理六大工程投资效率评价和滇池治理规划周期投资效率评价两套 DEA 模型，系统地综合评价滇池治理投资的效率。

评价指标体系建立结合"九五"～"十二五"期间滇池流域水污染防治规划滇池治理工程类项目的投资结构，将滇池流域治理工程投资分为环湖截污与交通工程投资、入湖河道整治工程投资、农业农村面源治理工程投资、生态修复与建设工程投资、外流域引水及节水工程投和内源污染治理工程投资。因此，选取以上 6 种投资结构的周期投资总额（各周期内 6 种结构投资总额）作为投入指标。考虑到各类工程实施对滇池治理的效益是滇池治理的主要任务，选取各类工程实施对滇池治理的贡献量作为本次评价体系中的产出指标。

11.2 滇池治理"六大工程"投资效率评价

11.2.1 投入和产出指标的选取

本次评价选择环湖截污与交通工程（D01）、入湖河道综合整治工程（D02）、农业农村面源污染治理工程（D03）、内源污染治理工程（D04）、生态修复与建设工程（D05）和外流域引水及节水工程（D06）这"六大工程"作为 6 个决策单元（DMU），分别选择"九五"规划期投资总额（X_1）、"十五"规划期投资总额（X_2）、"十一五"规划期投资总额（X_3）和"十二五"规划期投资总额（X_4）作为投入指标，选取每类工程实施对滇池治理的贡献量（Y_1）作为产出指标。

11.2.2　评价结果分析

将经过标准化处理后的投入产出数据带入到 CCR 模型、BCC 模型和 SE-DEA 模型中，运用 MaxDEABasic6 软件和 EMS1.3 软件分别计算出"九五"～"十二五"期间滇池治理六大工程投入的综合效率（TE）、纯技术效率（PTE）、规模效率（SE）和超效率，计算结果如表 11-1 所示。

表 11-1　滇池治理"六大工程"投资效率评价分析结果

DMU	CCR		BBC		SE-DEA	排序
	综合技术效率（TE）	纯技术效率（PTE）	规模效率（SE）	规模报酬	超效率/%	
D01	1	1	1	不变	219.99	1
D02	1	1	1	不变	137.57	3
D03	0.817	1	0.817	递增	81.74	6
D04	0.861	1	0.861	递增	86.06	5
D05	0.958	1	0.958	递减	95.76	4
D06	1	1	1	不变	147.29	2
平均	0.939	1	0.939		128.07	

表 11-2　滇池治理"六大工程"松弛变量计算结果

DMU	投入松弛				产出松弛
	S_1^{-*}	S_2^{-*}	S_3^{-*}	S_4^{-*}	S_1^{+*}
D01	0.000	0.000	0.000	0.000	0.000
D02	0.000	0.000	0.000	0.000	0.000
D03	0.000	0.000	−0.028	0.000	0.000
D04	−0.067	−0.059	0.000	−0.017	0.000
D05	0.000	−0.079	−0.179	0.000	0.000
D06	0.000	0.000	0.000	0.000	0.000

由表 11-1 和表 11-2 可以看出，六大工程对滇池治理贡献的平均综合技术效率为 0.939，平均纯技术效率为 1，平均规模效率为 0.939，表明这六大工程对滇池治理的投入产出绩效总体水平较高，其中环湖截污与交通工程（D01）、入湖河道整治工程（D02）、外流域引水及节水工程（D06）这三类工程的综合技术效

率为 1，表明这三类工程的投资效率是 DEA 有效，处于技术效率前沿面上，并且纯技术效率和规模效率也都为 1，说明通过这三类工程的实施，滇池治理的投入和产出组合达到最优配置，其投资效率均为合理状态。农业农村面源治理工程（D03）、内源污染治理工程（D04）和生态修复与建设工程（D05）对滇池治理的综合技术效率小于 1，且松弛变量不全为 0，表明这三类工程对滇池治理的投入产出是非 DEA 有效，偏离技术效率前沿面，滇池治理投资投入和产出组合没有达到最优配置状态，可以在不影响当前各决策单元产出效益情况下，适当调整投资总额，以提高这三类工程对滇池治理的投资技术效率；对于规模报酬不为 1 的三类工程，通过规模报酬的状态调整其规模的方向，由于农业农村面源污染治理工程（D03）和内源污染治理工程（D04）的规模报酬均处于递增状态，表明应当增加规模，适当增加这两类工程投资以获得更大的产出效率来提升这两类工程对滇池治理的综合效率，而生态修复与建设工程（D05）的规模报酬处于递减状态，说明近期生态修复与建设工程对滇池治理的投入产出效率不高，应当适当减少这类工程的投资，可以获得滇池治理投入产出的最优效率。

农业农村面源污染治理工程（D03）、内源污染治理工程（D04）和生态修复与建设工程（D05）的纯技术效率虽然为 1，但其综合效率和规模效率均小于 1，且处于规模报酬可变阶段，由"九五"规划期投资总额（X_1）、"十五"规划期投资总额（X_2）、"十一五"规划期投资总额（X_3）和"十二五"规划期投资总额（X_4）的松弛变量不为 0 可知，这三类工程在"九五"～"十二五"这四个规划周期的投资出现了一定的冗余现象，表明这三类工程投资整体规模过大，可以通过适当增加或减少每个规划周期的治理工程投资，调整这三类工程在每个规划周期的投资配置结构，有效提高这三类工程对滇池治理的贡献。

通过超效率模型能够更加清晰地了解每类工程对滇池治理的投资产出效率情况，平均超效率值为 128.07%，表明这六类工程对滇池治理总体投资效率较高，充分肯定了以六大工程为主要抓手的滇池治理思路，这种多措并举的滇池治理方式是有效的，在"十三五"期间，乃至未来的 2020—2030 年中长期，将继续以六大工程为主线，滇池治理的效果必将逐步显现。通过各类工程的超效率值排序可知，环湖截污与交通工程（D01）、入湖河道综合整治工程（D02）以及外流域引水及节水工程（D06）这三类工程对滇池治理投资效率较高，其中环湖截污与交通工程（D01）最好，超效率值达到 219.99%；农业农村面源污染治理工程（D03）、内源污染治理工程（D04）和生态修复与建设工程（D05）这三类工程队滇池治理的投资效率较差，其中农业农村面源污染治理工程（D03）和内源污染治理工程（D04）这两类工程队滇池治理的投资效率最差，其超效率值分别为 81.74% 和 86.06%。主要因为在滇池水污染防治初期，滇池污染主要以工业点源污染为主，通过环湖截污与交通工程的实施，可以大幅度削减入滇污染负荷，有效提高滇池治理效率；随着滇池流域社会经济的快速发展，以工业点源和城镇生活点源为主的污染源通过河道进入滇池，从而加快了滇池水质的下降，通过入湖河道整治工程的实施，有效阻止或减缓了大量污染负荷进入滇池水体；而通过外流域引水及节水工程（D06）的实施，一方面将显著加快滇池湖体的水量交换，有效增加滇池水资源总量，增加水环境容量，改善滇池水环境质量；另一方面提高非常规水资源利用规模，大幅度削减入滇污染负荷；随着点源逐渐被重视，点源污染逐步被有效治理与控制，面源污染逐渐成为流域范围内最为主要的水环境问题，对面源的有效治理与控制，可以显著降低水体污染，尤其是在汛期，降雨带来的大量面源污染负荷，严重影响着滇池水环境质量，但是相比其他工程，面源治理工程的投资总额明显不足，从而导致了面源治理工程对滇池治理的投资效率较差；生态修复与建设工程虽然是滇池流域水污染防治工作的重要举措，但是由于其产生的环境效益明显滞后，所以造成了对滇池治理的投资效率不高，然而生态修复与建设作为滇池生态环境保护的重要屏障，仍然需要持续投资建设。

11.3　滇池治理规划周期投资效率评价

11.3.1　投入和产出指标的选取

本次评价选择"九五"中期（D01）、"九五"末期（D02）、"十五"中期（D03）、"十五"末期（D04）、"十一五"中期（D05）、"十一五"末期（D06）、"十二五"中期（D07）、"十二五"末期（D08）这 8 个周期作为 8 个决策单元（DMU），根据滇池治理工程类项目的投资结构，分别选取环湖截污与交通工程投资总额（X_1）、入湖河道整治工程投资总额（X_2）、农业农村面源治理工程投资总额（X_3）、内源污染治理工程投资总额（X_4）、生态修复与建设工程投资总额（X_5），以及外流域引水及节水工程投资总额（X_6）作为投入指标，选取各个周期六大工程实施对滇池治理的贡献量（Y_1）作为产出指标。

11.3.2　评价结果分析

将经过标准化处理后的投入产出数据带入到 CCR 模型、BCC 模型和 SE-DEA 模型中，运用 MaxDEABasic6 软件和 EMS1.3 软件分别计算出"九五"～"十二五"期间滇池治理六大工程投入的综合效率（TE）、纯技术效率（PTE）、规模效率（SE）和超效率。计算结果如表 11-3 所示。

表 11-3　滇池治理各规划周期（DMU）投资效率评价分析结果

DMU	CCR		BBC		SE-DEA	排序
	综合技术效率(TE)	纯技术效率（PTE）	规模效率（SE）	规模报酬	超效率/%	
D01	0.799	1	0.799	递减	79.95	8
D02	0.819	0.912	0.899	递减	81.93	7
D03	0.946	1	0.946	递减	94.56	4
D04	1	1	1	不变	105.75	2
D05	0.858	0.890	0.964	递减	85.79	6
D06	0.871	0.983	0.886	递减	87.05	5
D07	1	1	1	不变	104.76	3
D08	1	1	1	不变	114.92	1
平均	0.912	0.973	0.937		94.34	

表 11-4　滇池治理各规划周期（DMU）松弛变量计算结果

DMU	投入松弛						产出松弛
	S_1^{-*}	S_2^{-*}	S_3^{-*}	S_4^{-*}	S_5^{-*}	S_6^{-*}	S_1^{+*}
D01	−0.155	−0.005	−0.020	−0.138	0.000	−0.043	0.000
D02	−0.317	−0.010	−0.040	−0.283	0.000	−0.088	0.000
D03	0.000	0.000	0.000	0.000	0.000	0.000	0.000
D04	0.000	0.000	0.000	0.000	0.000	0.000	0.000

DMU	投入松弛						产出松弛
	S_1^{-*}	S_2^{-*}	S_3^{-*}	S_4^{-*}	S_5^{-*}	S_6^{-*}	S_1^{+*}
D05	−0.167	−0.732	−0.575	0.000	−0.554	−0.596	0.000
D06	−0.657	−0.381	−0.802	0.000	−0.564	−0.356	0.000
D07	0.000	0.000	0.000	0.000	0.000	0.000	0.000
D08	0.000	0.000	0.000	0.000	0.000	0.000	0.000

由表 11-3 和表 11-4 可以看出，从"九五"时期～"十二五"时期，滇池治理六大工程投资平均综合技术效率为 0.912，平均纯技术效率为 0.973，平均规模效率为 0.937，说明这 8 个规划周期通过"六大工程"的滇池治理投入产出绩效整体状况良好，其中"十五"末期、"十二五"中期以及"十二五"末期这 3 个周期的综合效率为 1，表明这 3 个规划周期是 DEA 有效，处于技术效率前沿面上，并且纯技术效率和规模效率也都为 1，说明这 3 个规划周期的滇池治理工程投资的投入和产出组合达到最优配置，其投资效率均为合理状态。"九五"中期、"九五"末期、"十五"中期、"十一五"中期以及"十一五"末期的综合技术效率小于 1，且松弛变量不全为 0，表明这 5 个规划周期的非 DEA 有效，偏离技术效率前沿面，滇池治理投资投入和产出组合没有达到最优配置状态，可以在不影响当前各决策单元产出效益情况下，适当调整投资总额，以提高各规划周期的滇池治理投资技术效率；对于规模报酬不为 1 的 5 个规划周期，通过规模报酬的状态调整其规模的方向，由于"九五"中期、"九五"末期、"十五"中期以及"十一五"中期的规模报酬均处于递减状态，表明应当降低规模适当减少工程投资以获得更大的产出来提升滇池治理的综合效率。

"九五"中期的纯技术效率虽然为 1，但其综合效率和规模效率均小于 1，且处于规模报酬递减阶段，由环湖截污与交通工程投资总额（X_1）、入湖河道整治工程投资总额（X_2）、农业农村面源治理工程投资总额（X_3）、内源污染治理工程投资总额（X_4），以及外流域引水及节水工程投资总额（X_6）的松弛变量不为 0 可知，这五类工程在"九五"中期的投资出现了一定的冗余现象，表明"九五"中期工程投资整体规模过大，可以通过适当减少治理工程投资，调整六大工程投资配置结构，有效提高滇池水污染治理效果。

通过超效率模型能够更加清晰地了解每个规划周期内工程投资对滇池治理的效率情况，平均超效率值为 94.43%，表明"九五"～"十二五"期间滇池治理总体投资效率较好。通过各规划周期的超效率值排序可知，"十五"末期、"十二五"中期以及"十二五"末期这 3 个规划周期的滇池治理投资效率较高，其中"十二五"末期最好，超效率值达到 114.92%；"九五"中期、"九五"末期、"十五"中期、"十一五"中期以及"十一五"末期这 5 个规划周期投资效率较差，其中"九五"中期和"九五"末期这两个规划周期投资效率最差，其超效率值分别为 79.95% 和 81.93%。主要是因为"九五"期间是滇池治理的摸索阶段，当时社会经济快速发展的同时，也给滇池带来了大量的污染负荷，使滇池水质快速下降，主要污染物浓度均快速上升，滇池治理速度远远落后于滇池污染，因此此阶段滇池治理的工程投资不足以有效提高滇池治理水平；到了"十五"末期，滇池水质逐渐改善，水体污染物浓度缓慢下降，前期的工程治理逐步显效，以至于此规划周期的工程投资效率达到短期最大化；进入"十一五"规划期，由于滇池治理工程投资总额的大幅度提高，尤其是生态修复与建设工程与外流域引水及节水工程，虽然滇池水质仍在逐渐改善，但是这两类工程实施后所能产生的效益还未能显现，从而导致此阶段的两个规划周期（"十一五"中期和"十一五"末期）的投资效率相对不高；到了"十二五"期间，滇池水质加速改善，"十一五"期间实施的工程逐步显效，加上有效提升污水处理技术，带来大量环境效益，使此规划周期的投资效率达到最高。

11.4 本章小结

通过建立滇池流域治理效率评价体系和基于 DEA 的滇池治理投资效率评价模型，分别从工程类别维度（横向上）和时间维度（纵向上）对滇池治理投资效率进行系统分析，得出以下结论：

（1）六大工程对滇池治理的投入产出绩效总体水平较高，平均综合技术效率为 0.939，平均纯技术效率为 1，平均规模效率为 0.939，平均超效率值为 128.07%，充分肯定了以"六大工程"为主要抓手的滇池治理思路，这种多措并举的滇池治理方式是有效的，在"十三五"期间，乃至未来的 2020—2030 年中长期，将继续以"六大工程"为主线，滇池治理的效果必将逐步显现。

（2）通过各类工程的超效率值排序可知，环湖截污与交通工程、入湖河道整治工程以及外流域引水及节水工程这三类工程对滇池治理投资效率较高，其中环湖截污与交通工程（D01）最好，超效率值达到 219.99%；农业农村面源治理工程（D03）、内源污染治理工程（D04）和生态修复与建设工程（D05）这三类工程队滇池治理的投资效率较差，其中农业农村面源治理工程（D03）和内源污染治理工程（D04）这两类工程队滇池治理的投资效率最差，其超效率值分别为 81.74% 和 86.06%。

（3）从"九五"时期～"十二五"时期，滇池治理六大工程投资平均综合技术效率为 0.912，平均纯技术效率为 0.973，平均规模效率为 0.937，说明这 8 个规划周期通过"六大工程"的滇池治理投入产出绩效整体状况良好。

（4）通过滇池治理规划周期投资效率评价中的超效率模型计算结果可知，"十五"末期、"十二五"中期以及"十二五"末期这 3 个规划周期的滇池治理投资效率较高，其中"十二五"末期最好；"九五"中期、"九五"末期、"十五"中期、"十一五"中期以及"十一五"末期这五个规划周期投资效率较差，其中"九五"中期和"九五"末期这两个规划周期投资效率最差，主要是因为"九五"期间是滇池治理的摸索阶段，滇池治理速度远远落后于滇池污染，到了"十五"末期，前期的工程治理逐步显效，以至于此规划周期的工程投资效率达到短期最大化。

第 **12** 章

"十三五"时期滇池保护治理新形势

近年来,滇池水污染防治成效逐步显现,营养状态已由重度富营养转变为中度富营养,水质企稳向好,蓝藻水华发生规模和频次不断下降,流域生态环境明显改善,但湖泊富营养化仍然存在,产生规模化藻类水华风险依然较大,水生态系统仍然脆弱。党的十九大提出的生态文明建设和绿色发展新理念、新思想和新战略背景下,随着我国经济社会发展进入新常态,滇池保护治理也面临着新的机遇和挑战。

本章结合《关于加快推进生态文明建设的意见》《"十三五"生态环境保护规划》《云南省环境保护"十三五"规划纲要》等阐述了生态文明建设对地方政府赋予的新责任、新要求,分析了"十三五"时期滇池保护治理新形势。可为下一步滇池保护治理工程工作提供参考。

12.1 我国生态环境保护的新理念

党的十八大以来,习近平总书记统筹推进"五位一体"的战略布局和发展思路,将生态文明与经济、政治、文化、社会相结合。十八届三中全会后,生态文明建设成为中国共产党的重要工作纲领之一。十八届五中全会审议通过了《中共中央关于制定国民经济和社会发展第十三个五年规划的建议》,提出欲实现"十三五"时期发展目标,必须牢固树立创新、协调、绿色、开放、共享的五大发展理念。生态文明建设首度被写入国家五年规划,绿色发展上升为党和国家的意志,正式成为党和国家的执政理念。习近平总书记在党的十九大报告中全景式地勾勒出新时代中国特色社会主义生态文明建设的理论和实践全貌,沿用并高度重视党的十八大报告中首次提出的"建设美丽中国"的提法,并将"美丽"与富强、民主、文明、和谐并列,共同成为新时代中国社会主义现代化强国建设的五大奋斗目标(李俊,2018)。

习近平总书记考察云南并发表重要讲话,要求"主动服务和融入国家发展战略,闯出一条跨越式发展的路子来,努力成为我国民族团结进步示范区、生态文明建设排头兵、面向南亚东南亚辐射中心,谱写好中国梦的云南篇章。"习近平总书记的重要讲话,科学指明了云南在全国发展大局中的战略定位,深刻阐述了事关云南全局和长远发展的一系列重大问题,明确提出了当前和今后一个时期云南的发展路径和工作重点,是指导云南改革开放和社会主义现代化建设的行动纲领,为各族干部群众团结奋斗增添了力量源泉,在云南发展史上具有里程碑意义。

2018 年 5 月 18—19 日的全国生态环境保护大会上,习近平总书记以深邃的历史视野,宽广的世界眼光,从党和国家发展大局出发,全面总结了党的十八大以来我国生态文明建设和生态环境保护的历史性成就,深刻阐述了生态文明思想,对打好污染防治攻坚战做了全面部署。

习近平生态文明思想是生态环境保护修复的基本遵循。主要包括建立健全以生态价值观念为准则的生态文化体系,以产业生态化和生态产业化为主体的生态经济体系,以改善生态环境质量为核心的目标责任体系,以治理体系和治理能力现代化为保障的制度体系,以生态系统良性循环和环境风险有效防控为重点的生态安全体系等五个方面。习近平生态文明思想的深刻内涵,有以下六个方面的原则。

以"人与自然和谐共生"为本质要求。生态环境是关系党的使命宗旨的重大政治问题,也是关系民生的重大社会问题。生态环境没有替代品,用之不觉,失之难存。我们应像保护眼睛一样保护生态环境,像对待生命一样对待生态环境,让生态美景永驻人间。在人类发展史上,发生过破坏自然生态的事件,酿成惨痛教训。对此,恩格斯指出:"我们不要过分陶醉于我们人类对自然界的胜利。对于每一次这样的胜利,自然界都对我们进行报复。"从这个意义上说,我们只有尊重自然、顺应自然、保护自然，才能实现经济社会可持续发展。

以"绿水青山就是金山银山"为基本内核。绿水青山是有价的，保护自然就是增值自然价值和自然资本的过程；生态环境的价值，又是随发展而变化的。"既要绿水青山，也要金山银山"，强调两者兼顾，要立足当前，着眼长远。"宁要绿水青山，不要金山银山"，说明生态环境一旦遭到破坏就难以恢复，因而开发不能以破坏生态环境为代价。"绿水青山就是金山银山"，反映两者可以转化。我们要贯彻创新、协调、绿色、开放、共享发展理念，用集约、循环、可持续的方式做大"金山银山"，形成节约资源和保护环境的空间格局、产业结构、生产方式、生活模式，给自然留下休养生息的时间空间。

以"良好生态环境是最普惠民生福祉"为宗旨精神。生态文明建设，既是民意，也是民生；既可以增进群众福祉，也可以让群众公平分享发展成果。随着物质文化生活水平的不断提高，城乡居民需求在升级，不仅关注"吃饱穿暖"，还增加了对良好生态环境的诉求，更关注饮用水安全、空气质量等议题。生态环境保护修复，也是对人民群众生态产品需求日益增长的积极回应。我们应坚持生态惠民、生态利民、生态为民，解决损害群众健康的突出环境问题，植树造林，既让当代人享受绿色福利，也能造福子孙后代，让后人"乘凉"。

以"山水林田湖草是生命共同体"为系统思想。人类赖以生存和发展的自然系统，是社会、经济和自然的复合生态系统，是普遍联系的有机整体。山水一般代指自然生态，由山水林田湖等要素组成；山是水之源，水是生命之基，地是财富之母，均是人类生存和发展不可或缺的支撑条件。人类只有遵循自然规律，生态系统才能保持稳定、和谐、再生的状态，才能持续焕发生机活力。我们要统筹兼顾，自觉推动绿色发展、循环发展、低碳发展；多措并举，统一管理国土空间用途，全地域、全过程建设生态文明，使生态系统功能和群众健康得到最大限度的保护，使经济、社会、文化和自然相互依存，良性循环。

以"最严格制度、最严密法治保护生态环境"为重要抓手。党的十八大以来，我国开展了一系列根本性、开创性、长远性工作，实施中央环保督察制度，深入推进大气、水、土壤污染防治三大行动计划，生态环境保护发生了历史性、转折性、全局性变化。另外，生态文明建设和生态环境保护仍处于压力叠加、负重前行的关键期。我们必须咬紧牙关，爬过这个坡，迈过这道坎；必须加快制度创新，完善法规和标准体系,让制度成为刚性约束和不可触碰的高压线,环境司法愈加深入,监督常态化,环境信息披露越来越及时完整,守法成为企业社会责任,公众参与越来越有序有效,环境治理迈入法治化轨道。

以"共谋全球生态文明建设"彰显大国担当。习近平总书记以全球视野、世界眼光、人类胸怀,推动治国理政理念走向更高视野、更广时空。保护生态环境,应对全球气候变化,是人类面临的共同挑战。国家主席习近平多次在国际场合宣称,中国将继续承担应尽的国际义务,同世界各国深入开展生态文明领域的交流合作,携手共建生态良好的地球美好家园。中国将一如既往地深度参与全球环境治理,通过"一带一路"建设等多边合作机制,为全球生态环境保护和气候变化提供解决方案,成为重要参与者、贡献者、引领者。

12.2 新时代我国生态环境保护修复的重点任务

党的十八大以来,以习近平同志为核心的党中央,统筹推进"五位一体"总体布局和协调推进"四个全面"战略布局。

2015年1月颁布实施的新《环境保护法》,被称为我国"史上最严"的新《环境保护法》。新法不仅大大增加了环境污染者的违法成本,加强了公众的环境监督作用,而且从环境监管的角度,突出强调了地方政府的环境保护责任,其核心就是"地方各级人民政府应当对本行政区域的环境质量负责"。这就要求地方政府必须将环境保护工作纳入国民经济和社会发展规划中统筹考虑,平衡好经济发展与环境保护的关系,否则一旦生态环境出现问题政府将承担主要责任。此外,针对地方政府的具体责任,可归纳为以下三点:加大对保护和改善生态环境、防止污染和公害的财政投入;对本行政区域环境保护工作实施统一监督管理,严惩环境违法者;鼓励企业、个人通过各种形式积极投入环保工作,对取得显著成绩的给予奖励。

2013年9月,国务院发布《大气污染防治行动计划》(以下简称"大气十条"),旨在通过五年时间实现全国空气质量总体改善,重污染天气大幅减少。要求地方政府作为实施"大气十条"的责任主体,对所在区域大气环境质量负总责,根据国家总体部署制定地区实施细则,设定工作重点和目标,加强部门协调联动,并于 2014 年 1 月与环保部签署《大气污染防治目标责任书》。2014 年 7 月，环保部、发改委等六部委联合发布了《大气污染防治行动计划实施情况考核办法（试行）实施细则》，分阶段（年度，中期，终期）、分指标（空气质量改善目标完成情况，大气污染防治重点任务完成情况）对地方政府执行"大气十条"的情况进行考核。考核结果作为中组部考核干部和中央财政安排大气污染防治专项资金的重要依据，若考核未通过将受到环保部会同组织部门的约谈、环评限批等。此外，"十三五"期间国家还将以环保督察巡视、离任审计、损害责任追究等"一系列组合手段"来进一步落实地方政府环境责任。2015 年 4 月，《水污染防治行动计划》（以下简称"水十条"）出台。"水十条"在借鉴"大气十条"实施经验的基础上，最突出的特点就是责任主体更加明确，每一项举措都设定了牵头、参与和落实部门，而地方政府更是被明确为各项措施的落实部门和实施主体。"水十条"要求地方政府将以改善水环境质量为核心，在控制污染物排放、节约保护水资源、水环境执法监管等方面严格落实自己的环保责任，并启动目标任务考核和严格问责制，推进铁腕治污的常态化。2016 年 5 月，《土壤污染防治行动计划》（以下简称"土十条"）的发布，可谓是土壤修复事业的里程碑事件。土壤作为大部分污染物的最终受体，其环境质量受到废水、废气、固体废物等污染排放的影响显著，且土壤污染具有隐蔽性、滞后性、累积性、难可逆性等特征。我国土壤污染防治工作起步晚、基础薄弱、防治体系尚未形成，故和大气污染、水污染相比将面临更大的困难。而"土十条"为今后我国土壤污染防治工作作出了全面战略部署，将夯实我国土壤污染防治工作基础，全面提升我国土壤污染防治工作能力，进一步促进我国生态环境质量的改善。"土十条"要求落实"党政同责"，政府发挥主导作用，按照"国家统筹、省负总责、市县落实"原则，制定并公布土壤污染防治工作方案，完善政策措施，加大资金投入，创新投融资模式，强化监督管理。地方政府与国务院签订《土壤污染防治目标责任书》，分解落实目标任务，加强目标考评，严格追究有关责任（莫欣岳，李欢等，2017）。

全力推进大气、水、土壤污染防治，污染治理力度之大、制度出台频度之密、监管执法尺度之严、环境质量改善速度之快，前所未有。

生态环境质量有所改善。近几年，我国已经退出钢铁产能 1.7 亿 t 以上、煤炭产能 8 亿 t；加强散煤治理，推进重点行业节能减排，71% 的煤电机组实现超低排放；提高燃油品质，淘汰黄标车和老旧车 2 000 多万辆。与 2013 年相比，2017 年全国 338 个地级及以上城市 PM_{10} 平均浓度下降 22.7%，京津冀、长三角、珠三角等重点区域 $PM_{2.5}$ 平均浓度分别下降了 39.6%、34.3%、27.7%。"大气十条"各项任务顺利完成。加强重点流域水污染防治，打响碧水保卫战，重点解决集中饮用水水源地、黑臭水体、劣 V 类水体和排入江河湖海不达标水体的治理问题，大江大河干流水质明显改善，水变清已被公众感知。

生态保护与建设取得成效。天然林资源保护、退耕还林还草、退牧还草、防护林体系建设、河湖与湿地保护修复、防沙治沙、水土保持、石漠化治理、野生动植物保护及自然保护区建设等一批重大生态保护与修复工程稳步实施。自然保护区面积不断扩大，国家重点保护野生动植物种类以及大多数重要自然遗迹得到有效保护；生物多样性，特别是部分珍稀濒危物种野外种群数量稳中有升。全国受保护的湿地面积增加，荒漠化和沙化状况连续三个监测周期实现面积"双缩减"；森林覆盖率达到 21.66%，森林蓄积量达到 151.4 亿 m^3，成为同期全球森林资源增长最多的国家。草原综合植被盖度达到 54%。建立各级森林公园、湿地公园、沙漠公园 4 300 多个，"地变绿"成为抬头可见的现实。

生态文明"四梁八柱"制度逐步筑牢。党中央、国务院印发了《关于加快推进生态文明建设的意见》《生态文明体制改革总体方案》，成为生态文明建设的基本遵循。法规不断完善，《环境保护法》《大气污染防治法》《放射性废物安全管理条例》《环境空气质量标准》等完成制修订，新环保法增加按日连续计罚等规定。生态保护红线战略开始实施，对重要生态空间进行严格保护。生态文明建设目标评价考核办法颁布；"河长制""湖长制"以及"湾长制"相继推出，为每一条河、每一个湖、每个海湾明确生态"管家"。生态环境损害责任追究办法出台，以破解生态环境的"公地悲剧"。不断提高生态环境管理系统化、科学化、法治化、精细化、信息化水平，全社会法治观念和意识不断加强。

开展中央环境保护督察。行政手段覆盖了督企、督政；督企强化了督察巡查，督政包括环保督察、专项督察，以及约谈、限批、通报、挂牌督办等；执法活动应用了包括遥感、在线监控、大数据等技术手段。在督察进驻期间，已经问责各级党政领导干部 1.8 万多人，解决群众关心的环境问题 8 万多个。2017 年 7 月，中办、国办就甘肃祁连山国家级自然保护区生态环境问题发出通报；对甘肃约百名党政领导干部进行问责，包括 3 名副省级干部、20 多名厅局级干部。以儆效尤，不仅彰显了党中央保护生态环境的坚定意志，也使地方党政干部真正意识到生态环境保护的分量。推进治理体系和治理能力现代化，全党全国贯彻绿色发展理念的自觉性和主动性显著增强，忽视生态环境保护的状况明显改变。

总体来看，我国生态环境质量出现了稳中向好趋势，但成效并不稳固，多阶段、多领域、多类型生态环境问题交织，与人民群众新期待差距较大；加强生态环境综合治理，补齐生态环境短板，到了有条件、有能力实现也必须实现的窗口期。我们还有不少难关要过，还有不少硬骨头要啃，还有不少顽瘴痼疾要治。如果我们现在不抓紧治理，将来难度更高、代价更大、后果也更重。

决胜全面建成小康社会，必须坚决打好污染防治攻坚战。我们必须以习近平新时代中国特色社会主义思想为指导，自觉把经济社会发展同生态文明建设统筹起来，发挥党的领导和社会主义制度能够集中力量办大事的优势，充分利用改革开放 40 年来积累的坚实物质基础，加大力度推进生态文明建设、解决生态环境问题，把解决突出生态环境问题作为民生优先领域，必须坚定不移地走生态优先、绿色发展新道路，打好污染防治攻坚战，还给老百姓清水绿岸、鱼翔浅底的景象，回应广大人民群众所想、所盼、所急，推动我国生态文明建设和生态环境保护迈上新台阶，开创美丽中国建设新局面。

12.3　"十三五"时期滇池保护治理形势分析

滇池处于昆明城市下游，是污染物唯一的受纳水体。滇池流域以约占云南省0.75%的土地面积承载了约 23%的 GDP 和 8%的人口，随着流域经济社会的飞速发展，滇池水环境承载力长期处于超载状态。滇池流域自 1992—2017 年的 25年间，建设用地面积增长 2.15 倍，GDP 增长 110 倍，人口增长了约 1 倍。目前云南省正处于工业化中期到中后期的发展进程，发展任务重，从传统产业转型升级短时期难以完成，转变经济增长方式任重道远，社会经济发展对滇池水环境的压力将持续增大。"十三五"期末，昆明市农业增加值达到 260 亿元以上；工业增加值将突破 2 300 亿元；全市服务业增加值要占 GDP 比重 60%以上，主城五区服务业增加值分别占 GDP 比重达 75%以上。根据《昆明城市总体规划修编（2008—2020 年）》给出的"十三五"期间昆明人口自然增长率及城镇化率推算，滇池流域 2020 年城市化率将达到 91%，其中主城四区的城镇化率将达到97%，常住人口将达到 420.26 万人。随着人口和社会经济的飞速发展，滇池流域污染负荷产生量不断增大，预计到"十三五"期末，滇池流域污水排放量将达到 4.28 亿 t/a，化学需氧量排放量为 19.7 万 t/a，氨氮排放量为 1.7 万 t/a，总氮排放量为 2.85 万 t/a，总磷排放量为 0.3 万 t，与 2017 年相比，化学需氧量、氨氮、总氮、总磷产生量分别增加约 15%、13%、8%和 6%。加之昆明主城老城区合流制排水系统短期内难以改变，雨季合流污水溢流严重；新城区分流制排水系统不完善，管网存在错接、漏接，部分排水设施老旧；城市雨污负荷尚未得到有效控制；环湖截污干渠（管）配套的支次管网不完善，尚未实现截污和处理的有效联合调控；集镇及村庄污水处理设施管护不到位，配套收集系统不健全，运行效率低；入湖河道支流沟渠截污不彻底，水质较差，水污染防治形势依然严峻。在此情形下，尽管滇池水污染治理力度不断加大，污水收集处理能力不断提高、污染负荷削减能力大幅提升，但滇池流域入湖污染负荷仍超滇池水环境承载力，湖泊富营养化仍然存在，产生规模化藻类水华风险依然较大，水生态系统仍然脆弱。

党的十九大提出的生态文明建设和绿色发展新理念、新思想、新战略和习近平考察云南重要讲话精神，都要求把修复滇池流域生态环境摆在压倒性位置，共抓大保护，不搞大开发，为滇池保护治理提供了新的历史机遇。"十三五"期间，昆明市将全力实施生态文明建设行动，生态环境保护工作的地位更加凸显，环保事业发展面临重大历史机遇。环保工作还面临着一系列有利条件：昆明市产业结构将进一步优化，污染物新增排放量持续降低；已建成截污治污设施逐步发挥更大的治污效益。昆明市将全面深化生态文明体制改革，全面强化环境执法。公众生态环境意识日益增强，全社会保护生态环境的合理正在逐步形成。"十三五"期间，机遇大于挑战，动力超过压力，滇池保护治理工作要贯彻落实新的理念和战略，妥善应对新的挑战和困难，全面谋划、整体推进、集中力量实现滇池流域生态环境持续改善，更好地服务于全面建成小康社会和成为生态文明建设排头兵的全省战略。

12.4　本章小结

　　滇池是世界关注的高原湖泊，是长江上游生态安全格局的重要组成部分。滇池流域是云南省经济和社会发展水平最高的区域，"十三五"时期，云南省正处于工业化中期到中后期的发展进程，发展任务重，社会经济发展对滇池水环境的压力将持续增大。同时，党的十九大提出的生态文明建设和绿色发展新理念、新思想、新战略和习近平考察云南重要讲话精神，为滇池保护治理提供了新的历史机遇。"十三五"期间，滇池保护治理工作机遇大于挑战，要全面贯彻生态文明建设和绿色发展新理念、新思想、新战略和习近平考察云南重要讲话精神，把修复滇池流域生态环境摆在压倒性位置，共抓大保护，不搞大开发；明确提出滇池流域保护治理总体思路、目标任务、重点措施，全面改善滇池生态环境质量、实现生态系统良性循环，促进滇池流域经济社会可持续发展。

第 **13** 章
滇池"十三五"保护治理规划情况

"十三五"时期是生态文明建设的重要阶段,滇池水环境保护治理是昆明市生态文明建设的首要任务。在新的宏观背景下,科学谋划"十三五"规划,是认真贯彻落实习近平总书记的重要指示精神和省委、省政府要求的重要举措,对美丽昆明建设、争当生态文明建设排头兵具有重要意义。按照 2014 年 8 月习近平总书记有关"滇池治理要拿出系统化的技术解决方案"的指示精神,根据环保部印发的《重点流域水污染防治"十三五"规划编制工作方案》(环办函〔2015〕1781 号)和云南省环保厅《关于开展九大高原湖泊"十三五"水环境保护治理规划编制工作的通知》(云环通〔2015〕92 号),以及受国务院委托、环保部与云南省政府签订的《云南省水污染防治目标责任书》,昆明市组织编制《滇池流域水环境保护治理"十三五"规划》(以下简称《滇池"十三五"规划》),《滇池"十三五"规划》于 2017 年 3 月由昆明市人民政府正式下发实施。

13.1 规划目标

到 2018 年,草海稳定达到Ⅴ类;到 2020 年,滇池湖体富营养水平明显降低,蓝藻水华程度明显减轻(外海北部水域发生中度以上蓝藻水华天数降低 20%以上),流域生态环境明显改善,滇池外海水质稳定达到Ⅳ类(COD≤40 mg/L);"十三五"期间,盘龙江、洛龙河稳定保持Ⅲ类,新宝象河、马料河、大河(淤泥河）、东大河稳定保持Ⅳ类，船房河、茨巷河、大观河、捞鱼河、金汁河稳定保持Ⅴ类；到 2020 年，西坝河等其他主要入湖河流稳定达到Ⅴ类；7 个集中式饮用水水源地水质稳定达标。规划断面水质目标见表 13-1。

表 13-1　规划断面水质目标

序号	水体	控制断面	水质目标	达标年限	备注
1	滇池外海	白鱼口	COD≤40 mg/L，其他指标稳定达到Ⅳ类	2020 年	国控
2		滇池南			国控
3		观音山东			国控
4		观音山中			国控
5		观音山西			国控
6		海口西			国控
7		灰湾中			国控
8		罗家营			国控
9	滇池草海	草海中心	稳定达到Ⅴ类	2018 年	国控
10		断桥			国控
11	西坝河	新河村入湖口	稳定达到Ⅴ类	2020 年	国控
12	船房河	一检站	稳定保持Ⅴ类	"十三五"期间	国控
13	大观河	航运公司	稳定保持Ⅴ类		国控
14	新宝象河	宝丰村入湖口	稳定保持Ⅳ类		国控
15	金汁河	王大桥	稳定保持Ⅴ类		国控
16	盘龙江	严家村桥	稳定保持Ⅲ类		国控
17	捞鱼河	土罗村入湖口	稳定保持Ⅴ类		国控
18	洛龙河	江尾下闸	稳定保持Ⅲ类		国控
19	马料河	回龙村	稳定保持Ⅳ类		国控
20	东大河	东大河滇池入湖口	稳定保持Ⅳ类		国控
21	茨巷河	牛恋乡	稳定保持Ⅴ类		国控
22	大河（淤泥河）	晋城小寨	稳定保持Ⅳ类		国控
23	松华坝水库	松华坝水库监测点	稳定达到Ⅱ类	2020 年	国控
24	自卫村水库	自卫村水库监测点	稳定达到Ⅲ类		国控
25	宝象河水库	宝象河水库监测点			国控
26	大河水库	大河水库监测点			国控
27	柴河水库	柴河水库监测点			国控

13.2　重点任务及分区保护治理措施

《滇池"十三五"规划》沿用"十二五"规划确定的控制分区方案，同时参考全国流域水生态环境功能分区管理体系，结合国家"水十条"和《云南省水污染防治工作方案》及昆明市对滇池流域的水质考核要求，共划分为 35 个控制单元（37 个控制断面），其中 5 个控制单元为国家优先控制单元，12 个控制单元为国家一般控制单元（共 17 个国控单元），其余 18 个为市级控制单元。在对 35 个控制单元汇水区特点、环境问题诊断及防治措施进行分析研究的基础上，归并相似单元，将 35 个控制单元并为草海陆域汇水区、外海北岸主城区、外海东岸呈贡新区、外海南岸晋宁县区、外海西岸散流区、草海湖体控制区、外海湖体控制区 7 个控制区，逐一识别主要环境问题，提出防治措施。规划控制单元分区见表 13-2。

表 13-2　规划控制单元分区

控制区	控制单元	水体	控制断面	区县	类别
草海陆域汇水区	新河昆明市控制单元	新河	积善村桥	五华区、高新区、西山区	市控
	老运粮河昆明市控制单元	老运粮河	积中村入湖口	五华区、高新区、西山区	市控
	乌龙河昆明市控制单元	乌龙河	西南建材市场东门桥头	西山区	市控
	大观河昆明市控制单元	大观河	大观河入湖口（航运公司）（篆塘河泵站）	五华区、西山区	国控
	船房河昆明市控制单元	船房河	船房五社桥头（一检站）	五华区、西山区、度假区	国控
		西坝河	新河村入湖口（金属筛片厂小桥）	西山区	
	自卫村水库昆明市控制单元	自卫村水库	自卫村水库监测点	五华区	国控
草海湖体控制区	滇池草海昆明市控制单元	滇池草海	草海中心，断桥	五华区、西山区、度假区、高新区	国控优先

控制区	控制单元	水体	控制断面	区县	类别
外海北岸主城区	采莲河昆明市控制单元	采莲河	海埂公园正大门东侧入湖口	西山区、度假区	市控
	金家河昆明市控制单元	金家河	金太塘泵站	西山区、度假区	市控
	盘龙江昆明市控制单元	盘龙江	严家村桥	五华区、盘龙区、西山区、官渡区、度假区	国控优先
	大清河昆明市控制单元	大清河	大清河泵站	官渡区	市控
	新宝象河昆明市控制单元	新宝象河	宝丰村入湖口	经开区、官渡区、空港区	国控优先
		金汁河	王大桥	盘龙区、官渡区	
	海河昆明市控制单元	海河	海河桥	官渡区	市控
	六甲宝象河昆明市控制单元	六甲宝象河	东张村	官渡区	市控
	小清河昆明市控制单元	小清河	六甲乡新二村	官渡区	市控
	五甲宝象河昆明市控制单元	五甲宝象河	曹家村	官渡区	市控
	虾坝河昆明市控制单元	虾坝河	五甲塘	官渡区	市控
	姚安河昆明市控制单元	姚安河	姚安村	官渡区	市控
	宝象河水库昆明市控制单元	宝象河水库	宝象河水库监测点	空港区	国控
	松华坝水库昆明市控制单元	松华坝水库	松华坝水库监测点	盘龙区	国控
外海东岸呈贡新区	马料河昆明市控制单元	马料河	回龙村	经开区、呈贡区、官渡区	国控
	洛龙河昆明市控制单元	洛龙河	江尾下闸	呈贡区、经开区	国控优先
	捞鱼河昆明市控制单元	捞鱼河（胜利河）	大渔乡土罗村入湖口	呈贡区、度假区	国控
	南冲河昆明市控制单元	南冲河	南冲河滇池入湖口	高新区、晋宁区	市控
外海南岸晋宁县区	大河（淤泥河）昆明市控制单元	大河（淤泥河）	晋城小寨	晋宁区	国控
	白鱼河昆明市控制单元	白鱼河	白鱼河滇池入湖口	晋宁区	市控
	柴河昆明市控制单元	柴河	上蒜小朴闸茨巷河交接处	晋宁区	市控
	东大河昆明市控制单元	东大河	东大河滇池入湖口	晋宁区	国控

控制区	控制单元	水体	控制断面	区县	类别
外海南岸晋宁县区	茨巷河昆明市控制单元	茨巷河	茨巷河入湖口（牛恋乡）	晋宁区	国控
	中河（护城河）昆明市控制单元	中河（护城河）	昆阳码头	晋宁区	市控
	古城河昆明市控制单元	古城河	古城河滇池入湖口	晋宁区	市控
	大河水库昆明市控制单元	大河水库	大河水库监测点	晋宁区	国控
	柴河水库昆明市控制单元	柴河水库	柴河水库监测点	晋宁区	国控
外海西岸散流区	外海西岸昆明市控制单元	—	—	西山区	市控
外海湖体控制区	滇池外海昆明市控制单元	滇池外海	观音山中，罗家营，灰湾中，海口西，观音山西，观音山东，滇池南，白鱼口	五华区、盘龙区、西山区、官渡区、呈贡区、晋宁区、度假区、经开区、高新区、空港区	国控优先

（1）草海陆域汇水区

草海陆域汇水区主要为昆明主城五华区、西山区的老城区、高新技术开发区和旅游度假区。该控制区以合流制排水系统为主，部分沟渠以末端截污的形式接入主干系统，雨季合流污水溢流严重，通过河道直接入湖；部分区域污水收集处理系统不完善，仍有污水未得到处理。

该区域应进一步完善控制区内污水收集处理系统，新建昆明市第十三污水处理厂，新增污水处理能力 6 万 m^3/d，并预留雨季城市面源处理能力；实施现有污水处理厂的提标改造，削减草海的尾水污染负荷；加快污水处理厂配套管网建设，新建雨污排水管网 189 km，提升污水收集处理效率；加强老旧排水管网、节点和泵站的更新改造，定期对排水管网系统进行清淤维护；实施第一、第三污水处理厂雨季运行模式，增加雨季合流污水处理能力。进一步完善新运粮河截污系统，开展西边小河、卖菜沟、小沙沟等主要支次沟渠综合整治；在主城西片二环路外新建 2 座雨污调蓄池，新增调蓄规模 3.8 万 m^3，削减雨季溢流污水污染负荷；推行低影响开发建设模式，提高对雨水径流的渗透、滞留、蓄存、净化和利用能力，削减城市面源化学需氧量污染负荷。充分利用牛栏江—滇池补水资源，科学调度牛栏江—草海补水，在改善草海水质的同时，增加西坝河生态用水，改善河道水质，实现水质达标。加强草海湖滨生态湿地建设，新增湿地 108 hm^2，充分发挥生态系统水质净化功能，削减草海陆域入湖污染负荷。实施新老运粮河入湖河口前置库工程和草海西岸尾水及面源污染控制工程，控制草海西岸片区进入湖泊的污染负荷，构建草海健康水系统，最大限度地发挥牛栏江对草海的补水功效。

（2）外海北岸主城区

外海北岸主城区主要涉及昆明主城的五华区、盘龙区、官渡区、西山区、经济技术开发区、旅游度假区、空港经济开发区，区内人口密集，包含昆明主城1/2 的老城区和主城北部、东南部新兴发展区。该控制区主要河流已截污，但部分河道支次沟渠仍污染严重；片区为雨污合流制，雨污溢流污染严重，雨污水收集系统有待完善，管网改造难度较大；建成度高，城市面源化学需氧量占该单元入湖总量的 60%，是滇池流域城市面源污染负荷的主要来源。

该区域应进一步完善污水收集处理系统，加强老旧排水管网、节点和泵站的更新改造，定期对排水管网系统进行清淤维护；加强污水处理厂配套管网建设，新建雨污排水管网 300 km；新建昆明市第十四污水处理厂、第十二污水处理厂（二期）及空港经济区污水处理厂，新增污水处理能力 19 万 m^3/d，并预留雨季城市面源处理能力；实施现有污水处理厂提标改造，削减尾水污染负荷，提高雨季运行效率，削减雨季超量雨污负荷；推行低影响开发建设模式，提高对雨水径流的积存、渗透和净化能力，削减城市面源化学需氧量污染负荷，实现城市面源污染有效控制。在现有污泥处理能力基础上，加强无害化污泥处理处置系统建设，形成与污泥产生量相匹配的污泥处理能力；重点开展主要河流的支次沟渠河道截污、清淤等综合整治工程，改善入湖干流水质，削减外海入湖污染负荷。加大以海河为重点的黑臭水体污染治理力度，消除黑臭水体。

（3）外海东岸呈贡新区

外海东岸呈贡新区是昆明市政府机构及大学城所在地，是滇池流域未来 5年经济社会发展最快的区域，主要涉及呈贡新区和旅游度假区、高新技术开发区。控制区多数沟渠未接入环湖截污干渠系统，沟渠污水收集效率低，处理规模小，干渠污水处理厂效能发挥不足；污水收集系统建设与新城建设不同步；片区管网与河道截污管未有效衔接；随着该区域内建成区的增加，城市面源污染进一步加重；该控制区"四退三还"后，湿地布水系统不完善，未充分发挥湿地的生态净化功能。

该区域应加强控制区内多层次截污系统之间的衔接；实施呈贡信息产业园区再生水处理厂及配套管网工程，"十三五"期间新增再生水处理能力 0.3 万 m^3/d，提高再生水利用率；继续推广农业区实施测土配方施肥及水肥一体化技术，化肥利用率达到 40%；推广绿色防控成套技术，实施废弃果蔬资源化利用，减少化学农药和化肥的施用量；开展农村生产生活的生态化升级工程，推广节煤炉灶、太阳能热水器，实施农村病旧沼气池改造，促进农业绿色发展；进一步巩固湖滨湿地"四退三还"成果，建设滇池斗南湿地工程，新增湿地 30 hm^2；完善湿地布水系统，污水处理厂尾水引入湿地，实现河道、湿地与湖体水系连通，尽力恢复湖泊自然岸线。强化湿地长效管理，恢复湖滨湿地天然属性。

（4）外海南岸晋宁县区

外海南岸晋宁县区只涉及晋宁一个区，区域内以农业人口为主，是流域内农业面源污染的主要输入区域。区域内集镇污水收集管网不完善，是流域污水收集率最低的区域；随着滇池流域蔬菜、花卉种植向南岸转移，区域内土地的轮作次数、施肥量与强度等均增强，农业面源污染加重；该控制区环湖截污干渠配套收集系统不完善，多数沟渠未接入环湖截污干渠，集镇和村庄截污、片区截污、河道截污、干渠（管）截污 4 个层次的截污体系未有效衔接，环湖截污系统效能发挥不足。

该区域应进一步完善晋宁区排水管网及环湖截污南岸配套收集系统；加强该控制区主要饮用水水源地保护；加强控制区内农业面源污染治理力度；进一步巩固湖滨湿地"四退三还"成果，继续加强湿地建设。新建晋宁南滇池国家湿地公园，新增湿地 255 hm^2，完善湿地布水系统，污水处理厂尾水引入湿地，实现河道和湿地水系连通，尽力恢复湖泊自然岸线，强化湿地长效管理，恢复湖滨湿地作为湖体天然保护屏障的属性。

（5）外海西岸散流区

外海西岸散流区只涉及昆明市西山区，面山临湖，地势狭窄。区域内人口不多，无工业污染源，无入湖河流，污染负荷通过散流入湖。

该区域应依托环湖截污干管系统，提高该控制区污水收集处理率；建设滇池外海西岸湿地 142 hm^2，充分发挥湖滨湿地生态系统水质净化功能，削减外海西岸入湖污染负荷；开展面山植被修复与建设工程，防治水土流失，削减入湖污染负荷。

（6）草海湖体控制区

草海紧邻昆明主城，是滇池和城市关系最为密切的区域。草海水域面积小，水资源缺乏，流域大部分为城区，人口密集，入湖污染负荷超过水环境容量，部分水域有蓝藻水华。

该区域应加强湖体内源污染控制；充分利用牛栏江—滇池补水资源，开展牛栏江—草海补水通道应急工程，科学调度牛栏江—草海补水，通过生态补水改善草海水质。同时，实施新、老运粮河入湖河口前置库水体净化生态工程和草海西岸尾水及面源污染控制工程，构建滇池草海健康水循环系统。继续实施滇池草海湖滨带扩增保育工程，在草海水体透明度进一步提高的基础上，通过科学调控水位、适当人工引种，修复草海水生态系统，逐步实现草海生态系统良性循环。开展滇池一级保护区界桩设置工作，切实保护滇池核心区不受侵害。

（7）外海湖体控制区

外海是滇池的主体。虽然近年有所下降，但仍超Ⅳ类水标准，尤其是化学需氧量超Ⅴ类水标准，水质改善任务艰巨。

该区域应在加强外源污染控制基础上，继续开展内源污染治理，持续降低氮、磷营养盐浓度，重点控制蓝藻水华；充分利用牛栏江补水资源，结合已建污水处理厂尾水外排及资源化利用工程，建设外海北部水体置换通道提升改造工程，促进北岸局部区域水体循环；开展滇池出水第三通道工程前期研究工作，制定科学的水资源调度方案，实现滇池流域水资源的优化调度，构建健康水循环体系，进一步改善外海水质；加强水环境管理能力建设，建立污染物产生、迁移、入湖全过程及水资源平衡、水质响应模型库；综合运用模拟技术，建立水环境、污染源、治理工程实时监控、跟踪、评价系统，实现流域水质监控、污染总量监控、污染治理绩效评价业务化运行；开展滇池一级保护区界桩设置工作，切实保护滇池核心区不受侵害。

13.3 规划项目概况

《滇池"十三五"规划》以"推进经济结构转型升级，优化空间布局""完善污染物控制体系，削减污染负荷存量与增量""理顺健康水循环体系，提高水资源利用效率""开展水环境综合治理与保护，恢复流域生态功能""完善制度，推进精细化管理，提升监管能力""加强科技攻关与成果应用，为滇池保护治理提供科技支撑""广泛动员全民参与，营造滇池保护治理良好社会氛围"七项主要任务设置规划项目总计 107 个，总投资 159.24 亿元。其中新建项目 84 个，投资约 98.56 亿元；结转"十二五"项目 23 个，投资 60.68 亿元（图 13-1）。

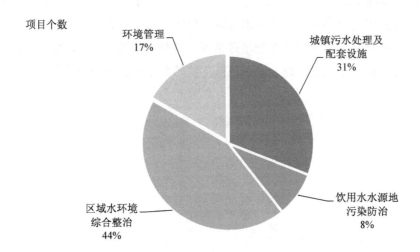

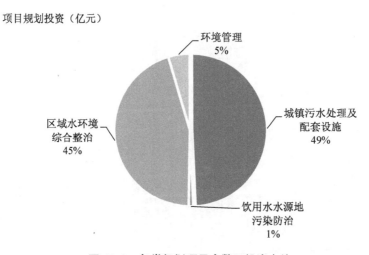

图 13-1 各类规划项目个数及投资占比

13.4　本章小结

　　《滇池"十三五"规划》在对"十三五"期间滇池保护治理新形势进行科学分析的基础上，遵循以水定城、量水发展、科学治理、系统治理、严格管理、全民参与的基本原则；以滇池流域水环境质量改善和提升为核心，合理制定了"十三五"期间滇池保护目标；立足已有治理成果，针对存在问题，以水质、水量和水生态三方面问题为导向，充分与相关规划衔接，综合考虑"政策、技术、方法和实施"等可行性，提出分区保护治理措施，共规划设置 107 个项目，总投资159.24 亿元，是"十三五"时期开展滇池保护治理工作的纲领性文件。

第 **14** 章
滇池保护治理精准治污新举措

在近 30 年的治理历程中，滇池保护治理思路在实践中不断深化和创新，滇池治理从点源污染控制为主逐渐转变为系统综合治理、从小流域治理转变为全流域治理、从末端截污治理转变为源头截污治理，形成了一系列具有滇池特征的技术管理体系和综合整治措施。在党的十九大提出的生态文明建设和绿色发展的新理念、新思想和新战略的背景下，昆明市积极创新滇池保护治理思路，以滇池保护治理存在的问题为导向，制定滇池保护水质目标，基于容量总量控制的思路，建立污染负荷排放与水质响应关系，量化污染负荷削减目标，创新提出滇池保护治理水质与污染负荷削减双目标管控的新举措，并将支流沟渠纳入水质目标考核，以污染负荷削减目标倒逼工程措施的实施，最终形成了《滇池保护治理三年攻坚行动实施方案（2018—2020 年）》（以下简称《滇池三年攻坚实施方案》），于 2018 年 2 月由昆明市人民政府正式下发实施。

14.1 基于滇池水环境容量的流域污染负荷削减目标

环境容量反映了污染物在环境中的积累和迁移转化规律，也反映在特定功能条件下环境对污染物的容纳能力。根据物理意义不同水环境容量分为自净容量和稀释容量，按照环境目标的不同又可以将其分为自然环境容量和管理环境容量。水环境容量是指在一定的水质目标下，水体环境对排放于其中的污染物质所具有的容纳能力。水环境容量也指在保证水环境功能的前提下，受纳水体能够承受的最大污染物排放量，或者在给定水质目标和水文设计条件下，水域的最大允许纳污量。

本研究以"2018 年滇池草海全年水质达到Ⅳ类、滇池外海全年水质达到Ⅴ类；2019 年滇池草海水质稳定达到Ⅳ类，滇池外海水质稳定达到Ⅴ类（TP≤0.1 mg/L）；2020 年滇池草海和外海水质均稳定达到Ⅳ类（外海 COD_{Cr}≤40 mg/L）"为水质目标，在 2017 年水文条件下，基于湖泊理想水环境容量模型，分别估算了 2018 年、2019 年、2020 年要达到上述水质目标的滇池草海、外海理想环境容量。以 2018 年、2019 年、2020 年滇池理想水环境容量为约束，结合预测的 2018 年、2019 年、2020 年滇池流域入湖污染负荷量，提出了滇池的污染负荷削减目标，削减目标既包括增量的削减，又包括存量的削减，既包括陆域的削减又包括湖内的削减。此外，在综合考虑工程措施的实施进度，环境效益的发挥所需时间等因素，对总体削减目标进行了细化，确定了年度污染负荷削减目标，其中：2018 年需新增污染负荷削减量为化学需氧量 15 425 t、总氮 6 601 t、总磷 441 t；2019 年需新增污染负荷削减量为化学需氧量 19 411 t、总氮 7 545 t、总磷 542 t；2020 年需新增污染负荷削减量为化学需氧量 23 608 t、总氮 8 528 t、总磷 589 t。依据流域内各行政区排入滇池的污染负荷贡献情况，对 2018 年、2019 年、2020 年污染负荷削减量进行分配，提出了市级和各区的污染负荷削减目标（图 14-1、图 14-2）。

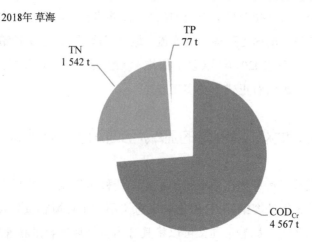

2018年 草海

TP 77 t

TN 1 542 t

COD_{Cr} 4 567 t

2018年 外海

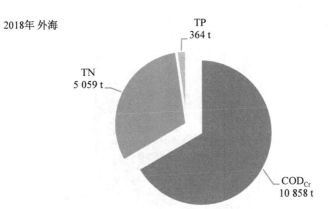

2019年 草海

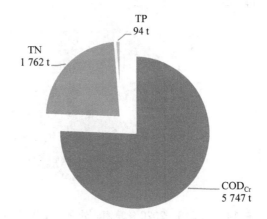

2019年 外海

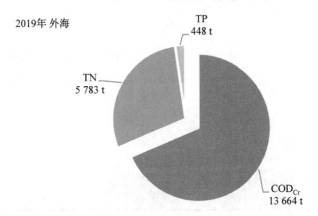

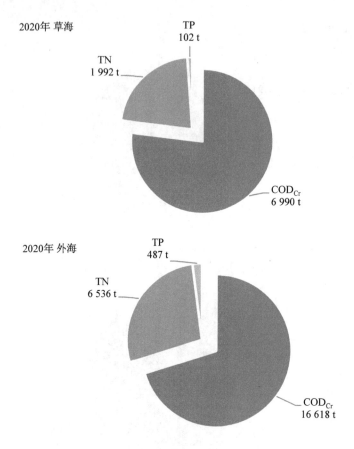

图 14-1 2018—2020 年草海、外海污染负荷削减目标

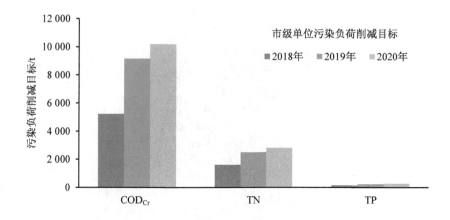

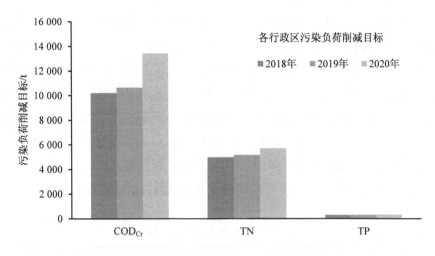

图 14-2　2018—2020 年市级及各区污染负荷削减目标

14.2　入湖河道水质目标和污染负荷削减双控目标

以入湖河道水质目标不低于湖体水质目标的原则，兼顾支次沟渠，倒推 35 条入滇河道的水质目标，提出了 2020 年所有入湖河道及支流沟渠水质稳定达到 Ⅳ类及以上的终极目标。考虑 35 条入湖河道的污染状况、水质现状及行政管辖权，逐一确定 35 条入湖河道各断面的年度水质目标，由原来的一条河一个水质目标转变为一个断面一个水质目标。依据 2017 年各入湖河道水质水量监测数据，初步分析了各入湖河道污染负荷贡献情况，把累计污染贡献达到 70% 以上的 14 条入湖河道列为 2018—2020 年重点治理河道，分别为：盘龙江、新宝象河、新运粮河、海河、茨巷河、捞鱼河、姚安河、古城河、中河、小清河、采莲河、马料河、金家河、广普大沟，并提出汇入以上 14 条河道的支流沟渠治理水质目标与主河道水质目标一致。

14.2.1　"一控"：入湖河道水质控制目标

2018 年，冷水河、牧羊河稳定保持Ⅱ类；洛龙河、盘龙江稳定保持Ⅲ类及以上；西坝河、大观河稳定保持Ⅲ类；柴河达到Ⅲ类；新宝象河、新河（新运粮河)、茨巷河、捞鱼河(胜利河)、古城河、中河(护城河)、小清河、采莲河、马料河、金家河、老运粮河、大清河、金汁河、乌龙河、船房河、五甲宝象河、虾坝河、老宝象河、南冲河、大河(淤泥河)、白鱼河、东大河稳定达到Ⅳ类;海河、姚安河、广普大沟、王家堆渠、枧槽河、六甲宝象河稳定达到Ⅴ类。全面消除草海区域各支流沟渠劣Ⅴ类水体,基本消除外海区域各支流沟渠劣Ⅴ类水体。2019年,冷水河、牧羊河、洛龙河、盘龙江等32条河道稳定保持2018年水质目标;广普大沟、海河、姚安河水质由Ⅴ类提升到Ⅳ类;各支流沟渠全年水质达到Ⅴ类。2020年巩固提升,所有入湖河道及支流沟渠水质稳定达到Ⅳ类及以上。

表 14-1　各年度入湖河道水质目标

序号	水体	断面名称	行政区	2018 年	2019 年	2020 年
1	*盘龙江	牛栏江补水末端出口	盘龙区	Ⅲ类	Ⅲ类	Ⅲ类
		大花桥	盘龙区	Ⅲ类	Ⅲ类	Ⅲ类
		得胜桥	五华区、盘龙区	Ⅲ类	Ⅲ类	Ⅲ类
		广福路桥	官渡区、西山区	Ⅲ类	Ⅲ类	Ⅲ类
		严家村桥	官渡区、度假区	Ⅲ类	Ⅲ类	Ⅲ类
2	洛龙河	小新册与洛龙社区交界处	经开区	Ⅱ类	Ⅱ类	Ⅱ类
		白龙潭交汇黑龙潭处	呈贡区	Ⅱ类	Ⅱ类	Ⅱ类
		江尾下闸	呈贡区	Ⅲ类	Ⅲ类	Ⅲ类
3	*新宝象河	大花桥下	空港区	Ⅳ类	Ⅳ类	Ⅲ类
		云大西路桥下	经开区	Ⅳ类	Ⅳ类	Ⅲ类
		宝丰村入湖口	官渡区	Ⅳ类	Ⅳ类	Ⅲ类
4	大观河	环西桥东侧	五华区	Ⅲ类	Ⅲ类	Ⅲ类
		大观河入湖口(航运公司)	西山区	Ⅲ类	Ⅲ类	Ⅲ类
5	*新河(新运粮河)	海屯路大石桥	五华区	Ⅳ类	Ⅳ类	Ⅳ类
		人民西路(神工家具)	高新区	Ⅳ类	Ⅳ类	Ⅳ类
		昌源河(神骏汽修旁)	高新区	Ⅳ类	Ⅳ类	Ⅳ类
		积善村桥	西山区	Ⅳ类	Ⅳ类	Ⅳ类
6	冷水河	白邑桥	盘龙区	Ⅱ类	Ⅱ类	Ⅱ类
7	牧羊河	小河桥	盘龙区	Ⅱ类	Ⅱ类	Ⅱ类
8	*金家河	广福路桥	西山区	Ⅳ类	Ⅳ类	Ⅳ类
		金太塘	度假区	Ⅳ类	Ⅳ类	Ⅳ类
9	南冲河	中卫村红山闸	高新区	Ⅲ类	Ⅲ类	Ⅲ类
		南冲河滇池入湖口	晋宁区	Ⅳ类	Ⅳ类	Ⅲ类

序号	水体	断面名称	行政区	2018 年	2019 年	2020 年
10	*马料河	果林水库	经开区	IV 类	IV 类	III 类
		农学院部队围墙外	经开区	IV 类	IV 类	III 类
		照西桥	呈贡区	IV 类	IV 类	III 类
		回龙村	官渡区	IV 类	IV 类	III 类
11	金汁河	王大桥	盘龙区	IV 类	IV 类	IV 类
		状元楼交界处	盘龙区	IV 类	IV 类	IV 类
		南天集团	官渡区	IV 类	IV 类	IV 类
		老官南路	官渡区	IV 类	IV 类	IV 类
12	枧槽河	张家庙前与明通河交界处	官渡区	V 类	V 类	IV 类
13	乌龙河	西南建材市场东门桥头	西山区	IV 类	IV 类	III 类
14	老宝象河	龙马村	官渡区	IV 类	IV 类	IV 类
15	六甲宝象河	东张村	官渡区	V 类	V 类	IV 类
16	五甲宝象河	曹家村	官渡区	IV 类	IV 类	IV 类
17	*中河（护城河）	中河滇池入湖口	晋宁区	IV 类	IV 类	III 类
18	东大河	东大河滇池入湖口	晋宁区	IV 类	IV 类	III 类
19	大河（淤泥河）	晋城小寨	晋宁区	IV 类	IV 类	III 类
20	白鱼河	白渔河入湖口	晋宁区	IV 类	IV 类	III 类
21	大清河	大清河泵站	官渡区	IV 类	IV 类	IV 类
22	*茨巷河	茨巷河入湖口（牛恋乡）	晋宁区	IV 类	IV 类	III 类
23	柴河	上蒜小朴闸茨巷河交接处	晋宁区	III 类	III 类	III 类
24	西坝河	新河村入湖口（金属筛片厂小桥）	西山区	III 类	III 类	III 类
25	船房河	船房河与广福路交汇处桥下	西山区	III 类	III 类	III 类
		一检站	西山区、度假区	IV 类	IV 类	III 类
26	*采莲河	广福路桥	西山区	III 类	III 类	III 类
		海埂公园正大门东侧入湖口	度假区	IV 类	IV 类	IV 类
		海埂公园西侧入湖口（水景园）	度假区	IV 类	IV 类	IV 类
27	*海河	海河桥	官渡区	V 类	IV 类	IV 类
28	*广普大沟	广普大沟入湖口	官渡区	V 类	IV 类	IV 类

序号	水体	断面名称	行政区	2018 年	2019 年	2020 年
29	老运粮河	洪园居委会旁	五华区	IV类	IV类	IV类
		泰和园围墙边高新界桩	五华区	IV类	IV类	IV类
		人民西路红联商场旁	五华区	IV类	IV类	IV类
		西苑立交桥软件园旁	高新区	IV类	IV类	IV类
		积中村入湖口	西山区	IV类	IV类	IV类
30	*古城河	古城河滇池入湖口	晋宁区	IV类	IV类	III类
31	*姚安河	裤裆沟（姚安村）	官渡区	V类	IV类	IV类
32	*小清河	新二村	官渡区	IV类	IV类	IV类
33	虾坝河	五甲塘	官渡区	IV类	IV类	IV类
34	*捞鱼河（胜利河）	老昆洛路三板桥	呈贡区	III类	III类	III类
		大渔乡土罗村入湖口	度假区	IV类	IV类	III类
35	王家堆渠	王家堆渠入湖口	西山区	V类	V类	IV类

14.2.2 "二控"：入湖河道污染负荷削减目标

滇池 35 条入湖河道中，由于冷水河和牧羊河属于盘龙江上游水系，枧槽河属于大清河上游水系，王家堆渠、茨巷河缺少水量或水质监测数据，五甲宝象河常年断流等原因。本研究利用 28 条河道的水文数据，以满足入湖河道水质目标为前提，采用河流一维水质模型计算 35 条入湖河道水环境容量，对于跨行政区的河道，依据交界断面水质、水量监测数据将污染负荷削减目标分解至各行政区，提出 2018 年、2019 年、2020 年各季度河道污染负荷削减目标；对入湖河道实行水质和污染负荷削减双目标控制管理。

（1）盘龙江：盘龙江为牛栏江补水通道，尽管现状水质已经达到III类，满足容量要求，但根据牛栏江补水水质以及盘龙江沿程水质变化情况，盘龙江水质沿程存在污染叠加，本研究将要达到盘龙江沿程水质目标需要削减的新增污染负荷作为盘龙江的污染负荷削减目标：化学需氧量 3 059 t，总氮 697 t，总磷 50.33 t，各行政区削减目标见图 14-3。

（2）洛龙河：现状年均水质为III类，但部分月份水质为IV类，要实现 2020 年稳定达到 II 类水目标需削减污染负荷量为：化学需氧量 6 t，总氮 9 t，总磷 6.98 t，各行政区削减目标见图 14-4。

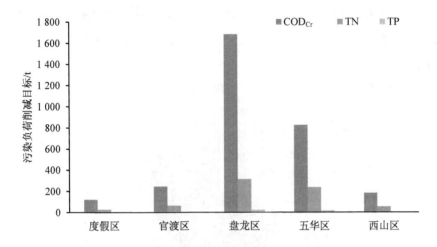

图 14-3　盘龙江各区污染负荷削减目标

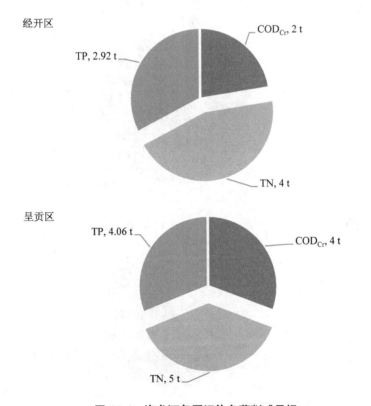

图 14-4　洛龙河各区污染负荷削减目标

（3）新宝象河：现状水质类别为Ⅳ类，要实现 2020 年Ⅲ类水目标需削减污染负荷量为：化学需氧量 1 821 t，总氮 671 t，总磷 39.87 t，各行政区削减目标见图 14-5。

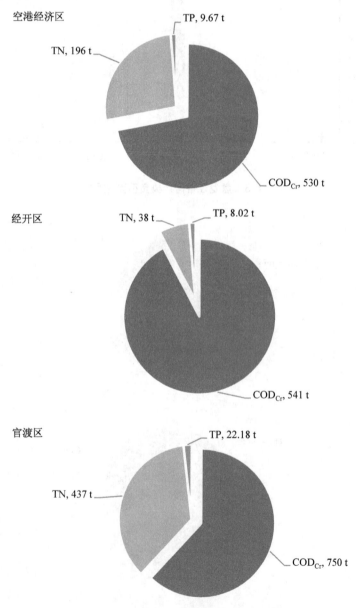

图 14-5　新宝象河各区污染负荷削减目标

（4）大观河：现状水质达到Ⅲ类，但氨氮、总磷雨季出现波动，为Ⅳ类水。要实现 2020 年稳定达到Ⅲ类水目标需削减污染负荷量为：化学需氧量 77 t，总氮 195 t，总磷 0.5 t，各行政区削减目标见图 14-6。

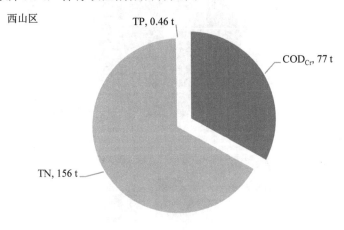

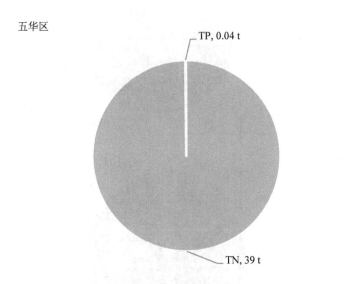

图 14-6　大观河各区污染负荷削减目标

（5）新运粮河：水质现状为Ⅴ类，要实现 2020 年Ⅳ类水目标需削减污染负荷量为：化学需氧量 847 t，总氮 159 t，总磷 18.45 t，各行政区削减目标见图 14-7。

五华区

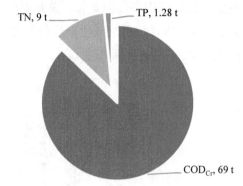

高新区

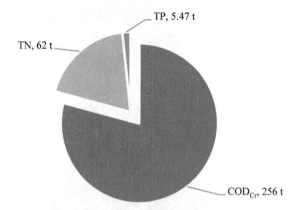

西山区

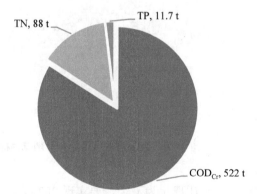

图 14-7　新运粮河各区污染负荷削减目标

（6）金家河：现状水质为Ⅳ类，但部分月份水质为Ⅴ类，要实现 2020 年稳定达到Ⅳ类水目标需削减污染负荷量为：化学需氧量 40 t，总氮 7 t，总磷 1.77 t，各行政区削减目标见图 14-8。

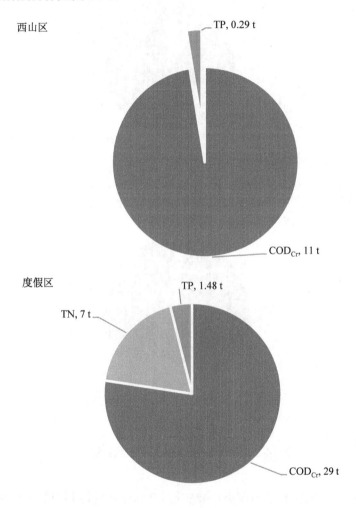

图 14-8　金家河各区污染负荷削减目标

（7）南冲河：现状水质类别为Ⅳ类，要实现 2020 年稳定达到Ⅲ类水目标需削减污染负荷量为：化学需氧量 43 t，总氮 2 t，总磷 1.9 t，各行政区削减目标见图 14-9。

高新区

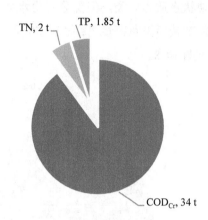

晋宁区

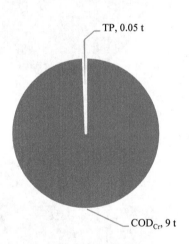

图 14-9　南冲河各区污染负荷削减目标

（8）马料河：现状水质为Ⅳ类，要实现 2020 年稳定达到Ⅲ类水目标需削减污染负荷量为：化学需氧量 565 t，总氮 92 t，总磷 10.82 t，各行政区削减目标见图 14-10。

（9）老运粮河：现状水质类别为Ⅳ类，但部分月份为Ⅴ类，要实现 2020 年稳定达到Ⅳ类水目标需削减污染负荷量为：化学需氧量 680 t，总氮 626 t，总磷 16.22 t，各行政区削减目标见图 14-11。

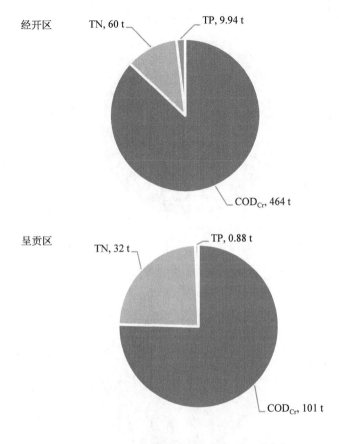

图 14-10　马料河各区污染负荷削减目标

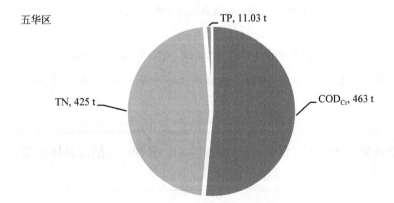

高新区

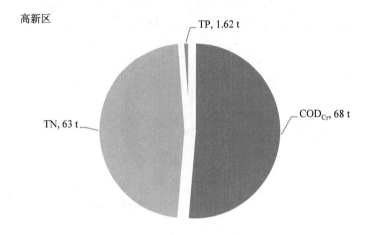

西山区

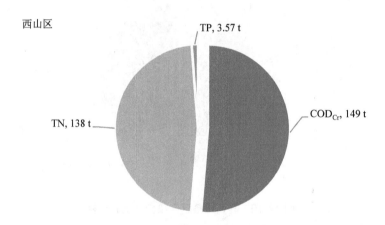

图 14-11 老运粮河各区污染负荷削减目标

（10）捞鱼河：现状水质为Ⅳ类，要实现 2020 年稳定达到Ⅲ类水目标需削减污染负荷量为：化学需氧量 193 t，总氮 87 t，总磷 5.94 t，各行政区削减目标见图 14-12。

（11）船房河：现状水质为Ⅳ类，要实现 2020 年稳定达到Ⅲ类水目标需削减污染负荷量为：化学需氧量 886 t，总氮 146 t，各行政区削减目标见图 14-13。

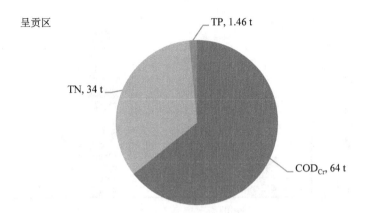

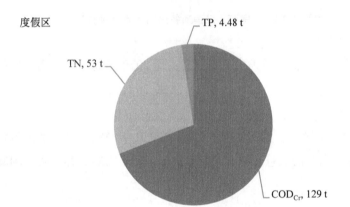

图 14-12　捞鱼河各区污染负荷削减目标

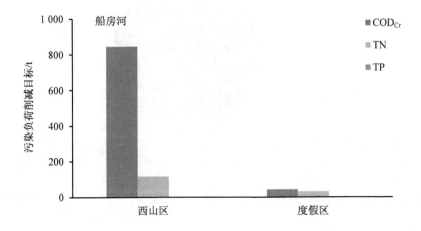

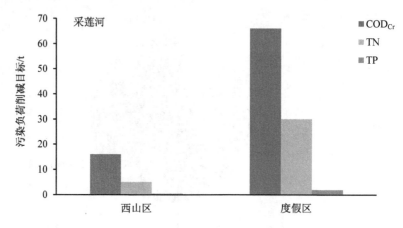

图 14-13　船房河、采莲河各区污染负荷削减目标

（12）采莲河：现状水质为劣Ⅴ类，要实现 2020 年稳定达到Ⅲ～Ⅳ类水目标需削减污染负荷量为：化学需氧量 82 t，总氮 35 t，总磷 2.27 t，各行政区削减目标见图 14-13。

（13）海河：现状水质为劣Ⅴ类，要实现 2020 年稳定达到Ⅳ类水目标需削减污染负荷量为：化学需氧量 288 t，总氮 54 t，总磷 7.7 t，各行政区削减目标见图 14-14。

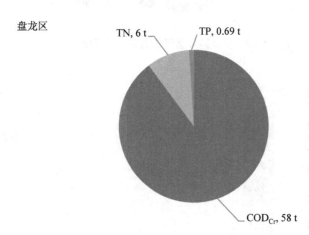

官渡区

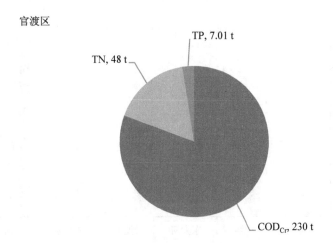

图 14-14　海河各区污染负荷削减目标

以上为跨行政区入湖河道污染负荷削减目标。

大清河、老宝象河、六甲宝象河、广普大沟、姚安河、小清河、虾坝河均属官渡区管辖，古城河、东大河、中河、白鱼河、淤泥河、柴河均为晋宁区管辖，各河道要实现 2020 年水质目标相对于的污染负荷削减目标见图 14-15。

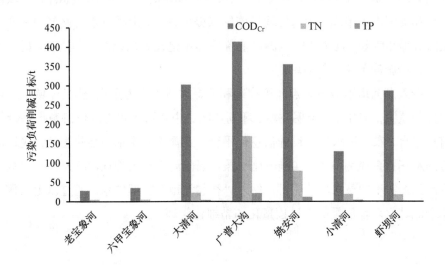

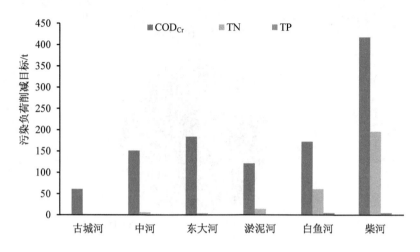

图 14-15 入湖河道污染负荷削减目标

14.3 流域水环境治理全过程精细化管理

以河道水质与污染负荷削减"双控"目标为导向,通过调查研究、量化分析,提出问题清单、目标清单,以源头—沿程—末端综合治理的总体思路,采取河道源头和支流沟渠治理、污水处理设施尾水提标改造、沿线排水管网修复完善、区域海绵城市建设,河道末端入湖口前置库体系建设等系统性治理措施,提出任务清单、措施清单和责任清单。

以入湖河道沿线各区点面源控制和河道水质提升为重点,建设流域生态环境监控与监测信息中心,昆明主城、环湖片区集中式再生水地理信息数据库及管理信息平台、农村污水治理设施信息化平台,完善流域排水网络化管理;建设滇池蓝藻水华预警监测体系;实施一闸一策,规范河道水闸管理,最大限度地减少溢流污染;实现智慧水环境管理,纳入"智慧城市"管理体系。通过以上措施,实现全流域水环境质量的全过程量化和精细化管理。

14.4　本章小结

　　"十三五"期间，滇池保护治理进入攻坚阶段，昆明市积极创新滇池治理思路，印发并组织实施《滇池保护治理"三年攻坚"行动实施方案（2018—2020年)》，以滇池水质持续改善和提升为核心，滇池治理工作内涵由单纯治河治水向整体优化生产生活方式转变，工作理念由管理向治理升华，工作范围由河道单线作战向区域联合作战拓展，工作方式由事后末端处理向事前源头控制延伸，工作监督由单一监督向多重监督改进，保护治理由政府为主向社会共治转化为治理思路，以目标、问题为导向，以科技成果为支撑，以工程措施为手段，以管理措施为保障，以生态恢复为目的，实施水质目标与污染负荷削减目标双控制，系统开展滇池综合治理，大力削减流域污染负荷，让滇池水更清、实现滇池保护治理取得新突破，努力把滇池打造成生态之湖、景观之湖、人文之湖。

第 **15** 章

成效与启示

15.1　滇池治理成效

　　近 30 年，云南省和昆明市高度重视滇池治理，实施了众多污染治理工程，逐步完善落实政策制度，工程与政策"两手发力"，使滇池治理进入了快车道。2018 年滇池水质告别劣 V 类，出现企稳向好的良好态势，即使放在国际上和中国湖泊治理的层面上进行横向比较，这种进步和成效也是有目共睹的。

15.1.1　滇池治理资金投入力度不断加大

　　"九五"～"十三五"，滇池治理投资呈逐渐上升的趋势。党中央、国务院和省政府高度重视滇池治理，在治理资金等方面给予了大力支持。昆明市政府积极创新投融资机制，通过财政专项保障、国内金融机构借贷、企业债券发行、社会资金引入等多手段并用为滇池治理筹措资金。2005 年，成立了昆明滇池投资有限责任公司，实现了滇池治理投、融、建、管的一体化运作。在国家的支持和地方政府的努力下，滇池治理投资力度不断加大。"十二五"～"十三五"中期，滇池治理完成投资 346.95 亿元，是"九五"期间完成投资的 15.3 倍。不断加大的投入力度为滇池治理项目的顺利实施提供了有效经费保障。

15.1.2　滇池水质企稳向好，蓝藻水华程度明显减轻

从 20 世纪 80 年代末开始，迅速推进的城镇化和工业化，高速发展的城市、经济及人口导致入湖污染负荷迅速增加，生境破坏，流域内的人类活动突破了滇池的承载能力，滇池水质下降到劣Ⅴ类，富营养化严重。从 20 世纪 90 年代初，滇池成为我国污染最严重的湖泊之一。1999 年滇池污染达到最高峰，水华覆盖面积达到 20 km^2，厚度达到几十厘米。草海水体黑臭，湖面盖满水葫芦；外海北部蓝藻堆积，湖水呈绿油漆状。

经过近 30 年的治理，目前滇池水质下降的趋势已经得到控制，滇池湖体水质持续稳步改善，水质企稳向好。2014—2018 年，滇池水质改善取得明显成效，2014 年、2015 年滇池全湖年均水质均为劣Ⅴ类，2016 年滇池全湖年均水质由劣Ⅴ类好转为Ⅴ类，2017 年滇池全湖年均水质继续为Ⅴ类，2018 年全湖年均水质为Ⅳ类，营养状态为轻度富营养，相对于 2000 年，全湖主要污染物 COD、TN、TP 浓度分别下降了 80.21%、54.86%、82.50%。同时，滇池蓝藻水华明显减轻，由重度水华向中度和轻度水华过渡，分布范围不断减小，水华发生频次和强度明显下降。

入滇河道在经历了近 30 年的综合整治之后，水质明显提升，综合污染指数明显下降；2018 年 35 条入湖河流，22 条达到Ⅳ类以上、3 条达到Ⅴ类，流域Ⅴ类以上水质断面比例从 2000 年的 0%上升至 2018 年的 87.5%。

15.1.3　流域主要污染源得到有效控制，入湖污染负荷大幅削减

滇池流域是昆明市社会经济最发达、人口最密集的区域，流域快速的工业化、城镇化发展给滇池带来了巨大的污染压力。经核算，"十三五"中期（2018 年），滇池流域点源和面源污染负荷产生量为化学需氧量、总氮、总磷、氨氮分别为 17.83 万 t/a、2.50 万 t/a、0.32 万 t/a、1.59 万 t/a，较"九五"末（2000 年）分别增长了 192%、89.39%、100%、89.29%。

"九五"以来滇池治理力度不断加大，多措并举控制入湖污染负荷，取得了良好的成效。具体措施包括建立和完善城镇生活污水收集处理系统、采取"零点行动"等最严格的工业污染源整治措施、实施全面禁养、测土配方施肥及农村分

散式污水处理等农业农村面源污染控制措施等。

在流域人口、经济持续增长的条件下，滇池流域控制增量、削减存量，流域污染负荷总量控制成效显著。在污染负荷产生量逐年增大的情况下，流域内污水收集处理能力不断提高，污染负荷削减量持续增加，"十三五"中期（2018 年）主要水污染物化学需氧量、总氮、总磷、氨氮削减量分别比"九五"末增加了 7 倍、3.7 倍、7.16 倍和 3.75 倍。流域污染负荷入湖量逐渐减小，"十三五"中期（2018 年）主要水污染物化学需氧量、总氮、总磷、氨氮入湖量分别为 334 571 t/a、5 971 t/a、519 t/a、4 237 t/a，化学需氧量、总氮、总磷、氨氮入湖量比"九五"末分别削减了 3.7%、32.1%、48.1%、25.7%；滇池流域水污染物入湖量占产生量的比例（即污染负荷入湖率）呈明显下降趋势，从"九五"末的 64%降低到"十三五"中期（2018 年）的 21%。

15.1.4 流域污染治理取得明显成效，环境保护基础设施不断夯实

随着治理力度的加大，滇池流域环保基础设施不断夯实。2018 年，滇池流域内共有 27 座城镇生活污水处理厂，设计日处理规模 216 万 m^3；建成 97 km 环湖截污主干管（渠）；敷设 5 569 km 市政排水管网，滇池流域城镇生活污水收集处理率从"九五"期间的 49%提高到 2018 年的 80%，其中旱季的主城建成区的污水收集率更是达到 95%。重点企业污水实现 100%达标排放，建成工业及开发园区污水处理厂达到了 6 座，日处理规模达到 12.5 万 m^3，流域工业污染源得到进一步控制。流域内规模化畜禽养殖全面取缔，测土配方普及率达到 90%，885 个村庄建设了分散式生活污水收集处理设施。

15.1.5 流域生态环境逐步改善，生态系统功能得到一定恢复

通过森林生态修复项目，使滇池流域的森林覆盖率由"九五"期间的 49.7%，上升到 2018 年的 53.55%，有效恢复了滇池流域受损生态系统。通过湖滨生态建设，在滇池外海建成湿地 33.3 km^2，沿湖共拆除防浪堤 43.138 km，增加水面面积 11.5 km^2，历史上首次出现了"湖进人退"的现象，为滇池生态系统恢复创造了条件。

15.1.6 流域水资源压力得到缓解，健康水循环格局基本构建

通过综合实施外流域引水供水、节水及再生水利用等多项措施，初步构建了流域"自然—社会"健康水循环体系。"九五"以来，实施了"2258"引水供水工程、掌鸠河引水供水工程、板桥河—清水海引水济昆一期工程和牛栏江—滇池补水工程，滇池流域可利用水资源量从"九五"末的 5.5 亿 m^3 提高到"十二五"末的 14.7 亿 m^3，实现了"与湖争水"向"还水予湖"的历史性转变，滇池水动力得到增强，水体置换周期从原来的 4 年缩短至 2 年；通过大力推行节水及再生水利用工程，"十二五"末流域污水再生回用率达到 20%；实施主城污水处理厂尾水外排和资源化利用工程，尽最大努力"隔断"污染物入湖通道，既削减入滇污染负荷，又为下游安宁市提供了稳定达标的工业及生态用水。

15.1.7 滇池治理工作得到肯定，公众满意度提升

滇池富营养化始于 20 世纪 80 年代，90 年代后期起几乎年年发生蓝藻暴发，成为全国蓝藻暴发最严重的湖泊之一。污染严重时，外海北部蓝藻厚达几十厘米，老鼠可以在上面窜行，鸡蛋大小的石头能够浮在水面，水体黑臭，异味明显，周边群众的生活受到极大的影响。

随着滇池水质企稳向好，生态环境改善，臭味、藻量等直接影响公众对滇池水质判断的感官性状指标明显好转。2015 年开展的滇池治理工作社会满意度调查结果表明，针对政府的各项滇池治理措施，90%以上的公众表示认可，50%以上的公众对滇池治理工作比较满意。生态建设为人们营造了更加舒适的休闲环境，提高了人民生活质量，也为昆明市打造世界知名旅游城市奠定了基础。

15.2 滇池治理得到的启示

滇池治理的理念经历了多个阶段的转变，不断总结、调整，逐步走向正确的轨道。从城市迅速扩张到"湖进人退"和"还水与湖"，逐步趋于保护与发展相协调；从工业污染防治到环湖截污体系建设，工程规模不断升级；从昆明主城到呈贡、晋宁，治理工程基本实现了流域全覆盖；从"一湖四片"到流域外的滇中

产业新区，流域社会经济发展布局正在实现战略转移。对滇池治理的认识不断深入，从主观的认识方面和客观的治理手段方面，都给予了我们一定的启示。

15.2.1 充分认识湖泊流域治理艰巨性、长期性、复杂性的客观规律

湖泊治理具有艰巨性、长期性、复杂性的特点，滇池治理需要一个长期的过程，国外湖泊治理的成功也都经历了长期而艰辛的努力。日本的琵琶湖经过 35 年的治理，投资 1 800 多亿元人民币才将水质从Ⅲ～Ⅳ类恢复至Ⅱ类；欧洲的博登湖经历了 40 年的治理，投资超过 65 亿马克，才将水质从Ⅳ类提升到Ⅱ类；瑞士的日内瓦湖也经历了 30 多年的治理，才重新恢复了清澈水质；北美五大湖通过半个世纪坚持不懈的努力才基本恢复了流域生态良性循环。

与世界其他著名的湖泊一样，滇池治理是一个不断探索、曲折迂回、长期而艰巨的过程，经历了五个"五年规划"，在此过程中，必须认识到，湖泊治理不可能一蹴而就、立竿见影，必须长远谋划、久久为功，吸收和借鉴国内外湖泊治理经验，杜绝浮躁心理，一步一个脚印，牢固树立打好持久战的决心和信心。目前滇池水质告别劣Ⅴ类，呈现企稳向好的态势，滇池治理从"救命"阶段转向"养病"阶段时间更长，科学治理还需要"久久为功、功成不必在我"的定力，更需要持续投入，有序综合治理，实现平稳转换。

15.2.2 尊重湖泊流域的自然属性，恢复湖泊生态系统良性循环

恢复流域健康的生态系统，是确保良好湖泊水质的关键。在做好截污治污的基础上，尊重湖泊的自然属性，还湖泊以维持其良性循环的生态空间和生态补给水。对于老龄化的富营养湖泊，应着重加大生态补水量，强化流域水体置换，抓好"外流域引水及节水工程"。利用牛栏江通水后的补水，进一步优化滇池流域水资源调配，实现滇池健康水循环。

滇池治理工作应始终坚持尊重自然，顺应自然，遵循生态运行的机理，改善城乡人居环境和生态环境，努力实现人与自然的和谐发展。"湖进人退"和"还水与湖"等关键性工程建设把保护滇池、治理滇池及利用滇池有机结合起来，科学合理规划滇池沿岸区域，实现在保护中利用、在利用中保护，实现生态效益、社会效益、经济效益最大化协同发展，使滇池成为春城昆明的"生态之湖、景观

之湖、人文之湖、美丽之湖"，人民群众能亲水、近水、护水，真正呈现出人与自然和谐的生态大美。

15.2.3　跳出滇池，谋求更好的保护与发展，缓解过于集中的环境压力

科学合理的产业格局和城市发展布局，是环境保护的根本，必须从源头上减少结构性污染，把治理与发展协同处理。在更大空间中谋求更好的发展，把保护融入发展中，才能持续地解决保护与发展的矛盾冲突。因此，一是，应基于滇池保护和高质量发展的需要，对昆明市城市规模、发展布局进行科学研究，并制定约束力强的发展规划刻不容缓；二是根据水资源的承载力和水环境容量来重新优化空间格局，把有限的生态空间应该留给滇池，提高流域生态品质；三是优化流域产业结构，置换环境容量，重点发展信息化产业、服务产业、高新技术产业等，打造和凸显区域中心城市的特有功能；四是利用高速交通形成的半小时经济圈，把昆明市的发展带出流域外，跳出滇池发展昆明才能保护好滇池，跳出滇池才能更好地发展昆明，在环境成本居高不下、环境压力年年攀升的情况下，下决心在流域外发展，才是协同保护与发展的关键。

15.2.4　创新管理理念，提高污染治理的精准性

滇池近年来全面实行湖长制、河长制，创新治湖理念，实践精准治污，成效有目共睹。在流域污染治理工作中，往往存在工程措施无法与污染物削减和水质改善直接挂钩的问题，且由于治理工程涉及面广、实施周期长，对阶段性污染治理目标支撑性较差。为此，昆明市制定了滇池保护治理三年攻坚行动实施方案，创新性地提出了水质目标与污染负荷削减目标兼顾的双控考核要求，以滇池水质达标为总目标，倒推入湖 35 条河道各控制断面水质指标，对污染源及其成因进行分析，形成水质目标、环境容量、污染排放途径、控制单元污染负荷削减、污染削减措施相对应的"一河一策"水质提升方案，并对所提出的工程措施严格执行双控考核，这有利于提高污染治理的精准性，大大提高了流域水环境综合治理的效率，这一"双控"机制值得进行经验总结和推广应用。

主要参考文献

[1] 陈永川，汤利，张德刚，等. 滇池沉积物总氮的时空变化特征研究[J]. 土壤，2007，39（6）：879-883.

[2] De Lange G. Distribution of exchangeable，fixed，organic and total nitrogen in interbedded turbiditic/pelagic sediments of the Madeira Abyssal Plain，eastern North Atlantic[J]. Marine Geology，1992，109（1）：95-114.

[3] 王圣瑞，焦立新，金相灿，等. 长江中下游浅水湖泊沉积物总氮、可交换态氮与固定态铵的赋存特征[J]. 环境科学学报，2008（1）：37-43.

[4] 马红波，宋金明，吕晓霞，等. 渤海沉积物中氮的形态及其在循环中的作用[J]. 地球化学，2003（1）：48-54.

[5] 汪淼，王圣瑞，焦立新，等. 滇池沉积物内源氮释放风险及控制分区[J]. 中国环境科学，2016，36（3）：798-807.

[6] 何佳，陈春瑜，邓伟明，等. 滇池水—沉积物界面磷形态分布及潜在释放特征[J]. 湖泊科学，2015，27（5）：799-810.

[7] 陈世宗,赖邦传,陈晓红. 基于 DEA 的企业绩效评价方法[J]. 系统工程,2005(6)：99-104.

[8] 董延宁，邢相勤，张波. 中国石化产业绩效评价——基于数据包络分析方法的实证研究[J]. 理论月刊，2009（10）：157-159.

[9] 清华大学. 滇池外海环湖湿地建设工程评估报告[M]. 2015.

[10] 王宏志，高峰，刘辛伟. 基于超效率 DEA 的中国区域生态效率评价[J]. 环境保护与循环经济，2010，30（6）：64-67.

[11] 张家瑞，杨逢乐，曾维华，等. 滇池流域水污染防治财政投资政策绩效评估[J]. 环境科学学报，2015，35（2）：596-601.

[12] 张金丽，史红亮. 云南省地州（市）经济投入产出的有效性分析[J]. 全国商情（经济理论研究），2008（9）：11-12.

[13]　张前荣. 我国省域科技投入产出效率的实证分析[J]. 南京师大学报（社会科学版），2009（1）：59-63.

[14]　张淑娟. 财政科技投入绩效评价研究综述[J]. 全国商情（理论研究），2010（11）：45-47.

[15]　张天懿，张健. 天津城市工农业发展技术效率的 DEA 分析[J]. 经济研究导刊，2013（18）：261-263.

[16]　赵元藩，温庆忠，艾建林. 云南森林生态系统服务功能价值评估[J]. 林业科学研究，2010（2）：184-190.

[17]　李俊. 健全生态文明体制[J]. 环境经济，2018（6）：40-43.

[18]　莫欣岳，李欢，潘峰，等. 生态文明建设背景下的政府环保责任[J]. 生态经济，2017，33（4）：188-190.